特進クラスの算数

難関・超難関校対策問題集

前田 卓郎　編

文英堂

この本の特色と使い方

「中学入試用の問題集は難易度の幅が広すぎて,志望する学校のレベルの問題を選ぶのが難しい」「自分の志望する中学校のレベルに合わせた問題演習をやり,志望校突破の実力をつけたい」という声をよく耳にします。この問題集は,そのような小学生のみなさんのためにつくられました。

編集するにあたっては,全国の難関校・超難関校の最近の入試問題を徹底的に分析し,**合格に必要な力をつけるのにもっとも適した問題**ばかりを選びました。難関校や超難関校では,時間内に解くのが難しいような極端に難しい問題が出ることもあります。**合格のために必要なことは,自分が志望する学校のレベルに合った問題を限られた時間の中で確実に解けるようにする**ことです。この問題集で,志望校合格の力を身につけてください。

なお,どの学校を難関校・超難関校とするかは,教科によって多少ちがうところがあります。

1 使いやすい単元別配列

中学入試算数の内容を入試の問題傾向に合わせて5つの編に分け,各編に3～5の単元を設けて**系統的な学習**ができるようにしてあります。

2 志望校に合わせた難易度別の構成

各単元は,「**難関校レベル**」「**超難関校レベル**」に分かれています。自分の志望校のレベルに合わせて,効果的に学習できます。

また,問題に応じて（新傾向）（頻出）（難問）（差が出る）などのマークをつけていますので,入試問題の傾向をつかむのに役立ててください。

3 「中学入試予想テスト」で総仕上げ

巻末には,模擬テスト形式の問題を2回ぶんいれてあります。どれくらい実力がついたかを確認するとともに,弱点発見にも役立ててください。

4 くわしくてわかりやすい別冊解答

どんな問題でも必ず解けるようになる,くわしくてわかりやすい別冊解答集です。入試に必要な便利な解き方やテクニックもたくさんのせました。

もくじ

1編　数と計算
1. 整数と計算 ……………………………………………… 4
2. 小数・分数の計算 ……………………………………… 7
3. 整数の性質 ……………………………………………… 10
4. 数と計算の発展 ………………………………………… 20

2編　量と測定
1. 図形と長さ ……………………………………………… 25
2. 面　積 …………………………………………………… 29
3. 体積・容積 ……………………………………………… 40

3編　図　形
1. 平面図形 ………………………………………………… 50
2. 立体図形 ………………………………………………… 56
3. 対称・移動 ……………………………………………… 64

4編　数量関係
1. 割　合 …………………………………………………… 70
2. 2つの変わる量 ………………………………………… 75
3. 場合の数 ………………………………………………… 84

5編　文章題
1. 式を利用して解く問題 ………………………………… 91
2. 和や差の関係から解く問題 …………………………… 93
3. 割合の関係から解く問題 ……………………………… 98
4. 速さの関係から解く問題 ……………………………… 103
5. 規則性などを利用して解く問題 ……………………… 114

中学入試予想テスト ……………………………………… 124

1 整数と計算

難関校レベル

1 〈演算記号①〉 頻出

4㋐3㋑2㋒1＝○ の □ の中に，記号 ＋，－，×，÷ のどれかをいれて式をつくります。たとえば ㋐ に ×，㋑ に ÷，㋒ に － をいれると，4×3÷2－1＝5 となり，○ は 5 です。どの記号も何回くり返し使ってもよいこととします。また，答えが何通りかあるときは，そのうちの 1 通りを答えればよいことにします。このとき，次の問いに答えなさい。

(1) ㋐ に ＋，㋑ に ×，㋒ に － をいれたとき，○ は何になりますか。
(2) ○ が 1.5 になるのは ㋐，㋑，㋒ に何をいれたときですか。
(3) ㋐，㋑，㋒ すべてに ＋ をいれたとき，○ は 10 になります。他に 10 になるような記号の組み合わせを答えなさい。
(4) ○ がもっとも大きな数になるのは ㋐，㋑，㋒ に何をいれたときですか。また，そのとき ○ は何になりますか。

(東京・光塩女子学院中等科)

2 〈整数のたし算・ひき算〉 差が出る

8種類の記号 ○△◇▼□▲▽◎ は，それぞれ 6 を除く 1～9 までのいずれかの数字です。同じ数字はありません。右の図のような結果がわかっているとき，次の問いに答えなさい。ただし，○△◇ は，百の位の数字が ○，十の位の数字が △，一の位の数字が ◇ の 3 けたの数字を表します。

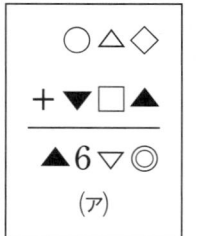 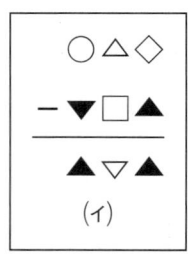

右の結果の(ア)は 3 けたの整数どうしの和で，(イ)は 3 けたの整数どうしの差です。

(1) ▲◇ を決定しなさい。
(2) ◎○▼△□▽ を決定しなさい。

(東京・立教女学院中)

3 〈ある数と並び方を逆にした数との和〉 頻出

次の問いに答えなさい。

(1) 整数部分が 2 けたで，小数部分が第 2 位までの数 AB.CD と，この数の各数字を逆に並べた数 DC.BA をたすと整数になります（ただし，A と D は 0 ではありません）。どんな整数になりますか。

(2) 整数部分が 3 けたで，小数部分が第 2 位までの数 ABC.DE と，この数の各数字を逆に並べた数 EDC.BA をたすと 7 でわり切れる整数になります（ただし，A と E は 0 ではありません）。どんな整数になりますか。

(東京・暁星中)

4 〈整数のすい理〉 差が出る

4つの整数があります。これらの整数から，2つずつ選んで和をつくると，6通りの和ができます。その6通りの和を大きい方から順に4つ並べると

　　　130，118，113，102

となります。

(1) もとの4つの整数のうち，2番目に大きい数と3番目に大きい数の差を求めなさい。

(2) もとの4つの整数を大きい順に書きなさい。

（東京・桐朋中）

超難関校レベル

解答→別冊 p.3～5

5 〈整数の問題①〉 頻出

4つの異なる数字 1, 3, □, 9 から3つの異なる数字を取り出して並べてできる3けたの整数は24個あり，その平均は555である。□にあてはまる数を書きなさい。

（兵庫・灘中）

6 〈整数の問題②〉

次の □ と ☐ の中に，1から9までの整数のうちの異なる7つの数をいれます。このとき，たて，横，斜めに並ぶ3つずつの数の組が5組できます。そのとき，各組の3つの数の和がすべて同じになるようにします。このような数の置き方のうち，中央の ☐ にはいる数が異なる場合を2通り書きなさい。

（東京・麻布中）

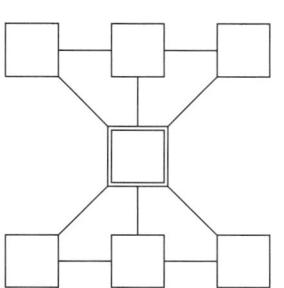

7 〈演算記号②〉 差が出る

次の □ にたし算の記号 + か，かけ算の記号 × のいずれかをいれて計算をします。次の問いに答えなさい。

(1) 1□2□3□4 を計算したとき，それぞれの計算結果を小さい順に答えなさい。ただし，計算結果が同じときは1回だけ書きなさい。

(2) 次の式の □ にあてはまる +，× のいれ方を2通り答えなさい。

　　　1□2□3□4□5＝2□3□4□5□6

（東京・麻布中）

8 〈約束による計算①〉（難問）

〔A〕は整数 A の一の位の数を表すものとします。たとえば，〔145〕=5，〔62〕=2，〔116〕=6 のようになります。次の問いに答えなさい。ただし，答えが 2 つ以上の場合はすべて求めなさい。

(1) 〔A×A×A〕=5 のとき，〔A〕を求めなさい。
(2) 〔A+A〕=〔A×A〕のとき，〔A〕を求めなさい。
(3) 〔A+A〕と〔A〕+〔A〕は等しいが，〔A+A+A〕と〔A〕+〔A〕+〔A〕は等しくないとき，〔A〕を求めなさい。

(東京・渋谷教育学園渋谷中)

9 〈約束による計算②〉（差が出る）

同じ整数をくり返しかける計算を行います。
2×2×2 を 2＊3，3×3×3×3×3 を 3＊5 とそれぞれ表します。
さらに，(4＊3)＊2＝(4×4×4)＊2＝64＊2＝4096
　　　　 4＊(3＊2)＝4＊(3×3)＝4＊9＝262144
とそれぞれ計算することにします。
このとき，次の問いに答えなさい。

(1) 2＊8 を計算しなさい。
(2) 7＊2007 の一の位の数と十の位の数をそれぞれ求めなさい。
(3) 6＊(5＊9) の十の位の数を求めなさい。

(東京・渋谷教育学園渋谷中)

2 小数・分数の計算

難関校レベル

解答→別冊 *p.6〜10*

10 〈分数の分解〉 頻出

□に適する整数をいれなさい。

$\dfrac{39}{17} = \boxed{ア} + 1 \div \{\boxed{イ} + 1 \div (\boxed{ウ} + 1 \div \boxed{エ})\}$

(兵庫・白陵中)

11 〈小数の計算〉 差が出る

次の計算式が成り立つように□にあてはまる数(1けたの整数)を求めなさい。ただし、同じ記号の□には同じ数がはいり、また「.」は小数点を表します。

(1)　$3.14 \times \boxed{ア} - \boxed{ア}.7\boxed{ア} + 8.43 = 11.99$

(2)　$5.2\boxed{イ} + 1.42 \times \boxed{イ} - (\boxed{イ}.\boxed{イ}\boxed{イ} - 1.1) = 2.42 \times \boxed{イ}$

(神奈川・サレジオ学院中)

12 〈整数の和・小数の和〉 差が出る

次の問いに答えなさい。

(1)　$123+234+345+456+567+678+789+891+912$ を計算しなさい。

(2)　$987.65+876.54+765.43+654.32+543.21+432.19+321.98+219.87+198.76$ を計算して、答えの小数第2位を四捨五入して小数第1位まで求めなさい。

(東京・巣鴨中)

13 〈分数と整数〉 頻出

次のかけ算を行います。

$\dfrac{\boxed{A}}{3} \times \dfrac{\boxed{C}}{\boxed{B}}$

$\boxed{A}$, $\boxed{B}$, $\boxed{C}$ には 4, 6, 8, 36 のいずれかの異なる数がはいります。このかけ算の結果を整数にするような $\boxed{A}$, $\boxed{B}$, $\boxed{C}$ の組み合わせは全部で□通りあります。□をうめなさい。

(東京・芝中)

14 〈分数の列〉 頻出

1より小さい分数が

$\dfrac{1}{3}, \dfrac{2}{3}, \dfrac{1}{9}, \dfrac{2}{9}, \dfrac{4}{9}, \dfrac{5}{9}, \dfrac{7}{9}, \dfrac{8}{9}, \dfrac{1}{27}, \dfrac{2}{27}, \dfrac{4}{27}, \dfrac{5}{27}, \cdots$

と並んでいます。このとき、次の問いに答えなさい。

(1)　分母が243の分数はいくつありますか。

(2)　90番目の分数はいくつですか。

(東京・城北中)

15 〈既約分数の個数〉頻出

$\frac{5}{6}$ より大きく $\frac{7}{8}$ より小さい分数について，次の問いに答えなさい。

(1) 分母が 192 である分数で，これ以上約分できないものをすべて求めなさい。
(2) 分子が 420 である分数で，これ以上約分できないものは何個ありますか。
(3) 分母と分子の和が 200 である分数で，これ以上約分できないものをすべて求めなさい。

(東京・巣鴨中)

16 〈2 つの分数の和〉差が出る

1 以上の整数の中から 4 個の異なる整数を選んで小さい順に A，B，C，D とし，それらを □ の中に 1 つずついれて，2 つの分数の和をつくります。$\frac{□}{□}+\frac{□}{□}$

例：1，3，4，7 に対して $\frac{1}{3}+\frac{4}{7}$，$\frac{3}{1}+\frac{7}{4}$，… など。

そして，それらの分数の和を計算します。この中で，いちばん小さい値を [A，B，C，D] で表すことにします。このとき，次の問いに答えなさい。

(1) [1，3，4，7] の値はいくつになりますか。
(2) 次の式が正しくなるように，□ の中に A，B，C，D を 1 つずついれなさい。また，その理由も書きなさい。

$$[A，B，C，D]=\frac{□}{□}+\frac{□}{□}$$

(3) 1 から 8 までの整数の中から 4 個の異なる整数を選んで小さい順に A，B，C，D とします。[A，B，C，D] の値がいちばん大きくなるのは，A，B，C，D をどのように選んだ場合ですか。

(東京・暁星中)

17 〈単位分数〉頻出

次の □ にあてはまる数を答えなさい。
古代エジプトでは，いろいろな分数を分子が 1 の分数をいくつかたした形で表していました。

(1) $\frac{1}{2}$ を $\frac{1}{A}+\frac{1}{B}$（A，B は整数で A は B より小さい）と表すと A＝ ア ，B＝ イ となります。

(2) 次に，(1)の $\frac{1}{B}$ を $\frac{1}{C}+\frac{1}{D}$（C，D は整数で C は D より小さい）と表す表し方は ウ 通りあり，C にあてはまる数のうちでいちばん小さいものは エ で，そのときの D は オ です。

(3) さらに，(2)の $\frac{1}{D}$ を $\frac{1}{E}+\frac{1}{F}$（E，F は整数で E は F より小さい）と表すと，E にあてはまる数のうちでいちばん小さいものは カ で，そのときの F は キ です。これから (1) と (2) を使うと，$\frac{1}{2}+\frac{1}{A}+\frac{1}{C}+\frac{1}{E}+\frac{1}{F}=1$ となることがわかります。

(4) $\frac{13}{36}$ を $\frac{1}{4}+\frac{1}{P}+\frac{1}{Q}+\frac{1}{R}$（P，Q，R は整数で P，Q，R の順に大きくなる）と表すと，R が 5000 以上になるのは，P が ク ，Q が ケ ，R が コ のときです。

(奈良学園中)

超難関校レベル

解答→別冊 p.11〜12

18 〈操作のくり返し〉 難問

右の手順で計算することを1回の操作とよびます。

Aを最初1として，この操作を5回くり返したとき，Aは，仮分数で表すと ① となります。

さらにこの操作をあと ② 回くり返したとき，Aの分母がはじめて5桁となります。ただし，Aは最初の値を除いて，これ以上約分できない仮分数で表すものとします。□ にあてはまる数を書きなさい。

（兵庫・灘中）

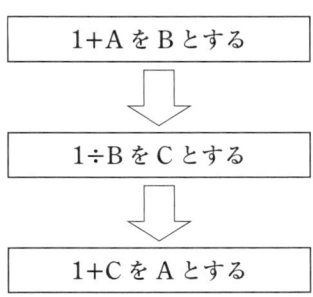

19 〈ガウス記号〉

$[x]$ は x 以下のもっとも大きい整数を表します。

たとえば，$\left[\dfrac{1}{3}\right]=0$，$\left[\dfrac{9}{7}\right]=1$，$[3]=3$ です。

このとき，次の計算をしなさい。

(1) ① $\left[\dfrac{2007}{2006}\right]+\left[\dfrac{2006}{2007}\right]$

② $\left[\dfrac{2007}{2006}+\dfrac{2006}{2007}\right]$

(2) $\left[\dfrac{2}{5}\right]+\left[\dfrac{4}{5}\right]+\left[\dfrac{6}{5}\right]+\left[\dfrac{8}{5}\right]+\left[\dfrac{10}{5}\right]$

(3) $\left[\dfrac{2}{5}\right]+\left[\dfrac{4}{5}\right]+\left[\dfrac{6}{5}\right]+\left[\dfrac{8}{5}\right]+\cdots+\left[\dfrac{94}{5}\right]+\left[\dfrac{96}{5}\right]+\left[\dfrac{98}{5}\right]+\left[\dfrac{100}{5}\right]$

(4) $\left[\dfrac{100}{5}\right]-\left[\dfrac{98}{5}\right]+\left[\dfrac{96}{5}\right]-\left[\dfrac{94}{5}\right]+\cdots+\left[\dfrac{8}{5}\right]-\left[\dfrac{6}{5}\right]+\left[\dfrac{4}{5}\right]-\left[\dfrac{2}{5}\right]$

（大阪・清風南海中）

20 〈四捨五入〉 頻出

商を必ず小数第1位まで求めて，四捨五入することを考えます。ある2けたの整数を7でわったときの商の小数第1位を四捨五入した数と，8でわったときの商の小数第1位を四捨五入した数とが同じになりました。次の □ に適当な数をいれなさい。

(1) このような2けたの整数のうちで，いちばん大きな数は □ です。

(2) このような2けたの整数は，全部で □ 個あります。

（東京・慶應中等部）

3 整数の性質

難関校レベル

解答→別冊 p.13〜24

21 〈3でわったあまり〉 差が出る

3から30までの整数が1つずつ書かれたカードが1枚ずつ合計28枚あります。これらのカードを，書かれた数を3でわったあまりで色分けします。

3でわり切れるときは赤色，3でわって1あまるときは白色，3でわって2あまるときは青色を塗ります。

これらの28枚のカードから3枚を取り出して，次の(きまり)にしたがって得点を計算するゲームをします。

(きまり) 3枚のカードの色がすべて異なる，またはすべて同じ色の場合は，3枚のカードに書かれた数の和を得点とします。
　　　　2枚が同じ色で，もう1枚が異なる色の場合は，同じ色のカードに書かれた数の差ともう1枚のカードに書かれた数の和を得点とします。

このとき，次の問いに答えなさい。

(1) 取り出した3枚のカードが，10, 17, 22のとき，得点は何点になりますか。
(2) このゲームでの最高得点と最低得点の差は何点ですか。
(3) 得点が53点になるカードの取り出し方は，何通りありますか。
(4) 得点が78点になるカードの取り出し方は，何通りありますか。

(大阪・清風中)

22 〈公倍数とあまり〉 頻出

次の問いに答えなさい。

(1) 100から1000までの整数の中で，5でわると3あまり，7でわると4あまる数は何個ありますか。
(2) 100から1000までの整数の中で，5でわると3あまり，7でわると4あまる数のすべての和を求めなさい。
(3) 100から1000までの整数をある整数 ア でわると，あまりが19となるものが28個ありました。このとき，ア を求めなさい。

(東京・巣鴨中)

23 〈約数・公約数〉 頻出

表と裏に，1から100までの同じ数字が1つずつ書いてある100枚のカードが，表になって小さい方から順に1列に並んでいます。これらのカードに対して，次の操作を行います。

2の倍数でないカードを小さい方から順に1枚ずつすべてひっくり返し，
次に3の倍数でないカードを小さい方から順に1枚ずつすべてひっくり返し，
次に4の倍数でないカードを小さい方から順に1枚ずつすべてひっくり返し，
⋮
最後に100の倍数でないカードを小さい方から順に1枚ずつすべてひっくり返します。

このとき，次の問いに答えなさい。

(1) 36が書かれているカードは，何回ひっくり返されますか。
(2) 123番目にひっくり返されるカードに書かれている数字は何ですか。
(3) はじめてひっくり返されるのが100枚の中でいちばん最後になるカードに書かれている数字は何ですか。
(4) 最後に表になっているカードは何枚ありますか。

(埼玉・開智中)

24 〈公約数の個数〉 差が出る

1以上の2つの整数 x, y の公約数の個数を，記号《x, y》と表すことにします。たとえば，《12, 30》＝4，《126, 45》＝3となります。次の問いに答えなさい。

(1) 《84, 120》の値を求めなさい。　(2) 《1050, 1500》＋《352, 896》を計算しなさい。
(3) 《x, 30》＝1をみたす100以下の整数 x はいくつありますか。
(4) 《180, y》＝4をみたす2けたの整数 y をすべて求めなさい。

(神奈川・逗子開成中)

25 〈公約数〉

長方形を同じ大きさのいくつかの正方形に分けます。

たとえば，たて4cm，横6cmの長方形では右の図のように「1辺が2cmの正方形6個」と「1辺が1cmの正方形24個」の2通りの分け方があります。

このとき，次の問いに答えなさい。ただし，正方形の1辺の長さの単位はcmで，しかも整数で表すものとします。

(1) たてが36cm，横が42cmの長方形を分けるとします。
　① 何通りの分け方がありますか。
　② 正方形の大きさがもっとも大きいもので分けるとき，何個の正方形ができますか。
(2) ある長方形を分けたところ，1辺が8cmの正方形が72個できました。このとき，もとの長方形として考えられるものの中で，周の長さが2番目に短い長方形のたての長さと横の長さを求めなさい。ただし，もとの長方形は横長のものを考えることとします。

(埼玉・栄東中)

26 〈素数の約数〉 難問

2以上の整数のうちで，約数が1とその数自身だけであるものを素数といいます。（たとえば，2，3，5，7，11，13などが素数です）。いま，2以上の整数 x について，x の約数のうち素数であるものを1種類ずつかけ合わせた値を $[x]$ で表すことにします。たとえば，540（$=2\times2\times3\times3\times3\times5$）の約数のうち素数であるものは 2，3，5 ですから $[540]=2\times3\times5=30$ となります（ただし，x がもともと素数の場合は，約数になる素数は1つだけですから，$[7]=7$ のようにその数自身とします）。ここで，次の2つのことがらを考えます。

① x，y はどちらも 10 から 99 までの2けたの整数である
② $[x\times y]$ と $[x]\times[y]$ の値が同じになる
　　（②は，x，y に共通な約数は1以外にはないということです）

さらに，$x\times y=[x\times y]\times A$ とおきます。ただし，A は x，y によって決まる整数です。このとき，次の問いに答えなさい。

(1) $A=45$ のとき，①と②が両方とも成り立つ x，y の値の組をすべて求めなさい。ただし，x は y より小さい数とします。$(x, y)=(10, 11)$，$(12, 13)$，… のように答えなさい。

(2) ①と②が両方とも成り立つ x，y の値の組が1つでも求められるのは，A がどのような値のときまでですか。そのいちばん大きな A の値を求めなさい。

（東京・暁星中）

27 〈等しいあまり〉 頻出

次の問いに答えなさい。

(1) 66 個のりんごを，できるだけあまりが少なくなるように，子どもたちに同じ個数ずつ配りました。次に，75 個のみかんを，できるだけあまりが少なくなるように，子どもたちに同じ個数ずつ配りました。すると，どちらもあまった個数は同じでした。

子どもの人数を求めるために，次の①〜⑥の手順で考えました。空欄 ア 〜 エ にあてはまる数を答えなさい。

① まずりんごを，できるだけあまりが少なくなるように，子どもたちに同じ個数ずつ配る。
② みかんを，りんごと同じ個数ずつ配る。この時点では，りんごよりもみかんの方があまりは多い。
③ みかんのあまりから，りんごのあまりと同じ個数を取り除くと，残ったみかんは子どもの人数でわり切れる。
④ したがって，子どもの人数は ア の約数である。
⑤ その約数のうち，イ と ウ は 66 と 75 をわってあまりが出ない。
⑥ したがって，子どもの人数は エ 人である。

(2) 750 と 975 をある2けたの整数でわったところ，どちらもわり切れず，あまりが等しくなりました。750 と 975 をわった2けたの整数を求めなさい。

(3) 108，180，228 の3つの数をある2けたの整数でわったら，どれもわり切れず，あまりがすべて等しくなりました。この3つの数をわった2けたの整数を求めなさい。

（東京・吉祥女子中）

28 〈あまりの和〉 (頻出)

整数 A を 4 でわったあまりを【A】で表します。たとえば【7】=3，【20】=0 となります。このとき，次の問いに答えなさい。

(1) 【1】+【2】+【3】+…+【2007】を求めなさい。

(2) 【1】+【2】+【3】+…+【A】=2007 となる整数 A を求めなさい。

(埼玉・栄東中)

29 〈連続した整数の和〉 (頻出)

18 を連続した整数の和で表すと，5+6+7 や 3+4+5+6 のようになります。では，60 を連続した整数の和で，考えられるだけすべて表しなさい。

(兵庫・白陵中)

30 〈つくり出される整数〉 (頻出)

たとえば，6 と 7 に対して，□，△に，いろいろな整数をいれて
$$6×□+7×△$$
を計算すると，右の表のようになります。この計算結果
0，6，7，12，13，14，18，…
を，「6 と 7 でつくり出される整数」とよぶことにします。

6 と 7 のように，2 つの連続する整数でつくり出される整数について，次の問いに答えなさい。

6×0+7×0=0
6×1+7×0=6
6×0+7×1=7
6×2+7×0=12
6×1+7×1=13
6×0+7×2=14
6×3+7×0=18
⋮

(1) 「8 と 9 でつくり出される整数」でない数の中で，いちばん大きい数は何ですか。

(2) 「連続した 2 つの整数でつくり出される整数」でないものが 78 個ありました。その 2 つの整数は何と何ですか。

(埼玉・開智中)

31 〈平均点 1〉 (頻出)

算数のテストを 5 回うけました。得点はすべて整数でした。

(1) 下の ①〜⑥ のうち，5 回の平均点として，考えられないものはどれですか。その番号をすべて答えなさい。また，その理由を簡単に書きなさい。

① 66.4　② 68.7　③ 75.3　④ 78.5　⑤ 87.4　⑥ 88.2

(2) 最高点が 95 点，最低点が 60 点であることがわかっています。(1)で残ったもののうち，5 回の平均点として，考えられないものはどれですか。その番号をすべて答えなさい。また，その理由を簡単に書きなさい。

(東京・鷗友学園女子中)

32 〈平均点②〉

A君，B君，C君，D君，E君の5人がテストをしました。5人の点数の結果には，次のような関係がありました。5人全員の点数はそれぞれ何点ですか。

① C君の点数はA君より高く，B君より低い。
② E君とC君の平均がB君の点数でした。
③ D君の点数はA君より高いが，全員の平均より低い。
④ 最高点は9点，最低点は4点，全員の平均は6.6点でした。

(埼玉・栄東中)

33 〈結果が整数になる問題①〉 難問

A君とB君がはじめ 35 : 22 の個数比でおはじきを持っています。A君の持っているおはじきはすべて赤色，B君の持っているおはじきはすべて青色であるとします。はじめに，下の操作(Ⅰ)を行い，終わった後に，はじめの状態にもどしてから，今度は操作(Ⅱ)を行いました。

操作(Ⅰ)　A君の持っているおはじき何個かと，B君の持っているおはじき何個かを交換してみました。その個数比が 5 : 3 だったとき，交換後のB君の持つおはじきの個数は，色に関係なく最初の $1\frac{7}{33}$ 倍となりました。

操作(Ⅱ)　A君の持っているおはじき何個かと，B君の持っているおはじき何個かを交換してみました。その個数比が 7 : 4 だったとき，交換後のB君の持つ青いおはじきの個数が 122 個でした。

これらの結果をもとにして，次の問いに答えなさい。

(1) 操作(Ⅰ)で，交換後のA君が持つおはじきの個数は，はじめにA君が持っていたおはじきの個数の何倍になりますか。分数で答えなさい。ただし，色は考えなくてよいものとします。

(2) A君とB君の持つおはじきの合計の個数を求めます。操作(Ⅰ)の結果だけを見た段階で考えられるもののうち，2番目に少ないものを答えなさい。

(3) 操作(Ⅱ)の交換後，A君の持つ赤のおはじきの個数は何個になりますか。ただし，交換前にB君が持っていたおはじきの個数は，200個以上400個未満であったとします。

(東京・白百合学園中)

34 〈結果が整数になる問題②〉

A君，B君，C君，D君の4人は，それぞれ10円硬貨と100円硬貨を何枚かずつ持っています。B君の所持金はA君より5割多く，C君の所持金はA君より4割少ないです。また，D君の所持金はC君の2倍です。全員のお金を集めると合計は1000円未満で，10円硬貨は6枚あります。このとき，B君の所持金はいくらですか。

(千葉・市川中)

35 〈結果が整数になる問題③〉 差が出る

全体の人数が100人以上200人未満の学校があります。この学校の生徒を通学地域別のA，B，C，D，Eの5つのグループに分けたら，次のようになりました。

① Aの人数はBの人数の1.2倍です。
② Cの人数はBの人数の1.4倍より3人少ない。
③ Dの人数はCの人数より5人少ない。
④ Eの人数はAの人数より1人多い。

①～④の条件を満たすBの人数は☐通り考えられます。その中でもっとも少ないBの人数は☐人です。☐をうめなさい。

(東京・芝中)

36 〈3種類の球の個数〉

赤色，白色，黒色の球がたくさんあり，それらの球がいくつかはいっている袋から球を1個ずつ取り出し，次の(操作)をします。

(操作) 取り出した球が赤色のときは，その赤色の球はもどさず，
　　　　白色の球2個と黒色の球1個を袋に追加します。
　　　　取り出した球が白色のときは，その白色の球はもどさず，
　　　　黒色の球2個を袋に追加します。
　　　　取り出した球が黒色のときは，その黒色の球は戻さず，
　　　　袋に球は追加しません。

このとき，次の問いに答えなさい。

(1) はじめに，袋の中に赤球が3個，白球が2個はいっています。
　① 1回目に赤球，2回目に白球を取り出したとき，2回目の(操作)のあとの袋の中の赤球，白球，黒球の個数はそれぞれ何個ですか。
　② 袋の中の球の個数がもっとも多くなるように球を取り出すとき，そのときの球の個数の合計は何個で，それは何回目の(操作)のあとですか。

(2) はじめに，袋の中に赤球が6個，白球が5個，黒球が7個はいっていました。何回かの(操作)のあと，袋の中の球の色が2種類となっていました。このとき，(操作)の回数として考えられる回数のうち，
　① もっとも少ない回数を答えなさい。
　② もっとも多い回数を答えなさい。

(3) はじめに，袋の中に赤球と白球がいくつかと，黒球が3個はいっていました。50回目の(操作)を行なったとき，袋の中の球がちょうどなくなりました。このとき，はじめに，袋の中にあった赤球と白球の個数として，考えられる組合せが2通りあります。その組み合わせを答えなさい。

(大阪・清風中)

37 〈倍数の個数①〉 新傾向

Nを整数とします。1からNまでの整数のうち，3の倍数の個数をA，4の倍数の個数をB，3の倍数でも4の倍数でもない数の個数をCとします。

(1) Nが50のとき，A，B，Cをそれぞれ求めなさい。
(2) Cが12となるようなNをすべて求めなさい。
(3) Nを1から250までの整数とします。NがCの2倍となるようなNは何個ありますか。
(4) AとBの差が15となるようなNは何個ありますか。また，これらの数のうち，もっとも小さい数ともっとも大きい数をそれぞれ求めなさい。

(東京・桐朋中)

38 〈倍数の個数②〉 難問

整数aからはじまる連続する10個の整数を順に並べ，その中のbの倍数の和がcになるとき，このことを$[a, b]=c$という式で表すことにします。たとえば，23からはじまる連続する10個の整数を並べると

$$23, 24, 25, 26, 27, 28, 29, 30, 31, 32$$

となり，この中の6の倍数は24，30の2つあって，その和は24+30=54となるので，[23, 6]=54という式で表されます。

次の問いに答えなさい。

(1) [50, 3]を求めなさい。
(2) [x, 4]=348となるとき，考えられるxをすべて求めなさい。
(3) [y, z]=270となるとき，考えられるy，zの組は全部で何通りありますか。ただし，zは5以下の整数とします。

(埼玉・栄東中)

超 難関校レベル

39 〈わり切れる回数①〉

次の問いに答えなさい。

(1) 1から2007までの整数をすべてかけたとき，0は一の位から続けていくつ並びますか。
(2) AからBまで連続する整数をすべてかけたとき，一の位から順に見て，最初に現れる0以外の数を(A, B)で書くことにします。

たとえば，1×2×3×4×5=120なので，(1, 5)=2です。

① (1, 10)を求めなさい。
② (121, 130)を求めなさい。

(東京・駒場東邦中)

40 〈わり切れる・わり切れない〉 難問

207，2007，20007，…のように，先頭が2で末尾が7，間はすべて0である整数のうち，27でわり切れるが，81ではわり切れないものを考えます。この中でもっとも小さい数は□です。□にあてはまる数を書きなさい。

(兵庫・灘中)

41 〈6つの数を並べて64の倍数をつくる〉 難問

1，2，3，4，5，6の6つの数字を1度ずつ使ってできる6けたの整数であって，64の倍数であるもののうち，もっとも小さい数は123456で，もっとも大きい数は□です。□にあてはまる数を書きなさい。

(兵庫・灘中)

42 〈約数の和〉

整数 a に対して，a を除いた残りすべての約数の和を「a」で表すことにします。たとえば
1の約数は1だけなので 「1」=0
5の約数は1，5なので 「5」=1
9の約数は1，3，9なので 「9」=1+3=4
となります。このとき，次の問いに答えなさい。

(1) 1から15までの整数の中で，a と「a」が等しくなるような整数 a と，a より「a」の方が大きくなるような整数 a を求めなさい。

(2) 2けたの整数の中で，a より「a」の方が大きくなるような最大の整数 a を求めなさい。

(千葉・渋谷教育学園幕張中)

43 〈連続する3つの整数の積〉 差が出る

次のように，1から99までの99個の数で，連続する3個の整数の積を全部で97個つくります。

　　　1×2×3，2×3×4，3×4×5，…，96×97×98，97×98×99

この中で次のような積は何個ありますか。

(1) 4の倍数である。
(2) 4の倍数であり8の倍数でない。
(3) 8の倍数であり16の倍数でない。
(4) 36の倍数である。

(京都・洛南高附中)

44 〈ユークリッドの互除法〉

長方形から切り取ることができるいちばん大きな正方形を切り取り，残った長方形からまた切り取ることができるいちばん大きな正方形を切り取ります。この作業をすべての図形が正方形になるまで続けます。下の図は，たて4cm，横6cmの長方形のときの例で，できた正方形は3個です。あとの問いに答えなさい。ただし，長方形の辺の長さはすべて整数とします。

(1) たて20cm，横36cmの長方形のとき，何個の正方形ができますか。

(2) 面積が90cm²の長方形から7個の正方形ができました。このとき，もとの長方形の長い方の1辺の長さは何cmですか。

(3) 面積が450cm²の長方形で，できる正方形の数が2番目に少なくなるとき，もとの長方形の長い方の1辺の長さは何cmですか。

(東京・渋谷教育学園渋谷中)

45 〈わり切れる回数 2〉 (難問)

a は0でない整数，n と x は整数とします。

x が a で n 回わり切れるが，$n+1$ 回はわり切れないとき $<x, a>=n$ と書くことにします。たとえば $<12, 2>$ のとき

　　1回目　12÷2=6 ……………わり切れる
　　2回目　6÷2=3………………わり切れる
　　3回目　3÷2=1あまり1………わり切れない

なので，$<12, 2>=2$ となります。このとき，次の問いに答えなさい。

(1) $<360, 2>$ を求めなさい。

(2) $<3888, a>=2$ と $<3240, a>=2$ が同時に成り立つような最大の整数 a を求めなさい。

(3) $<x, 2>=2$ と $<x, 3>=5$ が同時に成り立つような4けたの整数 x をすべて求めなさい。

(千葉・渋谷教育学園幕張中)

46 〈2, 3, 5でつくられる4けたの数〉

2, 3, 5の3つの数字だけを使ってできるすべての4けたの数を次のように小さい順に並べました。

　　2222, 2223, 2225, 2232, …, 5553, 5555

(1) 全部でいくつ並んでいますか。

(2) 50番目の数は何ですか。

(3) 8の倍数はいくつありますか。

(4) 並んでいる数をすべてかけ合わせると，0は一の位から続けていくつ並びますか。

(京都・洛南高附中)

47 〈3つの整数の決定〉 差が出る

異なる3つの3けたの整数 A, B, C があります。これらは以下の性質をみたしています。
① A は B より 261 小さい。
② A は C より 333 大きい。
③ C は B の百の位の数と一の位の数をいれかえた数である。
④ A は 7 の倍数である。

このとき, 次の問いに答えなさい。
(1) B の百の位の数と一の位の数との差を求めなさい。
(2) A をすべて求めなさい。

(千葉・渋谷教育学園幕張中)

48 〈ある範囲にはいる約数〉 頻出

花子さんは, クラス全員で美術館に行きました。美術館の入場料は1人 900 円で 50 人以上の団体は 3 割引きになります。花子さんたちは 50 人より少ない団体でしたが, 50 人の団体として入場する方が安くなるので, 50 人の団体として入場しました。帰りに, みんなでカレーライスを食べました。食堂に支払った料金は全員で 22575 円でした。花子さんのクラスの人数を求めなさい。

(兵庫・神戸女学院中学部)

4 数と計算の発展

難関校レベル
解答→別冊 p.31～33

49 〈素因数分解〉頻出

いくつかの記号をある規則にしたがって組み合わせ，整数を表します。1から10までの整数は，｜，○，△，＊，□の5種類の記号を使って，右のように表されます。

整数	1	2	3	4	5	6	7	8	9	10
記号	｜	○	△	○○	＊	○△	□	○○○	△△	○＊

この表し方を用いて整数「11」を表すためには，はじめにあげた5つの記号だけではたりず，新しい記号が1つ必要となります。このように，必要になったときには新しい記号を加えて，できるだけ少ない種類の記号で，より大きな整数を表すこととします。このとき，次の問いに答えなさい。

(1) この表し方を用いると，整数「15」はどのように表されますか。

(2) 25までの整数の中で，「11」の他に，｜，○，△，＊，□の記号だけを使って表すことができない整数をすべてあげなさい。

(3) 上のように，1から10までの整数の中には，△を使って表される整数が3個あります。1から100までの整数を表すとき，□が使われている整数は全部で何個ありますか。

(4) 上のように，1から10までの整数の中には，△が全部で4個使われます。1から150までの整数を表すとき，＊は全部で何個使われますか。

（東京・光塩女子学院中等科）

50 〈同じ数を○回かけ合わせた数〉

ある数 a を5個かけ合わせた $a×a×a×a×a$ を

$$\underbrace{a×\cdots×a}_{5個}$$

と表すことにします。このような表し方をするとき，次の問いに答えなさい。

(1) 次の □ には同じ数があてはまります。□ にあてはまる数を求めなさい。

$$\underbrace{2×\cdots×2}_{6個}=2×2×2×2×2×2=□×□×□$$

(2) 次の A ， B にあてはまる数を求めなさい。

$$\underbrace{3×\cdots×3}_{15個}=\underbrace{27×\cdots×27}_{\boxed{A}個}, \quad \underbrace{3×\cdots×3}_{8032個}=\underbrace{\boxed{B}×\cdots×\boxed{B}}_{2008個}$$

(3) 次の(ア)～(エ)の4つの数を小さい方から順に並べ，記号で答えなさい。

(ア) $\underbrace{2×\cdots×2}_{10040個}$　(イ) $\underbrace{3×\cdots×3}_{8032個}$　(ウ) $\underbrace{4×\cdots×4}_{6024個}$　(エ) $\underbrace{5×\cdots×5}_{4016個}$

（東京・晃華学園中）

51 〈数列〉 頻出

A君とB君は次のような〈きまり〉で数字の書いてあるカードを並べていくゲームを行いました。

〈きまり〉 （A君） 7, 9, 11, 13, …
　　　　　（B君） 18, 23, 28, 33, …

このとき，次の問いに答えなさい。

(1)　㋐　A君が10枚目に出したカードの数字
　　　㋑　B君が15枚目に出したカードの数字
をそれぞれ答えなさい。

(2)　2人が並べたカードのうち，同じ数字のカードを小さい方から順にぬき出します。このとき，30番目にぬき出すカードの数字を答えなさい。

(3)　「423」のカードが出るのは何枚目ですか。A君，B君それぞれで答えなさい。

（東京・攻玉社中）

52 〈ローマ数字〉 新傾向

古代ローマでは，アラビア数字の0，1，2，…，9はまだ使われていませんでした。その代わり，次のような記号が数字として使われていました。

アラビア数字	ローマ数字
1	I
2	II
3	III
4	IV
5	V
6	VI
7	VII
8	VIII
9	IX
10	X

アラビア数字	ローマ数字
11	XI
12	XII
13	XIII
14	XIV
15	XV
16	XVI
17	XVII
18	XVIII
19	XIX
20	XX

アラビア数字	ローマ数字
30	XXX
40	XL
50	L
60	LX
70	LXX
80	LXXX
90	XC
100	C
500	D
1000	M

たとえば

〈たし算〉　アラビア数字の「207＋196＝403」は，ローマ数字の場合，
　　　　　「CCVII＋CXCVI＝CDIII」と表されます。

〈ひき算〉　アラビア数字の「1714－236＝1478」は，ローマ数字の場合，
　　　　　「MDCCXIV－CCXXXVI＝MCDLXXVIII」と表されます。

次の問いに答えなさい。

(1)　86をローマ数字で答えなさい。

(2)　999をローマ数字で答えなさい。ただし，「IM」以外で答えなさい。

(3)　「MMVIII＋MCMLVI」を計算して，アラビア数字で答えなさい。

(4)　「MMVIII－MDCCCXV」を計算して，アラビア数字で答えなさい。

（神奈川・サレジオ学院中）

超 難関校レベル

53 〈トーナメント戦〉 新傾向

2, 4, 8, 16, … のように, 2をいくつかかけ合わせた数のチーム数が参加するトーナメント(勝ちぬき戦)を考えます。1つのトーナメントで行われる各試合が何回戦かを示す各数字をすべて加えた数をNで表します。

たとえば, チーム数が8のときには, 右の図のようなトーナメントとなり, 1回戦が4試合, 2回戦が2試合, 3回戦が1試合行われるので, ○の中の数字をたして
$$N=1+1+1+1+2+2+3=11$$
となります。

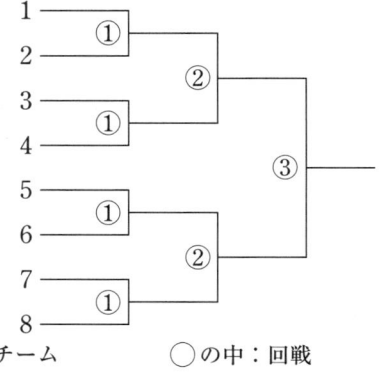

(1) チーム数が16であるトーナメントでは, Nはいくつになりますか。

(2) 6回戦が決勝戦となるトーナメントでは, Nはいくつになりますか。

(3) あるチーム数のトーナメントでは, Nが4083となった。この2倍のチーム数のトーナメントでは, Nが8178になるという。Nが4083となるときのチーム数を求めなさい。

(神奈川・慶應湘南藤沢中等部)

54 〈6進法, 倍数の判定〉

0, 1, 2, 3, 5, 7, 10, 11, 12, 13, 15, 17, 20, … のように, 0, 1, 2, 3, 5, 7 だけでつくられる数を小さい順に並べます。このとき, 次の問いに答えなさい。

(1) 2007は何番目の数ですか。

(2) 5の倍数のうち, 100番目に小さい数を求めなさい。ただし, 0は5の倍数とします。

(3) 3の倍数のうち, 100番目に小さい数を求めなさい。ただし, 0は3の倍数とします。

(神奈川・聖光学院中)

55 〈規則にしたがう処理①〉 差が出る

何枚かのコインがはいっている箱があります。この箱に魔法をかけるたびに、箱の中のコインの枚数が次のように増えます。

　　魔法 A をかけると、コインの枚数が 2 倍になります。
　　魔法 B をかけると、コインの枚数が 3 枚増えます。

たとえば、箱の中に 5 枚のコインがはいっているときに、魔法を A, A, B の順に 3 回かけると、箱の中のコインは 23 枚になります。

　　　　A　　　　　　　　　　　A　B
　　5 枚 → 10 枚 → 20 枚 → 23 枚

はじめに、箱の中にコインが 1 枚だけはいっています。この箱に魔法を何回かかけるとき、次の問いに答えなさい。

(1) 魔法を 5 回かけると、箱の中のコインの枚数は何枚になりますか。考えられるもののうち、もっとも多い枚数ともっとも少ない枚数を答えなさい。

(2) 魔法をかけることによって、箱の中のコインの枚数を何枚にできますか。できる枚数のうち、2 以上で 10 以下の数をすべて書きなさい。

(3) 魔法をどのようにかけてもできないコインの枚数のうち、2 以上で 2008 以下の数は、全部で何個ありますか。

(東京・筑波大附駒場中)

56 〈規則にしたがう処理②〉 差が出る

○ は 6 を表しています。いくつかの ○ をたて、横に並べて数を表すことにします。
たとえば

○○ は 12, $\overset{○}{○}$ は 36, $\overset{○}{○○}$ は 42, $\overset{○}{\underset{○○}{○}}$ は 222, $\overset{○○}{\underset{○○○}{○○}}$ は 258

を表します。さらに、いくつかの ○ に記号 | を組み合わせると

○|○ は 1, ○○○|○ は 2, $\underset{○}{○}|\overset{○}{○}$ は $\frac{1}{6}$, ○○|$\overset{○}{○○}$ は $\frac{2}{7}$, $\overset{○○}{\underset{○○○}{○}}|○$ は 6

になります。このとき、次の問いに答えなさい。

(1) $\overset{○}{\underset{○○○}{○}}|\overset{○}{\underset{○}{○}}$ が表している数を答えなさい。

(2) ○ を 8 個と記号 | を 1 個用いて、3 を表すものを 4 つあげなさい。

(3) ○ を 5 個と記号 | を 1 個用いて表せる数のうち、$\frac{1}{3}$ と 1 の間にあるものをすべて求めなさい。

(東京・武蔵中)

57 〈規則にしたがう処理3〉（難問）

a, b は整数で，a の方が b より大きいとします。このとき，分数 $\frac{b}{a}$ に対して，数 $\left\langle \frac{b}{a} \right\rangle$ を，右のように定めます。

わり算 $b \div a$ を計算して，小数点以下どこまでもわり切れないときは，ある数字の並びがくり返し現れるので，右の例1，例2のように，くり返しの1つ目より後ろに続く部分を切り捨てて，それを $\left\langle \frac{b}{a} \right\rangle$ と定めます。わり算 $b \div a$ が小数第何位かでわり切れるときは，例3のように，それをそのまま $\left\langle \frac{b}{a} \right\rangle$ と定めます。

例1　$\frac{3}{11} = 0.272727\cdots$ なので
$\left\langle \frac{3}{11} \right\rangle = 0.27$ です。

例2　$\frac{3}{22} = 0.1363636\cdots$ なので
$\left\langle \frac{3}{22} \right\rangle = 0.136$ です。

例3　$\frac{3}{16} = 0.1875$ なので
$\left\langle \frac{3}{16} \right\rangle = 0.1875$ です。

(1) $\left\langle \frac{17}{37} \right\rangle$，および，$\frac{17}{37} - \left\langle \frac{17}{37} \right\rangle$ を計算しなさい。ただし，答えは分数で表し，約分できるときは必ず約分すること。

(2) □ の中に同じ整数をいれて，$\frac{3}{□} - \left\langle \frac{3}{□} \right\rangle$ と $\frac{3}{□} \times \frac{1}{1000000}$ を計算します。30以下の整数をいれてこの計算をしたところ，2つの計算の結果が等しくなった整数が3個だけありました。この3個の整数を答えなさい。また，それぞれの場合について，$\left\langle \frac{3}{□} \right\rangle$ を計算し，小数で表しなさい。

（東京・開成中）

58 〈規則にしたがう処理4〉（難問）

太郎君は，分数について，右の例に示す方法であまりが0になるまでわり算をしました。

分数 A について，例のようなわり算の商をはじめから順番に並べたものを $\{A\}$ とします。上の例では $\left\{\frac{2}{9}\right\} = (0, 4, 2)$，
$\left\{\frac{25}{9}\right\} = (2, 1, 3, 2)$ となります。

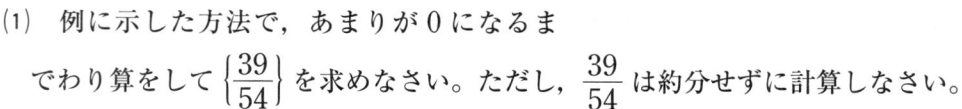

(1) 例に示した方法で，あまりが0になるまでわり算をして $\left\{\frac{39}{54}\right\}$ を求めなさい。ただし，$\frac{39}{54}$ は約分せずに計算しなさい。

(2) $\left\{\frac{192}{A}\right\} = (1, 3, 1, 1, 3)$ となりました。整数 A を求めなさい。

(3) 2つの整数 C, D はたすと 2006 となり，$\left\{\frac{C}{2006}\right\}$ のはじめの部分が $(0, 16, \cdots)$ となりました。$\left\{\frac{D}{2006}\right\}$ のはじめの部分が $(0, a, b, \cdots)$ のとき，a と b はいくつになりますか。

（東京・駒場東邦中）

1　図形と長さ

難関校レベル

解答→別冊 p.39～41

59 〈円の外側を転がる円〉 頻出

同じ大きさの円をいくつか用意し，1つの円に矢印をつけて，固定した円のまわりをすべらないように，右回りで1周させます。次の問いに答えなさい。

(1) 図1のように，固定した1つの円のまわりを矢印のついた円が1周するとき，矢印のついた円は何回転しますか。

図1

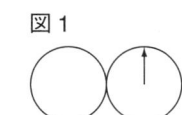

(2) 図2のように，4つの円を固定します。矢印のついた円がそのまわりを1周してもとの位置にもどるとき，矢印はどちらを向いていますか。図3に書きいれなさい。

図2

図3

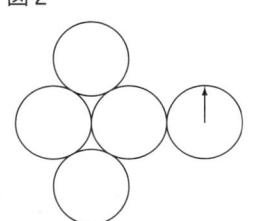

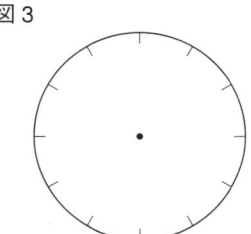

（東京・筑波大附中）

60 〈正方形の土地と道路〉 頻出

図1のように，正方形の土地Aがあり，その右側には，はば4mの道路があります。図2は正方形の土地Bを表したものです。土地Bの1辺の長さは土地Aの1辺の長さより2m長いものとして，次の問いに答えなさい。

図1

図2

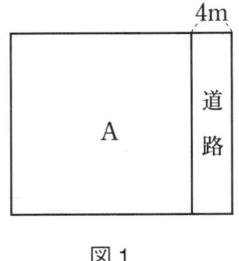

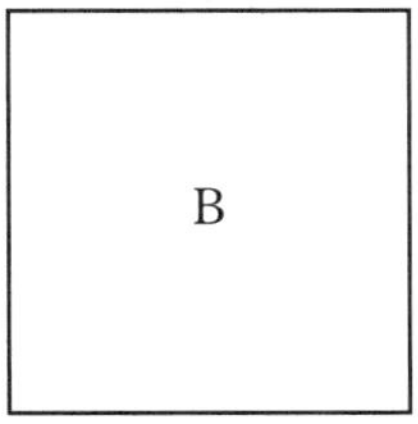

(1) 土地Aと右側の道路を合わせた面積と土地Bの面積を比(くら)べると，どちらがどれだけ大きいですか。

(2) 土地Aと右側の道路を合わせた面積が 396m^2 のとき，土地Aの1辺の長さを求めなさい。

（東京・晃華学園中）

61 〈正方形の内側を転がる正方形〉 差が出る

　1辺の長さが6cmの正方形の中に，右の図1のように，1辺の長さが2cmの正方形があります。いま，小さな正方形が大きな正方形の辺に沿って，すべることなく転がりながら，もとの位置までもどるものとします。このとき，次の問いに答えなさい。

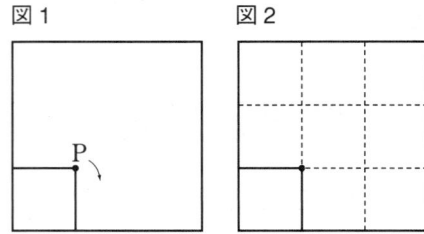

(1) 小さな正方形の頂点Pが描く線を上の図2に書き込みなさい。必要ならば，コンパスを用いなさい。

(2) 頂点Pが描く線の長さを求めなさい。ただし，1辺の長さが1cmの正方形の対角線の長さは1.4cm，円周率は3.1として計算しなさい。また，答えは小数第2位を四捨五入し，小数第1位まで求めなさい。

（神奈川・逗子開成中）

62 〈並べた正方形の1辺の長さ〉 新傾向

次の問いに答えなさい。

(1) 図1のように，4つの正方形が並んでいます。このとき，いちばん大きい正方形の1辺の長さは何cmですか。

(2) 図2のように，5つの正方形が並んでいます。このとき，いちばん大きい正方形の1辺の長さは何cmですか。

(3) 図3のように，7つの正方形が並んでいます。このとき，いちばん小さい正方形と2番目に小さい正方形の1辺の長さの差は何cmですか。

（東京・吉祥女子中）

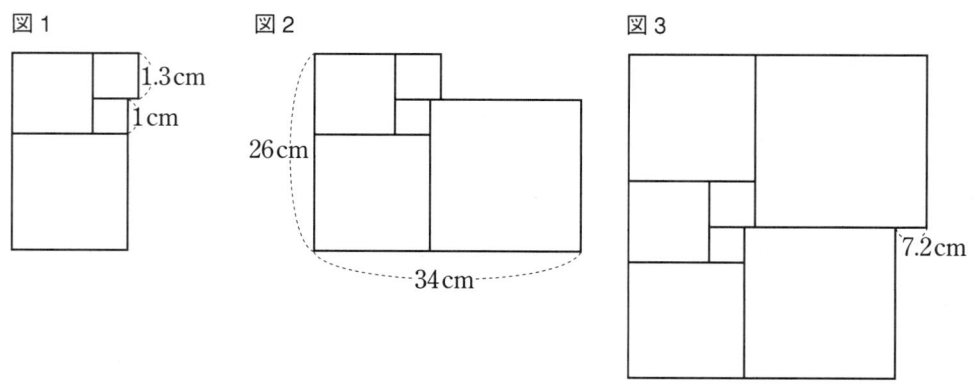

63 〈六角形の辺の長さ〉 頻出

次の問いに答えなさい。

(1) ともに1辺6cmの正三角形ABCと正三角形PQRが次のように重なっています。

条件1　点Oから6つの頂点までのきょりはすべて等しい

条件2　辺ABと辺QRは平行

このとき，2つの正三角形の重なっている部分の周囲の長さを求めなさい。

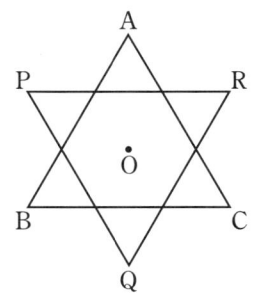

(2) 6つの角がすべて等しい六角形ABCDEFが図のようにあります。辺ABと辺CDの長さを求めなさい。　（大阪・高槻中）

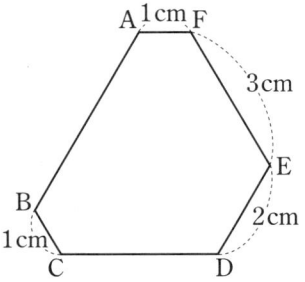

超難関校レベル

解答→別冊 p.42～43

64 〈直角三角形と角の2等分線〉 難問

右の図の三角形ABCは，AB，AC，BCの長さがそれぞれ18cm，24cm，30cmの直角三角形です。点P，Qはそれぞれ角B，角Cの2等分線上の点で，PQはBCに平行で，PHとAB，QKとACはそれぞれ垂直です。

五角形AHPQKの面積は，三角形ABCの面積の半分になっています。次の問いに答えなさい。

(1) PHの長さは何cmですか。

(2) PQの長さは何cmですか。

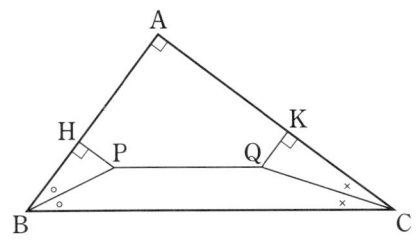

（兵庫・灘中）

65 〈針金の長さ〉

まっすぐな針金を 90 度ずつ曲げて，図のような形にしました。AB の長さが 8cm のとき，この針金の長さは何 cm ですか。ただし，針金の間隔はどこも等しいとします。

（神奈川・慶應普通部）

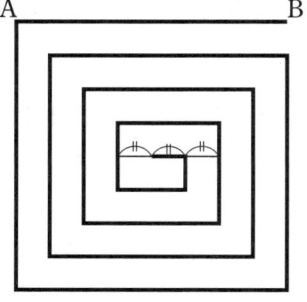

66 〈9 つの正方形に分けられた長方形〉 難問

右の図は，ある長方形を 9 つの正方形に分けたものです。その中の 2 つの正方形 A，B の 1 辺の長さはそれぞれ 32.4cm，14.4cm です。この長方形のたてと横の長さを求めなさい。

（兵庫・甲陽学院中）

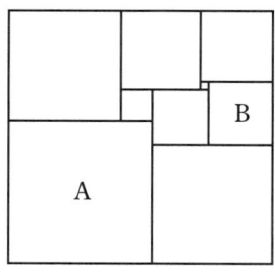

2 面積

難関校レベル

解答→別冊 *p.44*〜*55*

67 〈点の位置と三角形の面積〉 頻出

右の図のような台形 ABCD があります。P は辺 CD 上の点です。

(1) CP の長さが 4cm のとき，三角形 ABP の面積は何 cm² ですか。

(2) 次のとき，CP の長さはそれぞれ何 cm ですか。
① 三角形 ADP の面積と三角形 BCP の面積の比が 3：2 のとき
② 三角形 ABP の面積が 30cm² のとき

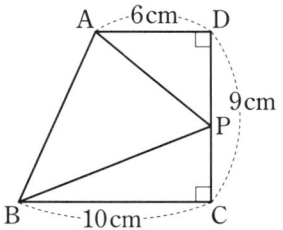

（東京・桐朋中）

68 〈点の位置と四角形の面積①〉 差が出る

右の図で，点 P は 1 辺の長さが 4cm の正方形 ABCD の周上を毎秒 1cm の速さで矢印の方向へ動き，点 Q は 1 辺の長さが 3cm の正方形 EFGC の周上を毎秒 1cm の速さで矢印の方向に動き続けます。点 P は頂点 B を，点 Q は頂点 E を同時に出発するとき，次の問いに答えなさい。

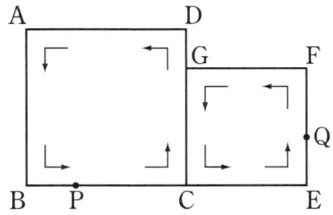

(1) 出発してはじめて点 P と点 Q が重なる点を R，2 回目に重なる点を S とするとき，
　(ア) RS の長さは何 cm ですか。
　(イ) 三角形 BRE と三角形 ASF の重なった部分の面積は何 cm² ですか。

(2) 出発してはじめて，PQ と BE が平行で，台形 PBEQ の面積が台形 GBEF の面積の $\frac{1}{2}$ になるのは何秒後ですか。

（東京・明治大付明治中）

69 〈点の位置と四角形の面積②〉 頻出

右の図の三角形 ABC は AB=8cm，BC=10cm，CA=6cm の直角三角形です。辺 AB 上に点 P，辺 BC 上に点 Q，R，辺 CA 上に点 S をとり，長方形 PQRS をつくります。このとき，次の問いに答えなさい。

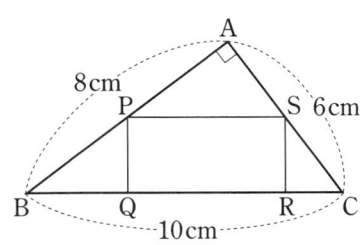

(1) 点 P，S がそれぞれ，辺 AB，CA のまん中の点であるとき，長方形 PQRS の面積は何 cm² ですか。

(2) 三角形 APS と三角形 SRC の面積が等しいとき，長方形 PQRS の面積は何 cm² ですか。

(3) 長方形 PQRS が正方形になるとき，PQ の長さは何 cm ですか。

（東京・明治大付明治中）

70 〈円が通過する部分の面積〉頻出

1辺の長さが 8cm の正方形 ABCD の内側に，半径 1cm の円 P があります。この円 P は，最初，右の図のように2辺 AB，AD に接する位置にあります。この円 P が正方形 ABCD の辺に接しながら毎秒 1cm の速さで矢印の方向に移動します。

このとき，次の(1)，(2)の問いに答えなさい。

ただし，円周率は 3.14 として計算するものとします。

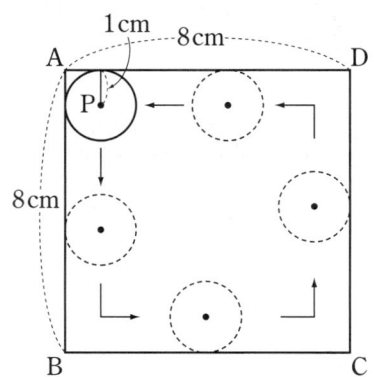

(1) 円 P が最初の位置から 9.5 秒間移動するとき，この円が通過してできる図形の面積を求めなさい。

(2) 円 P が最初の位置から移動するとき，この円が通過してできる図形の面積が 33.71cm² になるのは，移動しはじめてから何秒後ですか。

（神奈川・浅野中）

71 〈三角形の面積と辺の比〉差が出る

右の図のような AD と BC が平行である台形 ABCD があり，AD の長さと BC の長さの比は 1:2，DF の長さと FC の長さの比は 5:4，三角形 ABE の面積は 81cm²，三角形 FEC の面積は 12cm² です。このとき，次の問いに答えなさい。

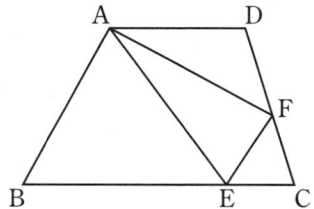

(1) BE の長さと EC の長さの比をもっとも簡単な整数の比で表しなさい。

(2) 三角形 AFD の面積を求めなさい。

(3) 三角形 AEF の面積を求めなさい。

（大阪・明星中）

72 〈重なった部分の面積〉

2つの正方形 A と B が図のように一部分が重なっています。この重なっている部分（図の斜線部分）の面積は，正方形 A の面積の $\frac{2}{5}$ にあたり，また，正方形 B の面積の $\frac{1}{2}$ にあたります。

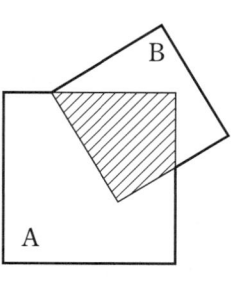

(1) 2つの正方形が重なっている部分の面積が 40cm² のとき，正方形 A の面積を求めなさい。

(2) 正方形 B の面積が正方形 A の面積より 35cm² 小さいとき，次の問いに答えなさい。
① 正方形 B の面積を求めなさい。
② 図の太い線で囲まれた図形の面積を求めなさい。

（東京・光塩女子学院中等科）

73 〈相似と面積の比 1〉 頻出

右の図の平行四辺形 ABCD で，AP：PD＝DQ：QC＝4：3 です。BP と AQ の交点を R とするとき，次の(1)〜(3)の問いに答えなさい。

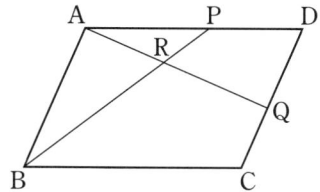

(1) 辺の長さの比 BR：RP を求めなさい。

(2) 面積の比（三角形 APR）：（平行四辺形 ABCD）を求めなさい。

(3) 辺の長さの比 AR：RQ を求めなさい。

（神奈川・浅野中）

74 〈相似と面積の比 2〉 差が出る

たての辺と横の辺の長さの比が 3：4 の長方形があります。たての辺を 2 等分する点を A，横の辺を 3 等分する点を B，C とします。このとき，次の問いに答えなさい。

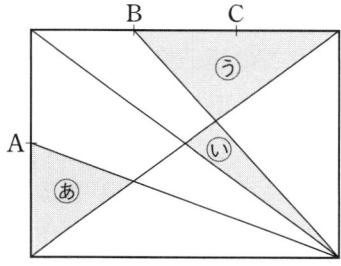

(1) あ：いの面積比をもっとも簡単な整数の比で答えなさい。

(2) あ：うの面積比をもっとも簡単な整数の比で答えなさい。

（東京・白百合学園中）

75 〈直角二等辺三角形と面積 1〉 新傾向

図の斜線部分の面積を求めなさい。　（兵庫・白陵中）

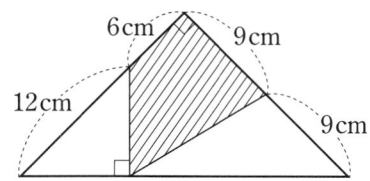

76 〈正五角形のまわりを動く正三角形〉

1辺の長さが10cmの正五角形のまわりに，1辺の長さが10cmの正三角形ABCを⑦の位置からすべることなく矢印の向きに回転させました。

これについて，次の問いに答えなさい。ただし，円周率は3.14とします。

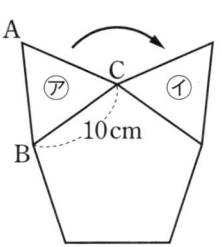

(1) ⑦の位置にはじめてきたとき，辺ACが通ったあとの図形の面積は何cm²ですか。小数第2位を四捨五入して答えなさい。

(2) 1周してはじめて⑦の位置にもどりました。このとき，頂点Aが動いたあとの線の長さは何cmですか。

（東京・世田谷学園中）

77 〈フラクタル〉 頻出

図Iのような正三角形があります。この正三角形の各辺を3等分して図IIのように各辺の中央に正三角形をつけ加えます。図IIIは，さらに図IIの図形の各辺を3等分して各辺の中央に正三角形をつけ加えたものです。

次の問いに答えなさい。

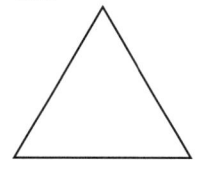
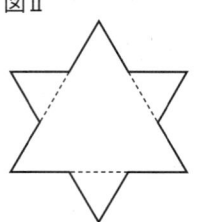
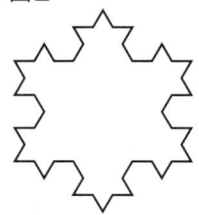

(1) 図IIIの図形の周の長さは，図Iの図形の周の長さの何倍ですか。

(2) 図IIIの図形の面積は，図Iの図形の面積の何倍ですか。

（東京・立教池袋中）

78 〈区切り面積 1〉 差が出る

図のように，面積が24cm²の三角形を6枚並べて平行四辺形をつくり，対角線をかきました。

次の問いに答えなさい。

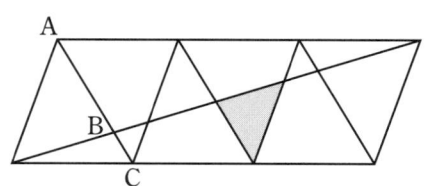

(1) ABとBCの長さの比をもっとも簡単な整数で表しなさい。

(2) 影の部分の面積は何cm²ですか。

（東京・立教池袋中）

79 〈区切り面積②〉

次の問いに答えなさい。

(1) 図1で，四角形 ABCD は面積が 50cm² の平行四辺形です。点 E は辺 AB のまん中の点です。また，AC と ED の交点を F とします。このとき，三角形 AEF の面積を求めなさい。

(2) 図2は，直径 12cm と 18cm の半円を重ねたものです。斜線部分(ア)の面積を求めなさい。ただし，円周率は 3.14 とします。

(神奈川・桐蔭学園中)

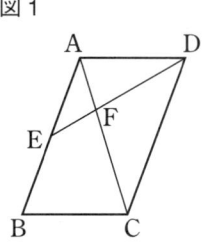
図1

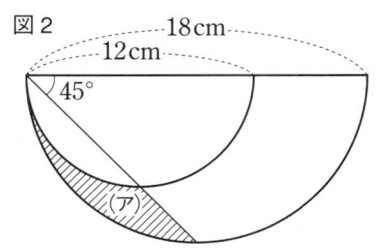
図2

80 〈区切り面積③〉（難問）

右の図のように，三角形 ABC の辺 AB，AC 上に点 P，Q をそれぞれ

AP : PB = 2 : 1
AQ : QC = 1 : 1

となるようにとります。さらに，PQ 上に点 R を三角形 BPR と三角形 CQR の面積が等しくなるようにとります。

三角形 ABC の面積が 135 cm² のとき，次の問いに答えなさい。

(1) 三角形 APQ の面積は何 cm² ですか。
(2) 三角形 RBC の面積は何 cm² ですか。

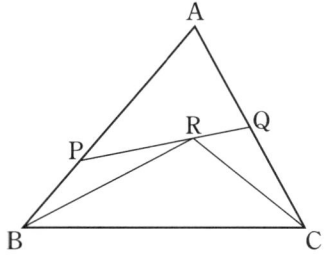

(神奈川・サレジオ学院中)

81 〈高さの等しい三角形の面積の比と辺の比〉（頻出）

三角形 ABC の面積を図のように 7 等分しました。辺 BC の長さを 12cm とするとき，次の問いに答えなさい。

(1) EC の長さを求めなさい。
(2) BI の長さを求めなさい。
(3) BH : HF : FD : DA をもっとも簡単な整数の比で答えなさい。

(東京・巣鴨中)

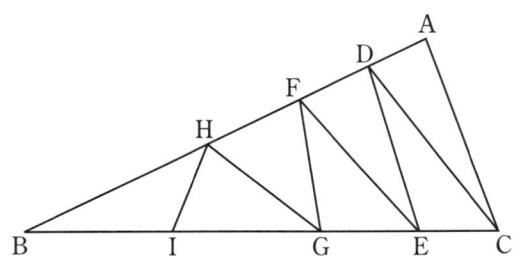

82 〈複雑な相似と面積の比〉

右の図は平行四辺形 ABCD で AE＝ED，DF＝FC です。このとき，三角形 EFG と三角形 BCF の面積の比を，もっとも簡単な整数の比で表しなさい。
(東京・鷗友学園女子中)

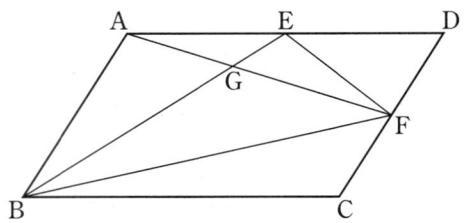

83 〈複雑な相似と面積〉 頻出

右の図のように，1辺が 12cm の正方形 ABCD の各辺のまん中の点を K，L，M，N とし，AL と CK の交点を P とします。次の問いの □ をうめなさい。

(1) 三角形 PLC の面積は □ cm² です。
(2) 斜線の部分の面積は □ cm² です。
(東京・芝中)

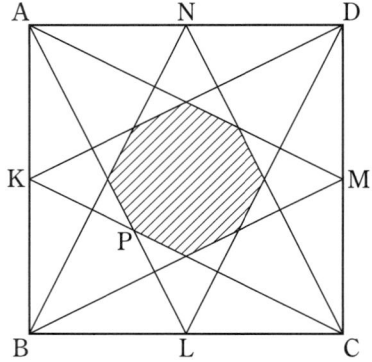

84 〈比の利用と面積〉 難問

右の図のような長方形において，点 P は辺 AD に沿って，点 Q は辺 BC に沿ってそれぞれ一定の速さで往復しています。また，長方形 ABCD のうち，2点 P，Q を結ぶ直線の左側の図形を F とします。点 P が点 A を，点 Q が点 C を同時に出発してから 8 秒間の図形 F の面積の変化は右のグラフのようになりました。

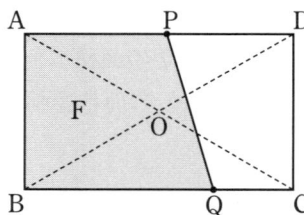

(1) 点 P と点 Q ではどちらが速いか，理由をつけて答えなさい。
(2) 点 P と点 Q の速さの比を求めなさい。
(3) 4秒後の図形 F の面積は 16cm² でした。長方形 ABCD の面積を求めなさい。
(4) 点 P と点 Q が出発してから 8 秒後までの間で，図形 F が長方形となるのは何秒後か。すべて求めなさい。
(5) 対角線 AC，BD の交わった点を O とするとき，点 P と点 Q が出発してから 8 秒後までの間で，3点 P，O，Q が一直線に並ぶのは何秒後か，すべて求めなさい。

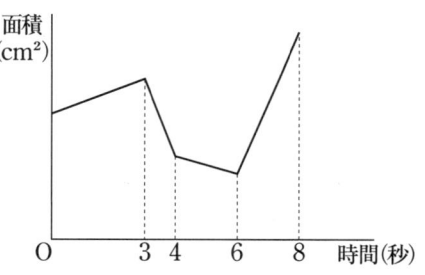

(東京・光塩女子学院中等科)

85 〈直角二等辺三角形と面積②〉 新傾向

次の問いに答えなさい。

(1) 図1の台形 ABCD において，三角形 APD は直角二等辺三角形です。AB の長さが 4cm，DC の長さが 2cm のとき，三角形 APD の面積は何 cm² ですか。

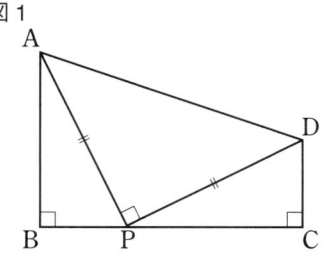

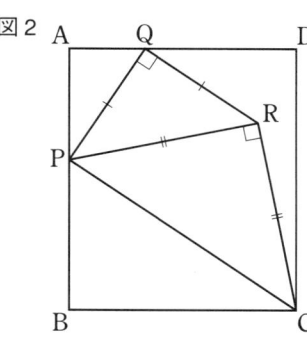

(2) 図2の長方形 ABCD において，三角形 PQR も三角形 PRC も直角二等辺三角形です。また，AP の長さは 3cm，AQ の長さは 2cm です。

① AD の長さは何 cm ですか。　② 三角形 PRC の面積は何 cm² ですか。

③ 2点 Q，C を通る直線をひいたとき，三角形 QRC の面積は何 cm² ですか。

（東京・吉祥女子中）

86 〈正方形にぴったりくっつく正方形〉 頻出

1辺の長さが 10cm の正方形があります。その正方形のまわりにぴったりつくような新しい正方形を，右の図のようにつくります。次のそれぞれの場合について問いに答えなさい。

(1) 右の図のように新しい正方形をつくったところ，新しい正方形の辺ともとの正方形の辺のつくる角の大きさが 30 度になりました。このとき，図の影の部分の面積は1辺の長さが 1cm の正三角形の面積の何倍ですか。

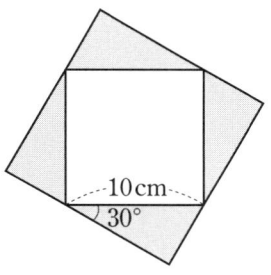

(2) 右の図のように新しい正方形をつくったところ，新しい正方形の辺ともとの正方形の辺のつくる角の大きさが 15 度になりました。このとき，新しい正方形の面積を求めなさい。　（埼玉・栄東中）

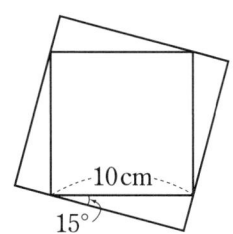

87 〈ベンツ切り〉 頻出

右の図のような三角形 ABC があります。AD：DB＝3：1，AE：EC＝5：2，三角形 ADF の面積が 9cm² であるとき，次の問いに答えなさい。

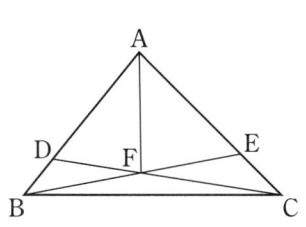

(1) 三角形 BFD の面積を求めなさい。

(2) 三角形 ABF と三角形 BCF の面積比を求め，三角形 BCF の面積を求めなさい。

(3) 三角形 ABC の面積を求めなさい。

（大阪・高槻中）

超 難関校レベル

解答→別冊 p.56〜62

88 〈等積変形①〉 頻出

次の問いに答えなさい。

(1) 図1の台形 ABCD は，角 C と角 D が直角で，BC=5cm，CD=4cm，DA=2cm です。辺 CD 上に点 P をとり，辺 BC 上に点 Q をとったところ，三角形 ABP の面積も三角形 ABQ の面積も 8cm² になりました。

① CP の長さを求めなさい。

② 2点 P，Q を直線で結んだとき，PQ の長さと AB の長さの比を求めなさい。

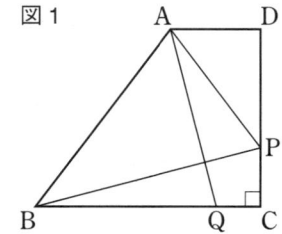

(2) 図2のように，1辺20cm の正方形 ABCD の中に，辺 BC，CD を直径とする2つの半円をかき，その交点を O とします。点 O を通る直線 EF をひいたところ，影のついた2つの部分 S と T の面積が等しくなりました。円周率を 3.14 として，三角形 OBF の面積を求めなさい。

（東京・早稲田実業中等部）

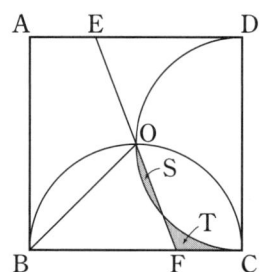

89 〈等積変形②〉 難問

円の $\frac{1}{4}$ の部分の図形 OAB があります。次の問いに答えなさい。

(1) 図1において，斜線部分の面積と図形 OAB の面積の比を求めなさい。ただし，直線 OA，CD，EF は平行です。

(2) 図2のように図形 OAB の弧 AB（曲線の部分）を5等分した各点から OA に平行な直線をひきました。OA を 5cm としたとき，2つの斜線部分の面積の和を求めなさい。

（東京・麻布中）

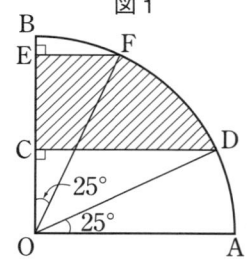
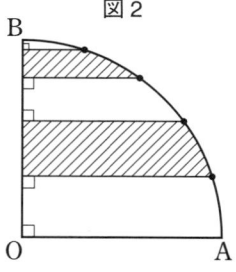

90 〈正六角形の一部の面積〉

図のように，面積が 42cm² の正六角形の内部に三角形をつくりました。影をつけた部分の面積を求めなさい。ただし，点 A は正六角形の1辺のまん中の点です。 （兵庫・神戸女学院中学部）

(1)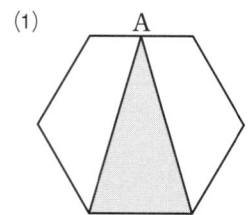
(2)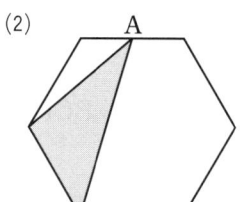
(3)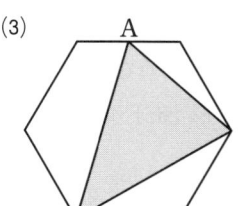
(4)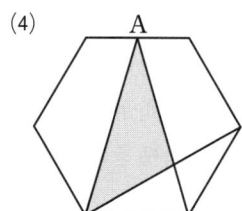

91 〈台形の区切り面積〉 差が出る

図のような高さ 12cm の台形 ABCD の辺の上に，
　　AE：EB＝3：1，
　　BF：FC＝3：2，
　　CG：GD＝1：1，
　　DH：HA＝2：1
となる 4 点 E，F，G，H があります。

(1) 三角形 EFH の面積は何 cm² ですか。

(2) EG と FH が交わる点を I とするとき，EI：IG をもっとも簡単な整数の比で表しなさい。

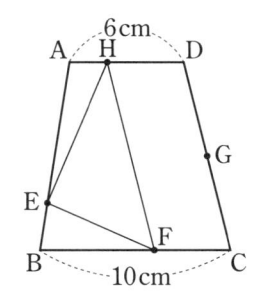

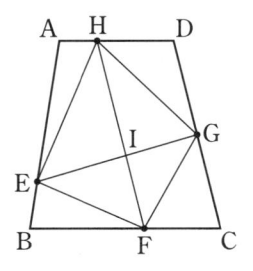

(3) HF の上に点 J があり，四角形 AEJH の面積は 27cm² です。HJ：JF，（四角形 HJGD の面積）：（四角形 JFCG の面積）を，それぞれもっとも簡単な整数の比で表しなさい。 （京都・洛南高附中）

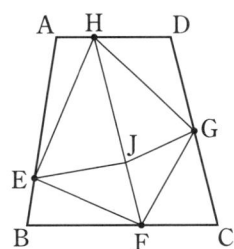

92 〈おうぎ形のまわりを転がる円〉 頻出

半径 4cm，中心角 45 度のおうぎ形のまわりを，半径 1cm の円が接しながら 1 周していきます。このとき，次の問いに答えなさい。ただし，円周率は 3.14 とします。

(1) 円が通過した部分を斜線で示しなさい。

(2) 円が通過した部分の面積は何 cm² ですか。 （鹿児島・ラ・サール中）

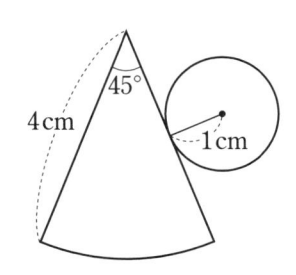

93 〈相似と面積〉 差が出る

3570m² の正方形の土地に，右の図のように杭を等間かくに 16 本打ちました。斜線部分の面積を求めなさい。 （神奈川・栄光学園中）

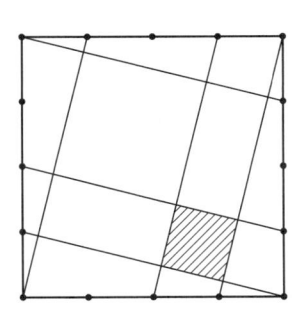

94 〈等積変形・相似〉 頻出

右の図で，四角形 ABCD は AD と BC が平行である台形，四角形 ABED は AB=6cm の平行四辺形です。また，台形 ABCD の面積は 33cm² で，三角形 ABC の面積は 24cm² です。次の問いに答えなさい。

(1) 平行四辺形 ABED の面積を求めなさい。

(2) DF の長さを求めなさい。

（東京・武蔵中）

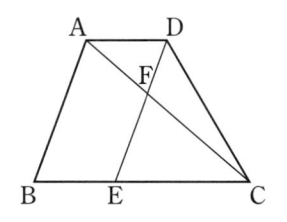

95 〈正方形から切り取られた四角形の面積〉 新傾向

右の図のように，1辺8cmの正方形の辺上に点 A，B，C，D をとります。

　　⑦ cm+④ cm=5cm，
　　⑦ cm+④ cm=3cm

のとき，四角形 ABCD の面積は □ cm² です。

□ にあてはまる数を書きいれなさい。　（兵庫・灘中）

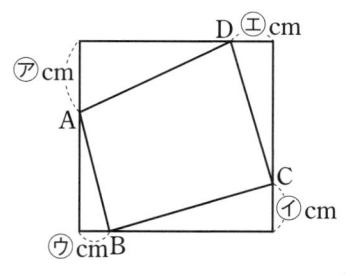

96 〈複雑な区切り面積〉 差が出る

図1で，点 D は辺 AB を 4 等分する点のうちで B にいちばん近い点，点 E は辺 AC を 3 等分する点のうちで A にいちばん近い点です。BE と CD が交わる点を F とします。三角形 FBD の面積は 1cm² です。

(1) 三角形 FBC の面積は何 cm² ですか。

(2) 三角形 ABC の面積は何 cm² ですか。

(3) さらに，図2のように，CF のまん中の点を G とします。影をつけた部分の面積は何 cm² ですか。

（大阪・四天王寺中）

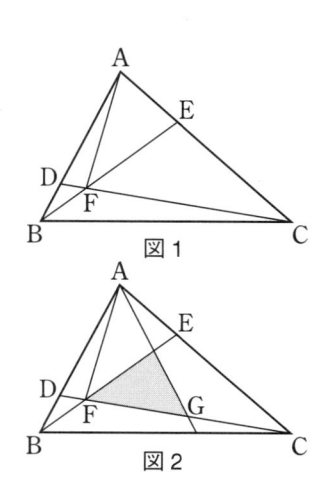

97 〈直角二等辺三角形と長方形の重なる部分の面積〉

長方形と，1つの角が 45 度の直角三角形があり，図のように長方形を直線に沿って矢印の方向に毎秒 1cm の速さで移動させます。グラフは，移動をはじめてからの時間と，2 つの図形が重なってできる部分の面積の関係を途中まで表したものです。

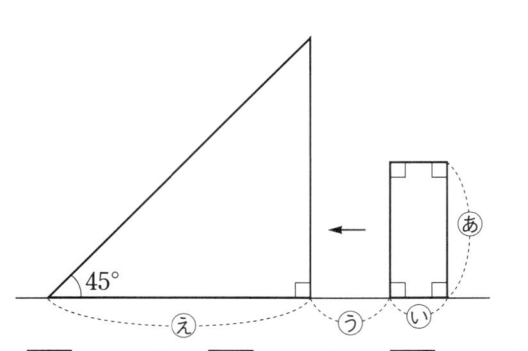

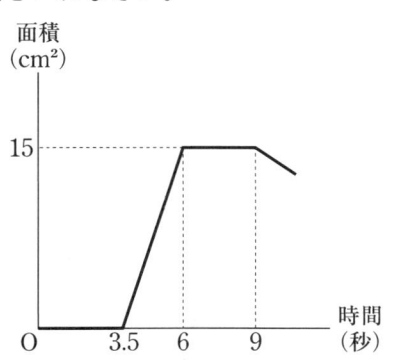

[ ]内のいずれかを○で囲み，☐にあてはまる数をいれなさい。

(1) ㋐は☐cm，㋑は☐cm，㋒は☐cm，㋓は☐cm です。
(2) 重なる部分の面積が再び 0cm² となるのは☐秒後からです。
(3) 10.5 秒後の，重なる部分の図形は[三角形・四角形・五角形・六角形]で，その面積は☐cm² です。

(東京・女子学院中)

98 〈長方形の面積の 2 等分〉 難問

辺 AB の長さが 6cm，辺 AD の長さが 14cm の長方形があり，図のように，長方形 ABCD の内部に点 E があります。

点 P は A を出発し，長方形の辺上を A→B→C→D→A→… の向きに，毎秒 3cm の速さで動きます。

点 Q は P と同時に A を出発し，長方形の辺上を A→D→C→B→A→… の向きに，毎秒 2cm の速さで動きます。

次の問いに答えなさい。

(1) 長方形 ABCD の面積が，線 PQ によって，はじめて 2 等分されるのは出発してから何秒後ですか。また，そのときの三角形 EPQ の面積を求めなさい。
(2) 点 P と E を結んだ線 PE と，点 Q と E を結んだ線 QE をかきます。
長方形 ABCD の面積が，線 PE と線 QE によって，はじめて 2 等分されるのは，出発してから何秒後ですか。
(3) 点 E が線 PQ 上にある場合を考えます。
長方形 ABCD の面積が，線 PQ によって，はじめて 2 等分されるのは，出発してから何秒後ですか。

(東京・筑波大附駒場中)

3 体積・容積

難関校レベル

解答→別冊 p.63～69

99 〈回転体〉 差が出る

次の問いに答えなさい。
ただし，円周率を3.14とします。

(1) 図1の直角二等辺三角形を，直線 ℓ を軸に1回転させてできる立体の体積は何 cm³ ですか。

(2) 図2の直角三角形を，直線 ℓ を軸に1回転させてできる立体の体積は何 cm³ ですか。
　　　　　　　　　　　　　　　　　　　　　（埼玉・開智中）

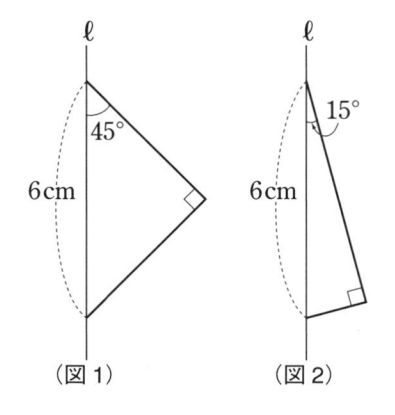

100 〈雨量と容器の形〉

右の図のように2地点 A，B のいずれも高さ 12cm の円柱形，円すいの形をした容器を置いて雨量を測定しました。

雨が降り出して12時間後，A，B両地点の容器にはいずれも 6cm の雨がたまっており，両方の水面の面積は等しくなりました。

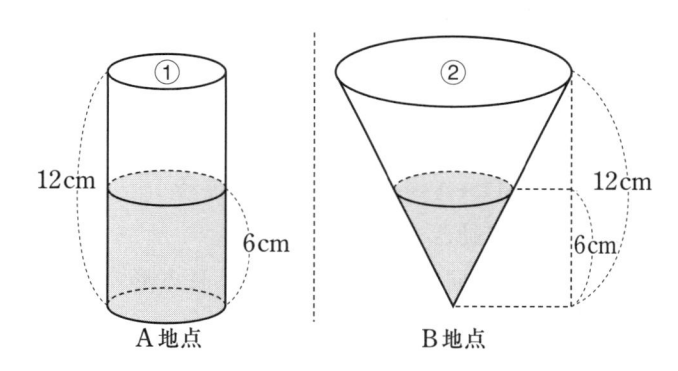

このとき，次の問いに答えなさい。ただし，円柱の体積は底面積と高さの等しい円すいの体積の3倍です。

(1) 円柱の形をした容器の受け口 ① の広さと，円すいの形をした容器の受け口 ② の広さの比を，もっとも簡単な整数の比で答えなさい。

(2) A地点の雨量はB地点の雨量の何倍ですか。
　　　　　　　　　　　　　　　　　　　　　（東京・世田谷学園中）

101 〈3つの立体を組み合わせたビン〉 頻出

図のように3つの立体A，B，Cを組み合わせた形をしたビンがあります。このビンに水がいっぱいにはいっています。次の問いに答えなさい。

底面の半径1cm
高さ5cmの円柱…A

高さ2cmの
円すい台……B

底面の半径3cm
高さ12cmの円柱…C

(1) 3つの立体A，B，Cの体積の比をもっとも簡単な整数の比で表しなさい。

(2) このビンから水をぬいていき，ビンの底から水面までの高さが13cmになりました。ぬいた水の量は何cm³ですか。ただし，円周率は3.14とし，小数第2位を四捨五入して答えなさい。
(埼玉・栄東中)

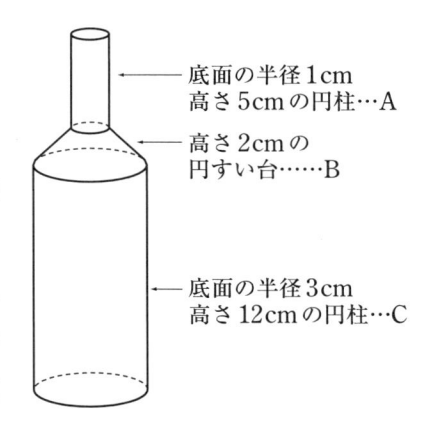

102 〈増えた表面積〉 差が出る

底面の円の半径が$a$cmの円柱があります。この円柱の上に，底面の4つの頂点が円柱の底面の円周上にあるような立方体をのせて新しい立体をつくりました。

このとき，その立体の表面積は，円柱だけの表面積より392cm²増えました。

次の問いに答えなさい。ただし，円周率は3.14とします。

(1) 円柱の上にのせた立方体の1つの面の面積は何cm²ですか。

(2) 円柱の上にのせた立方体の底面の頂点の1つが，円柱の底面の円の中心にくるように立方体をずらした立体を考えます。この立体の表面積は，立方体をのせる前の円柱の表面積より何cm²増えますか。
(神奈川・サレジオ学院中)

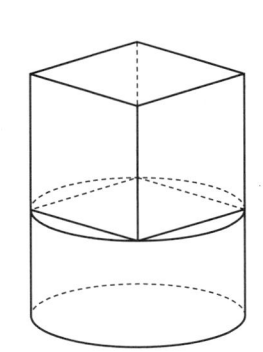

103 〈円柱の容器内の水の量〉

底面の半径が5cmで，高さが10cmの円柱形の容器に，水が図1のようにはいっています。この容器を図2のように水平にたおしました。底面の中心をOとするとき，㋐の角度が90度になりました。たおす前の容器にはいっていた水の深さを求めなさい。ただし，円周率は3とします。
(兵庫・白陵中)

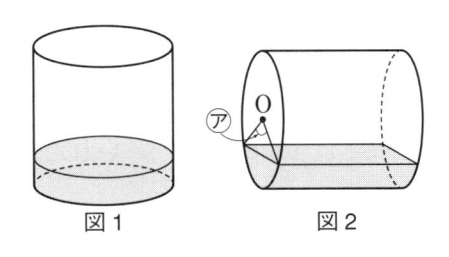

図1　図2

104 〈積み上げられた円柱の表面積と体積〉差が出る

図Ⅰのような高さがどちらも 4cm で，底面の半径がそれぞれ 10cm，5cm の大きい円柱と小さい円柱があります。

これらの円柱を次のきまりで積み上げて立体をつくります。
・小さい円柱の底面は，大きい円柱の底面からはみ出さない
・小さい円柱どうしは重ねない
・大きい円柱どうしを重ねるときは，底面がずれないようにぴったりと重ねる
・いちばん上といちばん下は大きい円柱にする

次の問いに答えなさい。ただし，円周率は 3.14 とします。

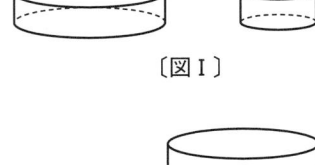

(1) 図Ⅱの立体の表面積は何 cm² ですか。

(2) このきまりで 10 個積み上げてつくった立体の表面積が 4176.2cm² になりました。この立体の体積は何 cm³ ですか。

(東京・立教池袋中)

105 〈かたむけた容器にはいった水①〉頻出

図1のような1辺 30cm の立方体の容器があります。容器に水をいれ，図2のようにかたむけたとき，辺 AE，辺 BF，辺 DH の水につかっている部分の長さをそれぞれ ㋐，㋑，㋒ とします。このとき，次の問いに答えなさい。

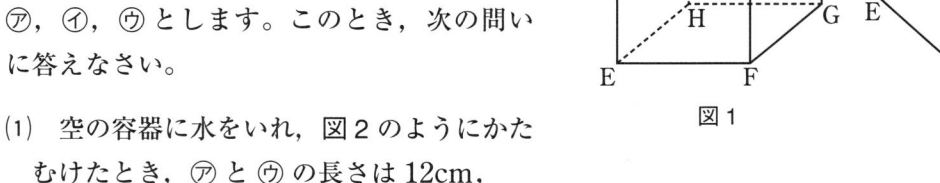

(1) 空の容器に水をいれ，図2のようにかたむけたとき，㋐ と ㋒ の長さは 12cm，㋑ の長さは 18cm でした。いれた水の量は何 L ですか。

(2) (1)の容器，そのままの状態から水を 2.7L 取り出すと，㋑ の長さは何 cm になりますか。

辺 CD を3等分する点のうち点 C に近い方の点を P，辺 HG を3等分する点のうち点 G に近い点を Q とし，P と Q を直線で結びます。そして，容器に水をいれたとき，この直線の水につかっている長さを ㋓ とします。

(3) 容器に水をいれ，容器をかたむけたとき，㋐ の長さは 10cm，㋒ の長さは 6cm，㋓ の長さは 12cm でした。いれた水の量は何 L ですか。

(4) (3)の水の量と ㋓ の長さを変えないで，容器のかたむきを変えたところ，㋐ の長さは 14.3cm になりました。このとき，㋑ の長さは何 cm ですか。

(東京・吉祥女子中)

106 〈立方体と円柱でできた立体の表面積と体積〉 (難問)

1辺の長さが2cmの立方体(図1)があります。この立方体の6つの面に，高さ1cm，底面の半径1cmの円柱をはりつけたのが(図2)です。この図形の円柱部分に，(図3)のように，さらに立方体をはりつけます。以下同じように，立方体のあいている面に円柱をはりつけ，円柱の面に立方体をはりつける…ということをくり返します。(ただし，はりつけるときは

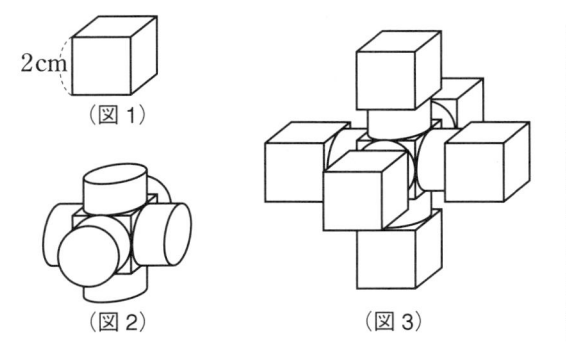

① 立方体の正方形と，円柱の円がぴったり重なるようにします。
② すべての立方体が，たがいにかたむくことなく，まったく同じ向きになるようにします。)

このとき，次の問いに答えなさい。ただし，円周率は3.14とします。

(1) (図2)の図形の表面積を求めなさい。

(2) (図3)の図形の表面積を求めなさい。

(3) (図3)の図形からさらに，→円柱→立方体とはりつけた図形の体積を求めなさい。

(4) (3)の図形からさらに，→円柱→立方体とはりつけた図形の体積を求めなさい。

(東京・攻玉社中)

107 〈三角すいの切断〉 (新傾向)

右の図のような AB=15cm，BC=9cm，BD=12cm で，角ABC，角ABD，角CBD がすべて直角である三角すいがあります。また，辺BD上にあり，点Bから4cmはなれた点をPとします。このとき，次の問いに答えなさい。

(1) 点Pを通り，面ABCに平行な面で三角すいを切ったとき，点Dをふくむ方の立体の体積は何cm³ですか。

(2) 辺BD上にあり，点Pから6cmはなれた点をQとします。このとき，次の①と②の両方にあてはまる立方体を考えます。
　① PQを1辺とします。
　② 2つの面がそれぞれ三角形ABDと三角形BCDに重なる部分をもつようにします。
この立方体ともとの三角すいが重なる部分の体積は何cm³ですか。

(千葉・市川中)

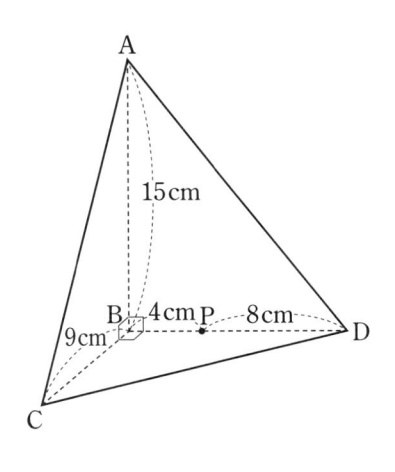

108 〈水のはいった容器に別の容器をしずめる〉 差が出る

下の(図1)のような，2つの直方体の容器A，Bがあります。深さはそれぞれ36cm，21cmで，Aには30cmの深さまで水がはいっています。いま，Aに空の容器Bをまっすぐに一定の速さでAの容器の底につくまでいれました。(図2)は，Bが水にはいりはじめてから底につくまでの時間とAの水の深さの変化を表したものです。容器の厚みは考えないものとして，次の問いに答えなさい。

(1) AとBの容器の底面積の比を，もっとも簡単な整数の比で答えなさい。

(2) Bの容器にはいっている水の量が，Aの容器からあふれ出た水の量に等しくなるのは，Bが水にはいりはじめてから何秒後ですか。

(東京・世田谷学園中)

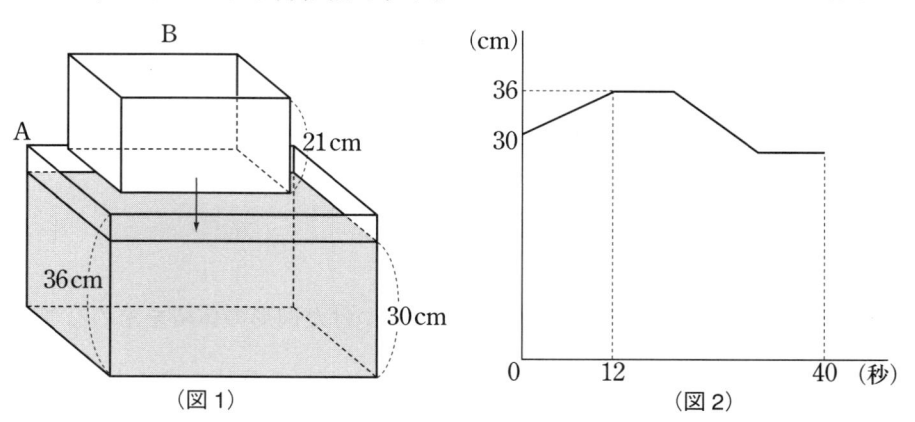

109 〈水のはいった容器におもりをしずめる〉

深さが20cmの直方体の容器に水がいくらかはいっています。図1のような直方体のおもりA，Bが何本かあります。はじめにAを図2のように容器にいれると水の深さは10cmになりました。さらにBを容器にいれたところ，水の深さは18cmになりました。

ただし，おもりを容器にいれるときは，正方形の面が底面になるようにいれます。

次の□にあてはまる数を求めなさい。

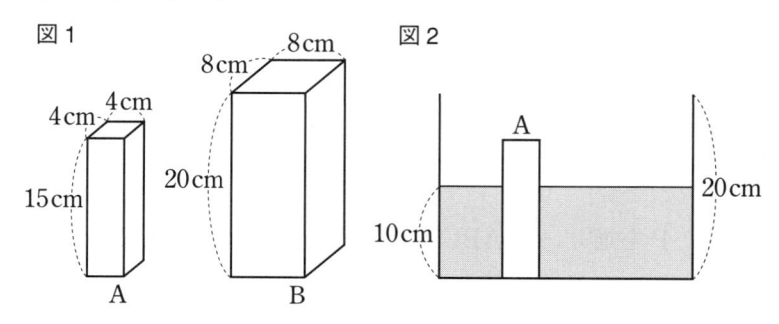

(1) 容器の中にはいっている水の体積は□cm³です。

(2) おもりがはいっていない状態からおもりAを1本ずついれていくとき，□本目のおもりが□cmより深く水の中にはいったとき，容器から水があふれ出します。

(東京・芝中)

110 〈水のはいった水そうに直方体をしずめる〉 難問

図1のような水のはいった直方体の水そうがあります。この水そうに，図2のようなたて6cm，横10cm，高さ20cmの鉄の直方体をしずめたとき，次のことがわかりました。

(ア) 面積が60cm²の面を底面としてしずめたところ，水の高さは12.5cmになりました。

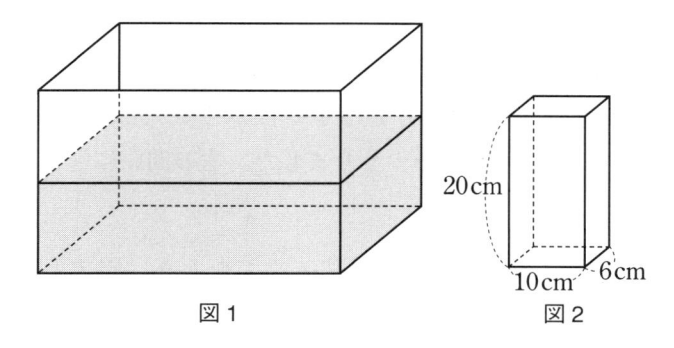

(イ) 面積が120cm²の面を底面としてしずめたところ，水の高さは14cmになりました。このとき，次の問いに答えなさい。

(1) この水そうの底面積を求めなさい。

(2) 次に，水そうから直方体を取り出し，水をすべてぬきとりました。今度は，図3のような底面がたて6cm，横10cmの長方形で高さが20cmの鉄の四角すいを底面を下にして水そうの中にいれました。水面の高さが10cmになるまで水をいれた後，この四角すいを水そうから取り出しました。このとき，水の高さは何cmになりますか。

ただし，四角すいの体積は，（底面積）×（高さ）÷3で求められます。また，答えがわり切れない場合は分数で答えなさい。　(東京・巣鴨中)

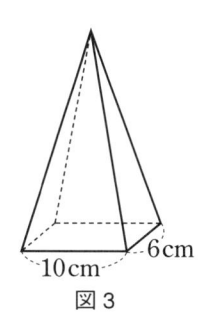

111 〈直方体の展開図〉 差が出る

右の図は直方体の展開図です。
この直方体の体積を求めなさい。

(東京・筑波大附中)

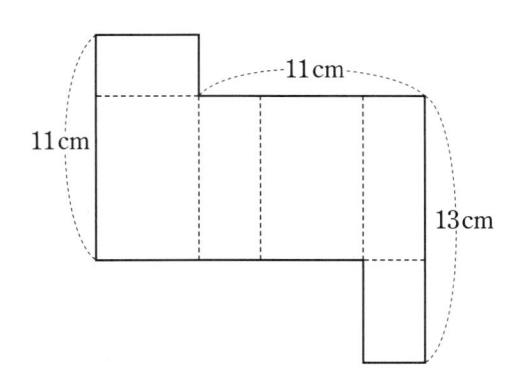

超 難関校レベル

112 〈かたむけた容器にはいった水2〉 差が出る

1辺が6cmの正方形を4つ合わせて，展開図が図1となるような容器をつくりました。次の問いに答えなさい。

(1) 図2のように容器を組み立てたとき，点アと重なる点を答えなさい。

(2) 図2の容器をかたむけて水面が辺ケカ，辺キカ，辺クオ，辺エオのちょうどまん中の点にくるように水をいれました（図3）。この容器にさらにいれることができる水の量を求めなさい。

(3) (2)の状態で，満杯になるまで容器に水をいれた後，容器の点カが動かないように点オを持ち上げたところ水面が辺クオ，辺エオのちょうどまん中の点にきました（図4）。このときこぼれ出た水の量を求めなさい。

(東京・渋谷教育学園渋谷中)

113 〈円柱，四角柱と体積の比〉

右の図のような円柱と，底面が正方形である2つの直方体があります。図1の円柱と図2の直方体は同じ高さです。

図1の円柱の底面の円の直径と，図2の直方体の底面の正方形の1辺は，同じ長さです。

図1の円柱の底面の円と，図3の直方体の底面の正方形を重ね合わせると，正方形の4つの頂点はすべて円周上にあります。

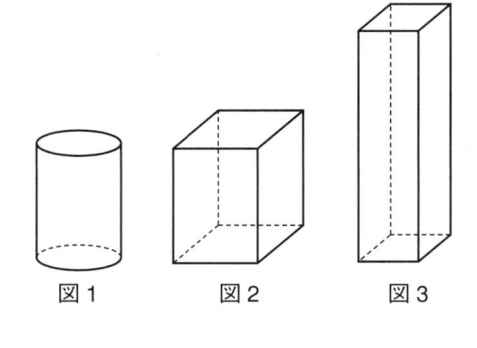

このとき，次の問いに答えなさい。ただし，円周率は3.14とします。

(1) 図1の円柱と，図2の直方体の体積の比をもっとも簡単な整数の比で表しなさい。

(2) 図2の直方体と，図3の直方体の体積が同じとき，図2の直方体と図3の直方体の高さの比をもっとも簡単な整数の比で表しなさい。

(千葉・渋谷教育学園幕張中)

114 〈切断後の立方体の形〉 難問

直方体の形をした水そうと，右の図のような立方体 ABCD-EFGH があります。この水そうに 26cm の高さまで水をいれてから，立方体 ABCD-EFGH を水面から出ないように水そうの中にしずめると，3L の水がこぼれました。

次に，水そうから立方体を取り出して，立方体の 4 つの角を，3 点 B，D，E を通る平面，3 点 B，D，G を通る平面，3 点 B，E，G を通る平面，3 点 D，E，G を通る平面でそれぞれ切り落として，残った立体を V とします。

立体 V を水面から出ないように水そうの中にしずめると，その水面の高さが，立方体を取り出した後の水面の高さの 25 %だけ上昇しました。そこへ，切り落とした 4 つの立体のうち 1 つを水そうにいれたところ，水面はさらに 3cm 上昇しました。

このとき，次の問いに答えなさい。

(1) 次の三角形 BGD を利用して，わくからはみ出さないように立体 V の展開図をかきなさい。ただし，展開図には頂点の記号をすべて書きいれるものとします。

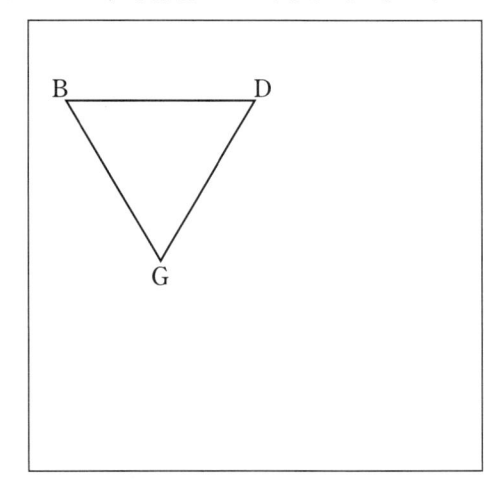

(2) 立体 V の体積は，立方体 ABCD-EFGH の何倍ですか。

(3) この水そうの高さは何 cm ですか。

(4) 立方体 ABCD-EFGH の 1 辺の長さは何 cm ですか。

（神奈川・聖光学院中）

115 〈水の移しかえ〉 頻出

容器A，B，C，D，Eがあります。Aには水が200mLはいり，Bには40mLはいります。このとき，次の問いに答えなさい。ただし，容器に水をいれるときは容器いっぱいまで水をいれることとします。

(1) Cにいれた水を空のAに移すことをくり返すと，4回目の途中でAがいっぱいになりました。Aの水を全部出し，Cに残っている水をAに移します。そして，今度はBにいれた水をAに移すことをくり返すと，4回目にはちょうどAがいっぱいになりました。Cには何mLの水がはいりますか。

(2) Dにいれた水を空のAに移すことをくり返すと，5回目の途中でAはいっぱいになりました。Aの水を全部出し，Dに残っている水をAに移します。そして，Eにいれた水をAに移すことをくり返すと，3回目の途中でAはいっぱいになりました。さらに，Aの水を全部出し，Eに残っている水をAに移してから，Dにいれた水をAに移すことをくり返すと，3回目にちょうどAはいっぱいになりました。

また，空のAにDにいれた水を1回だけ移してから，Eにいれた水を移していくと，ちょうど2回目にはAはいっぱいになりました。DとEには何mLの水がはいりますか。

(神奈川・栄光学園中)

116 〈2種類の粘土でつくった立方体の切断〉 新傾向

辺の長さが12cm，12cm，6cmの直方体の黒い粘土と白い粘土が1つずつあり，下段が黒い粘土，上段が白い粘土となるように重ねて，右の図のような1辺が12cmの立方体をつくりました。

次の問いに答えなさい。

(1) 3点B，D，Eを通る平面で立方体を2つの立体に分けます。このとき，断面(三角形BDE)の黒い粘土と白い粘土の面積の比を求めなさい。

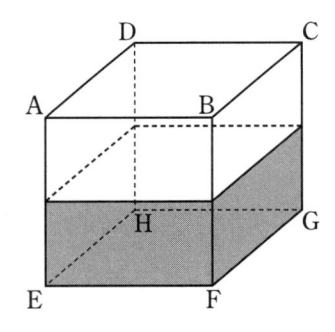

(2) 3点B，D，Eを通る平面に平行な平面で，立方体の体積を2等分するように，立方体を2つの立体に分けます。このときの断面の面積は，(1)の断面(三角形BDE)の面積の何倍ですか。

(3) 3点B，D，Eを通る平面に平行な平面で，黒い粘土の体積を2等分するように，立方体を2つの立体に分けます。このとき，断面の黒い粘土と白い粘土の面積の比を求めなさい。

(東京・早稲田実業中等部)

117 〈箱の重ね合わせ〉 難問

1辺が10cmの立方体から，底面が1辺8cmの正方形で，高さが9cmの直方体を取り除いて，〈図1〉のような立体をつくります。次に，1辺が8cmの立方体から，底面が1辺6cmの正方形で，高さが7cmの直方体を取り除いて，〈図2〉のような立体をつくります。

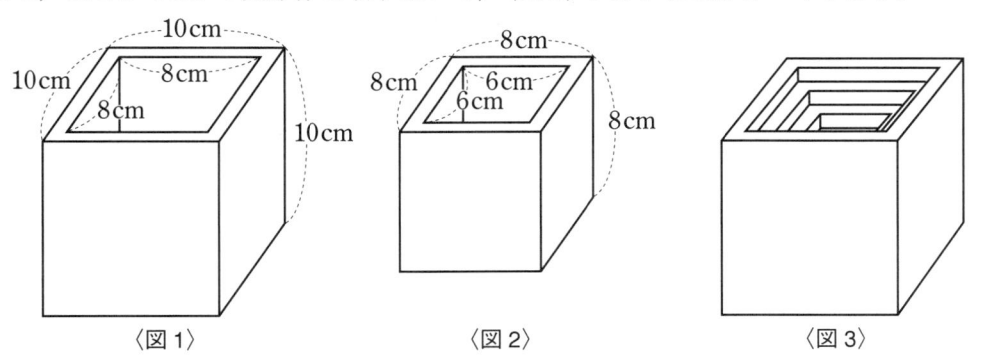

〈図1〉　〈図2〉　〈図3〉

このようにして順番に小さな立体をつくり，1辺が4cmの立方体から，底面が1辺2cmの正方形で，高さが3cmの直方体を取り除いた立体までつくります。このとき，次の問いに答えなさい。

(1) 〈図1〉の立体の表面積は何 cm^2 ですか。

(2) 〈図1〉の立体の中に〈図2〉の立体をいれ，その中に3番目に大きな立体をいれ，最後にいちばん小さな立体をいれて，〈図3〉のような立体をつくります。この立体の体積は何 cm^3 ですか。

(3) (2)でつくった立体の表面積は何 cm^2 ですか。

（東京・豊島岡女子学園中）

1 平面図形

難関校レベル
解答→別冊 *p.73〜79*

118 〈正方形の折り返し①〉 頻出
　図は，正方形の折り紙を2回折ったものです。角 ㋐ の大きさを求めなさい。　　　　　　　　　（東京・鷗友学園女子中）

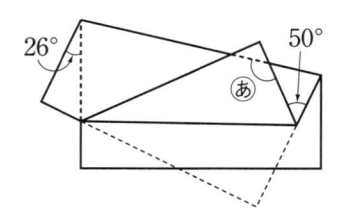

119 〈三角形と角〉 頻出
　右の図の ㋐ の角の大きさを求めなさい。ただし，・印のついている角の大きさは等しく，∥印で示した辺の長さは等しいものとする。　　　　　　　　　　　　　（大阪・明星中）

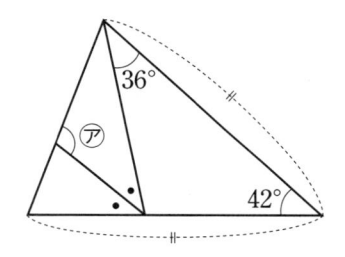

120 〈長方形の折り返し①〉 頻出
　右の図は，長方形 ABCD を対角線 BD で折りたたんだものです。図中の角度 x を求めなさい。　　　　（兵庫・白陵中）

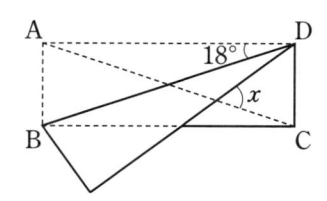

121 〈二等辺三角形と角①〉 頻出
　右の図で，A──B──C は AB と BC の長さが等しいことを表します。
　このとき，角度 ㋐ を求めなさい。　　（東京・立教女学院中）

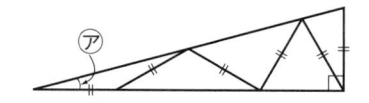

122 〈多角形の分割〉 新傾向

次の問いに答えなさい。

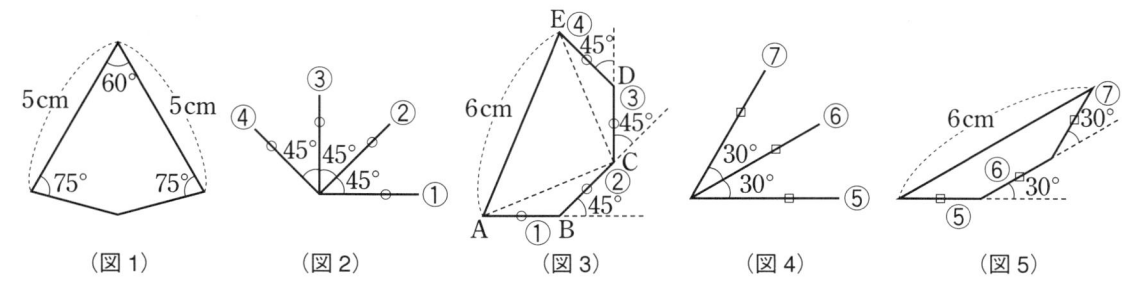

（図1）（図2）（図3）（図4）（図5）

(1) （図1）の四角形の面積は何 cm² ですか。

(2) （図2）の長さが等しい ①～④ の4本の線分を用いて，（図3）のような図形をつくったところ，AE の長さが 6cm でした。三角形 ACE の面積は何 cm² ですか。

(3) （図4）の長さが等しい ⑤～⑦ の3本の線分を用いて，（図5）のような図形をつくったところ，いちばん大きい辺の長さが 6cm である四角形ができました。この四角形の面積は何 cm² ですか。

（埼玉・開智中）

123 〈長方形の折り返し②〉 頻出

右の図は長方形の紙を2回折ったものです。図の あ の角度を求めなさい。

（東京・鷗友学園女子中）

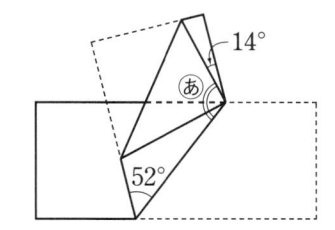

124 〈図形の折り返し〉 新傾向

図のような斜線がはいった正方形に，長方形と直角二等辺三角形と半円をくっつけた図形があります。この図形を正方形の辺を折り目として内側に折り返したとき，斜線部で見えている部分の面積を求めなさい。ただし，円周率は 3.14 とします。

（兵庫・六甲中）

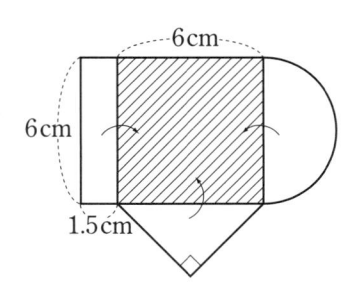

125 〈正五角形と角，曲線の長さ〉

右の図は1辺の長さが18cmの正五角形とその各頂点を中心にして，半径18cmの円を描いてできた図形です。次の問いに答えなさい。

ただし，円周率は3.14とします。

(1) 角 あ の大きさは何度ですか。

(2) 角 い の大きさは何度ですか。

(3) 図の太線 AB の部分の長さは何 cm ですか。

(4) 斜線部分のまわりの長さは何 cm ですか。　（神奈川・サレジオ学院中）

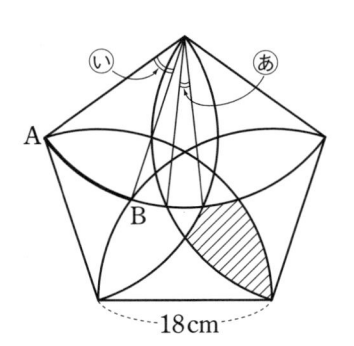

126 〈長方形を折り曲げてできる図形〉

下の図1は，AB，BC の長さがそれぞれ 24cm，36cm の長方形の紙です。この長方形の紙を折り曲げてできた図形について，次の問いに答えなさい。

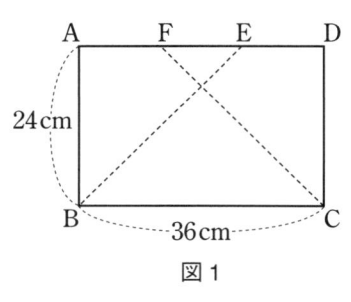

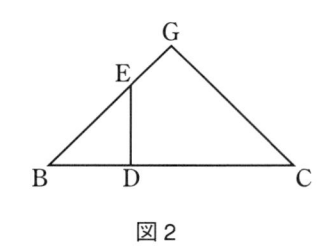

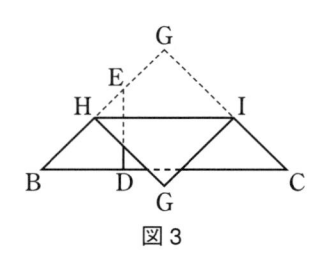

(1) 図1の長方形 ABCD を AB が BC に重なるように BE を折り目として折り曲げ，さらに CD が BC に重なるように CF を折り目として折り曲げると，図2のような三角形 GBC ができました。
　① 三角形 GBC の面積は何 cm² ですか。
　② 紙がもっとも多く重なりあっている部分の面積は何 cm² ですか。

(2) 図2の三角形 GBC を BC に平行な線 HI を折り目として折り曲げると，上の図3のような図形ができました。紙が奇数枚重なった部分の面積が 60cm² であるとき，台形 HBCI の面積は何 cm² ですか。
（埼玉・栄東中）

127 〈正方形の折り返し②〉 新傾向

右の図1の正方形の折り紙 ABCD を折って，正三角形 PBC の頂点 P を見つけるためにはどのようにすればよいですか。次の ①〜④ の中から選びなさい。また，なぜその方法が正しいのか，理由を説明しなさい。

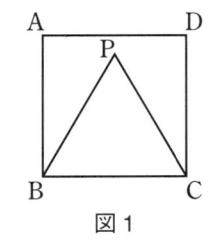

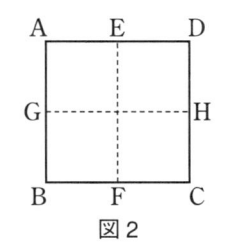

（図2の E, F, G, H はそれぞれ辺 AD, BC, AB, CD の中点を表しています。）

① 辺 AD が GH に重なるように折ったとき，折り目 MN と EF の交点を P とする。

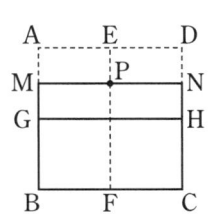

② 辺 AB が対角線 BD に重なるように折ったとき，A′K と EF の交点を P とする。（頂点 A が折り返された点が A′，折り目が BK です。）

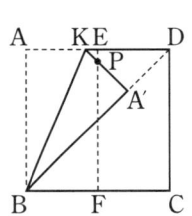

③ 頂点 A が GH 上にくるように折ったときの折り目 BL と EF の交点を P とする。（頂点 A が折り返された点が A″ です。）

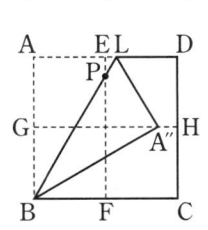

④ AH で折ったときの折り目 AH と EF の交点を P とする。（頂点 D が折り返された点が D′ です。）

（埼玉・淑徳与野中）

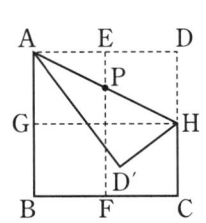

128 〈正三角形と正六角形〉 新傾向

1辺の長さが 1cm の正三角形の厚紙 A と，1辺の長さが 1cm の正六角形の厚紙 B がそれぞれたくさんあります。この，A，B の厚紙をすき間のないようにしきつめて，次のような図形をつくります。このとき，A と B のそれぞれの枚数を答えなさい。ただし，A の枚数はできるだけ少なくなるようにします。

(1) 1辺の長さが 3cm の正六角形

(2) 1辺の長さが 6cm の正六角形

（東京・明治大付明治中）

超難関校レベル

129 〈おうぎ形と角，長方形の折り返し，台形と面積〉

次の問いに答えなさい。

(1) 右の図の2つのおうぎ形の面積の和と半径3cmの円の面積の比が1：9で，⑦の角と⑦の角の大きさの和が88度であるとき，⑦の角の大きさは何度ですか。

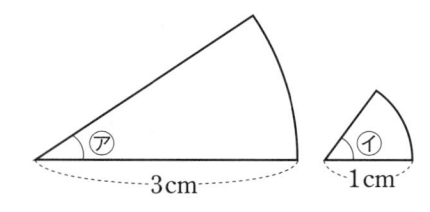

(2) 長方形の紙ABCDをEF，EGを折り目として折って，右の図のような形をつくりました。⑦の角の大きさは何度ですか。

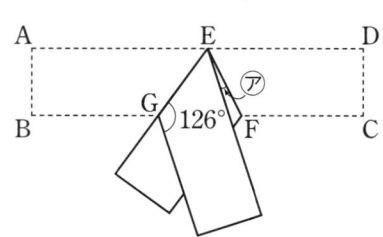

(3) 右の図の台形ABCDは，2つの辺AD，BCが平行でその面積は120cm²です。点Eは辺ABの上にあって，AE：EB＝5：3です。また，点Fは辺BC上にあって，BF：FC＝3：2です。このとき，三角形DEFの面積は何cm²ですか。
（東京・早稲田中）

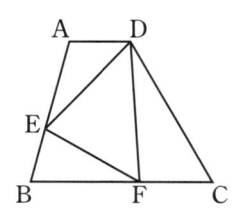

130 〈正六角形と正七角形〉 頻出

右の図のように，正六角形ABCDEFと正七角形ABGHIJKがあります。⑦の角の大きさは何度ですか。また，⑦の角の大きさは何度ですか。
（兵庫・灘中）

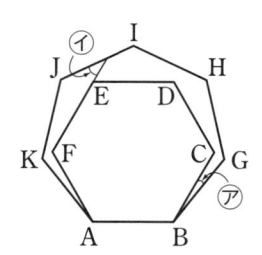

131 〈二等辺三角形と角 2〉

次の □ 中に適当な数をいれなさい。

右の図のように，大きさが7度の角XOYの中に等しい棒を並べて，いちばん右側に並べた棒のはしをA，Bとします。5本の棒を並べたとき，三角形OABの3つの角のうちもっとも大きい角の大きさは □ 度です。

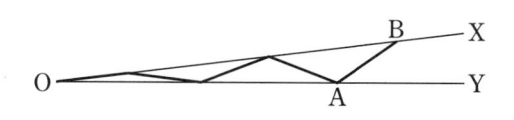

また，棒の数を増やしてできるだけ大きな三角形OABをつくるとき，三角形OABの3つの角のうちもっとも大きい角の大きさは □ 度です。
（兵庫・甲陽学院中）

132 〈直角二等辺三角形の折り返し〉

三角形 ABC は直角二等辺三角形で，辺 AB の上に AP=BP となるように点 P をとります。辺 BC の上に点 Q をとり，PQ を折り目にして三角形 BPQ を折り返します。このときの点 B の行き先を D とします。三角形 PAR を辺 RP で切り取って，点 P を中心に点 A が点 D に重なるように回転させると三角形 PDQ とぴったり重なりました。このとき，次の角 あ，い，う の大きさを答えなさい。

(京都・洛星中)

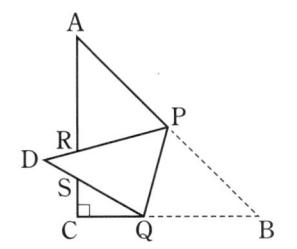

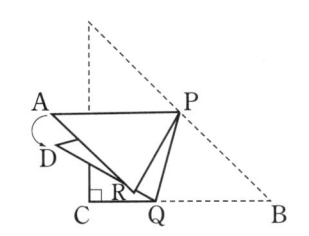

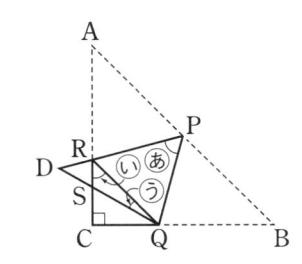

133 〈二等辺三角形と面積〉

右の図の四角形 ABCD において，AB，AD，AE の長さはすべて等しい。このとき，四角形 ABED の面積は何 cm² ですか。

(兵庫・灘中)

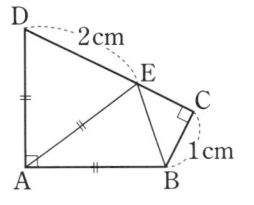

134 〈円上の3点を結んでできる三角形〉

右の図のように，2点 P，Q が点 A を同時に出発して，それぞれ反対方向に円周上を動きます。また，P は円を1周するのに60秒，Q は円を1周するのに50秒かかります。このとき，次の文中の □ にあてはまる数をいれなさい。

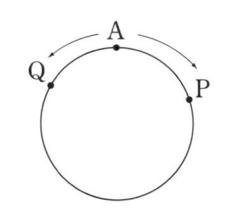

(1) P と Q がはじめて出会うのは，点 A を出発してから ア 秒後です。

次に，3点 A，P，Q を結んでできる三角形を考えます。このとき，P と Q が点 A を出発してから，3点を結ぶ三角形がはじめて二等辺三角形になるのは イ 秒後で，2回目に二等辺三角形になるのは ウ 秒後です。また，Q が1周して A にもどるまでに，3点を結ぶ三角形が二等辺三角形になるのは， エ 回あって， エ 回目は，点 A を出発してから オ 秒後です。

(2) さらに今度は，R も加わって，3点 P，Q，R が点 A を同時に出発します。2点 Q，R は同じ方向に，P は反対方向に出発します。また，R は円を1周するのに40秒かかります。このとき，3点 P，Q，R が点 A を出発してから3点 P，Q，R を結んでできる三角形がはじめて二等辺三角形になるのは カ 秒後で，2回目に二等辺三角形になるのは キ 秒後です。

(奈良・西大和学園中)

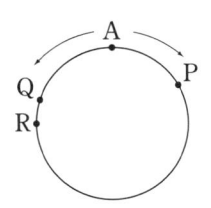

2 立体図形

難関校レベル
解答→別冊 p.84～92

135 〈回転体〉 頻出

1辺の長さが1cmの正方形を，右の図のように4個組み合わせた図形を直線ABのまわりに1回転させてできる立体について，次の問いに答えなさい。ただし，円周率は3.14とします。

(1) この立体の体積を求めなさい。

(2) この立体の表面積を求めなさい。

（大阪・明星中）

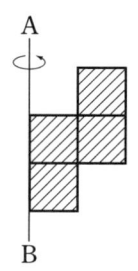

136 〈円柱からできる立体の体積と表面積〉 頻出

下の図Ⅰ，Ⅱ，Ⅲは円柱をたてに半分にした立体を組み合わせてできた立体の底面です。これらの立体の高さはどれも20cmです。次の問いに答えなさい。ただし，円周率は3.14とします。

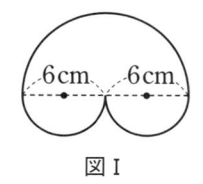

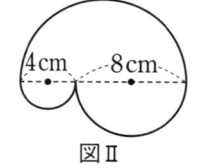

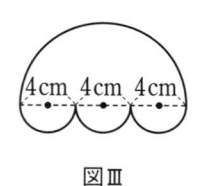

図Ⅰ　図Ⅱ　図Ⅲ

(1) もっとも体積の大きい立体の表面積は何cm²ですか。

(2) もっとも表面積の小さい立体の体積は何cm³ですか。

（東京・立教池袋中）

137 〈立方体の積み重ね〉 頻出

いくつかの同じ大きさの立方体を，面と面がぴったり重なるように積み重ねて立体をつくりました。その立体をま上から見た図と正面から見た図は，右のようになっています。
このとき，次の問いに答えなさい。

(1) この図のようになる立体のうち，もっとも体積が小さくなる立体をつくるのに立方体は何個必要ですか。

(2) この図のようになる立体のうち，もっとも体積が大きくなる立体をつくるのに立方体は何個必要ですか。

(3) この図のようになる立体は全部で何通りありますか。（神奈川・サレジオ学院中）

138 〈立方体の中の角すい〉 頻出

右の図1と図2の立体は1辺の長さが12cmの立方体です。点P,Q,R,S,T,Uは立方体の各辺のまん中の点を表しています。これについて,次の問いに答えなさい。

(1) 図1の太線で示された六角すいC-PQRSTUの体積を求めなさい。

(2) 図2の太線で示された四角すいC-QSTUの体積を求めなさい。

(埼玉・栄東中)

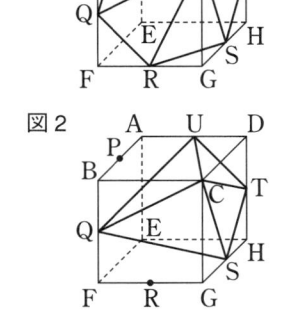

139 〈立方体の中の三角すいの切断〉

1辺の長さが9cmの立方体の頂点を,右の図のように結んで三角すいABCDをつくりました。このとき,次の問いに答えなさい。ただし,三角すいの体積は,(底面積)×(高さ)÷3で求められます。

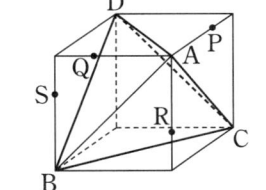

(1) 三角すいABCDの体積を求めなさい。

(2) 右の図のように,立方体の辺の上に点Aから6cmはなれた点P,Q,Rをとり,点Bから6cmはなれた点Sをとりました。次の(ア),(イ)のような平面で,それぞれ三角すいABCDを切ったときにできる2つの立体のうち,点Aをふくむ立体の体積をそれぞれ求めなさい。

(ア) 3点P,Q,Rを通る平面

(イ) 3点P,Q,Sを通る平面

(東京・巣鴨中)

140 〈豆電球による影〉

図1は，底面が直角三角形の三角柱と1辺の長さが6cmの立方体を組み合わせたものです。ただし，立方体の頂点Eは辺IJ上にあります。

MCの延長線上のCPの長さが6cmとなる位置に豆電球があるとき，次の問いに答えなさい。

(1) この立体上で直接，豆電球の光があたる部分の面積は何cm²ですか。
(2) 床にできるこの立体の影を右の図2にかきなさい。
(3) 床にできるこの立体の影の面積は何cm²ですか。
(4) MCの延長線上で豆電球を動かしてCPのきょりを長くしていくとき，床にできるこの立体の影の形が変わるのは，CPが何cmのときですか。
ただし，「影の形が変わる」とは，図形の辺の数が変わることです。

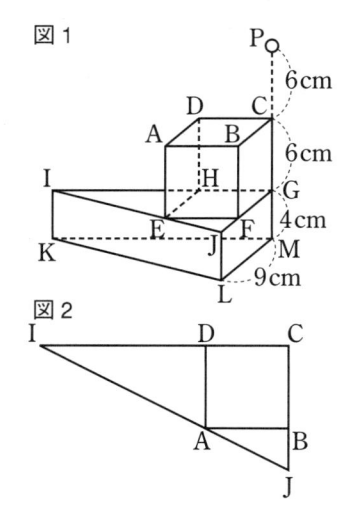

（神奈川・サレジオ学院中）

141 〈直方体の切断 ①〉 新傾向

右の図のような直方体があります。点P，Qは線AGを3等分した点です。点Dと点Pを通る直線が，面AEFBと交わる点をRとします。このとき，次の問いに答えなさい。

(1) 点A，D，Pを通る平面で，この直方体を切ると，切り口はどんな形になりますか。
(2) 点B，P，Q，Rを頂点とする三角すいをつくります。この三角すいの体積はもとの直方体の体積の何倍ですか。

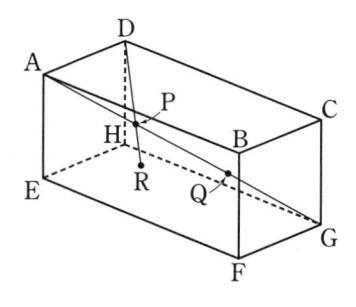

（千葉・市川中）

142 〈円柱の切断〉 新傾向

右の図のように，ま上から見ると半径5cmの円に見え，ま横のどの方向から見ても正方形に見える立体Aがあります。
(ただし，立体Aは内側にへこんでいる部分がないものとします。また，円周率は3.14とします。)

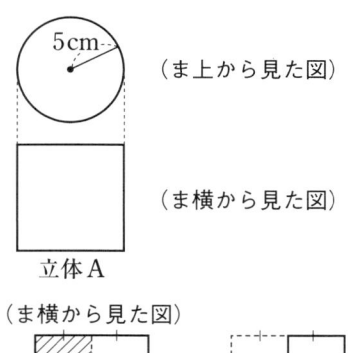

(1) 立体Aの表面積を求めなさい。

(2) 図1は立体Aをま横のある方向から見て，立体Aの左上のかどの部分を，たて，横とも半分の長さのところから垂直に切って取り除いたときに見えるもので，このように見える立体を立体Bとします。このとき，
  ㋐ 立体Bの体積を求めなさい。
  ㋑ 立体Bの表面積を求めなさい。

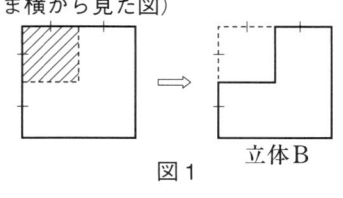

(3) 図2は右の※線分をPQとし，PQを1:8に分ける点をRとしたとき，立体Bをま横のある方向から見て，立体Bの左下のかどから点Rを通るように切り，下の部分を取り除いたときに見えるもので，このように見える立体を立体Cとします。このとき，立体Cの体積を求めなさい。

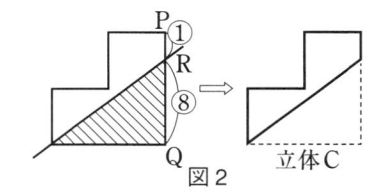

※この「線分」とは，図2の立体をこの方向から見たときに，右のはしに見える直線のことです。

(東京・攻玉社中)

143 〈立方体の切断〉 新傾向

図1のような立方体があり，点P，Qはそれぞれ頂点B，Cを同時に出発し，点Pは辺BF上を，点QはCG上をそれぞれ一定の速さで何度も往復します。図2は，2点が出発してからの時間とBPとCQの長さの差との関係をはじめの9秒間についてグラフで表したものです。点Qの方が点Pよりも速いものとして，次の問いに答えなさい。

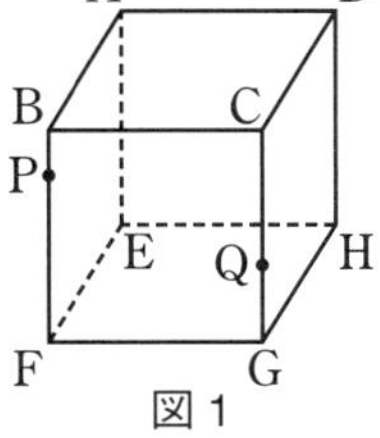

(1) この立方体の1辺の長さは何cmですか。

(2) 3点A，P，Qを通る平面でこの立方体を切ります。解答の際はグラフを利用してもよいものとします。
  ① 2点P，Qが出発してから5分後までの間に，切り口の形が長方形（正方形は除く）になることは何回ありますか。
  ② 切り口の形がはじめてひし形（正方形は除く）になるのは，2点P，Qが出発してから何秒後ですか。また，切り口の形が10回目にひし形になるのは，2点P，Qが出発してから何秒後ですか。

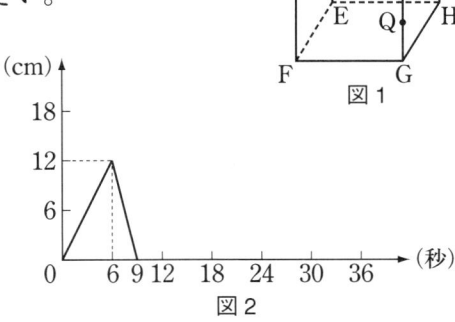

(埼玉・栄東中)

超 難関校レベル

解答→別冊 p.93〜98

144 〈三角すいと立方体の共通部分〉 新傾向

次の問いに答えなさい。

(1) 右の図の正方形 ㋐ の1辺の長さを求めなさい。

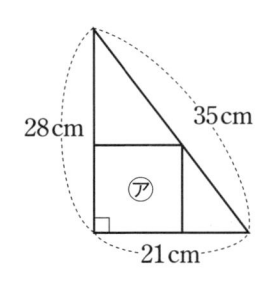

(2) 図1は，3辺 EF，EG，EH が互いに直角に交わっている三角すいであり，図2は(1)の正方形 ㋐ を1つの面にもつ立方体です。2つの立体を，A を E に重ね，B，C，D をそれぞれ辺 EF，EG，EH 上にくるように置くとき，両方の立体の共通部分を ㋑ とします。
① 立体 ㋑ の面の数を求めなさい。
② 立体 ㋑ の体積を求めなさい。

ただし，三角すいの体積は (底面積)×(高さ)×$\frac{1}{3}$ で求められます。

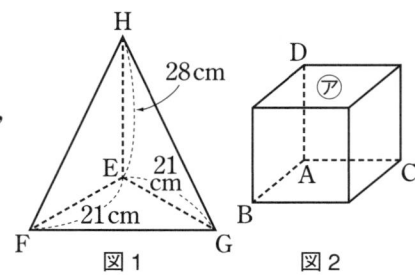

(兵庫・灘中)

145 〈直方体の切断 2〉 頻出

たて 3cm，横 4cm，高さ 5cm の直方体があります。この直方体の面のうち，2辺の長さが
3cm と 4cm の長方形の面を面A，
4cm と 5cm の長方形の面を面B，
5cm と 3cm の長方形の面を面C
とします。次の問いに答えなさい。

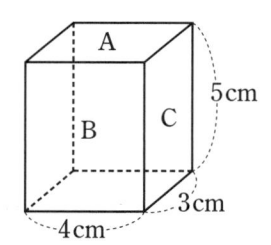

(1) この直方体を面A，面B，面C に平行な面で，それぞれ1回，1回，2回切って小さな直方体をつくります。
① 小さな直方体は何個できますか。
② これらの小さな直方体の表面積の合計を求めなさい。ただし，直方体の表面積とは，その直方体のすべての面の面積の和のことです。

(2) この直方体を面A，面B，面C に平行な面でそれぞれ ア 回，イ 回，ウ 回切ったところ，小さな直方体が 90 個でき，これらの直方体の表面積の合計は 462cm² でした。ア，イ，ウ にあてはまる数を答えなさい。

(東京・麻布中)

146 〈直方体の切断③〉

右の図のような AB=BC=4cm，AE=8cm の直方体 ABCD-EFGH があります。辺 BC，CD のまん中の点をそれぞれ P，Q とし，3 点 P，Q，E を通る平面でこの直方体を切ります。
このとき，次の問いに答えなさい。

(1) 切り口は，どのような図形になりますか。その図形をかきなさい。

(2) 3 点 P，Q，E を通る平面と辺 BF とが交わった点を R とするとき，BR の長さを求めなさい。

(3) 頂点 A をふくまない方の立体の体積を求めなさい。

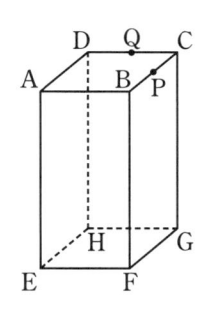

（神奈川・聖光学院中）

147 〈直方体の影〉 頻出

右の図のように，水平な地面に直方体のコンクリートブロックと地点 A から垂直に立つ街灯があります。街灯に明かりがついたときに，地表上にできる影の部分（コンクリートブロックの置いてある地面を除く）をま上から見たようすを，解答欄に斜線をつけて示し，その面積を求めなさい。ただし，右の図の数字の単位はすべて m とします。

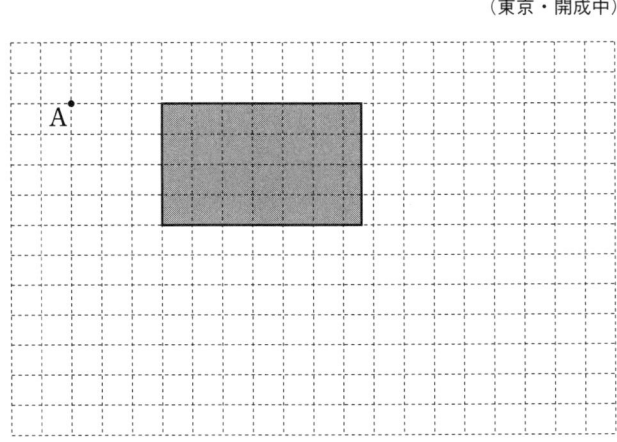

（東京・開成中）

方眼の1めもりは1mです

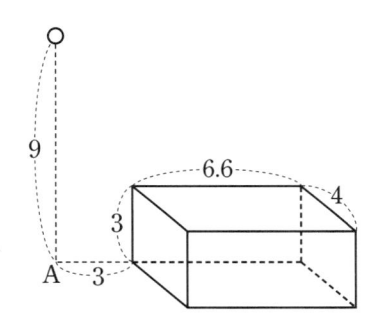

148 〈正多面体の展開〉 新傾向

図1　　図2　　図3　　図4　　図5

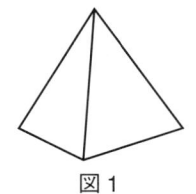

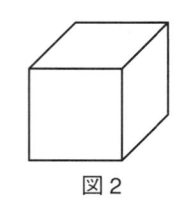

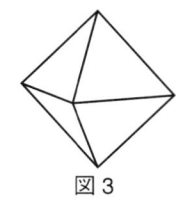

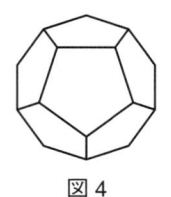

図1は表面が同じ大きさの正三角形4個からなる立体で正四面体といいます。
図2は表面が同じ大きさの正方形6個からなる立体で立方体といいます。
図3は表面が同じ大きさの正三角形8個からなる立体で正八面体といいます。
図4は表面が同じ大きさの正五角形12個からなる立体で正十二面体といいます。
図5は表面が同じ大きさの正三角形20個からなる立体で，正二十面体といいます。

　これらの立体の辺をカッターで切り，開いて平面にすることを考えます。そのとき，辺以外は切らないものとし，切り開いてできたものは2枚以上に分かれていないようにします。いくつの辺を切ればよいかを考えます。

　(例)図1の場合，3つの辺を切ると図6または図7のようになります。図8のように4つの辺を切ると2枚に分かれるので条件に合いません。よって切る辺の数は3です。

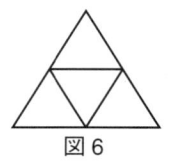

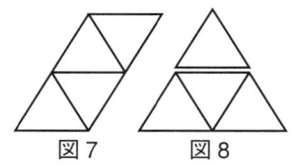

図6　　図7　　図8

　図2，図3，図4，図5の場合はそれぞれいくつの辺を切ればよいですか。辺の数を答えなさい。

(東京・桜蔭中)

149 〈直方体の内部を動く球〉 新傾向

　1辺が2cmの正方形を底面とする高さ8cmの直方体の内部で直径2cmの球を動かすとき，球が通る部分をAとします。1辺が8cmの正方形を底面とする高さが2cmの直方体の内部で直径2cmの球を動かすとき，球が通る部分をBとします。1辺が8cmの立方体の内部で直径2cmの球を動かすとき，球が通る部分をCとします。次の問いに答えなさい。ただし，円周率は3.14とします。

(1) Aの体積は，直径が2cmの球の体積よりどれだけ大きいですか。
(2) Bの体積は，Aの体積よりどれだけ大きいですか。
(3) Cの体積は，Bの体積よりどれだけ大きいですか。

(兵庫・灘中)

150 〈立方体の切り口〉 新傾向

図Aの(例)と(1), (2), (3)は, 右の図のような1辺3cmの立方体を1つの平面で切り取り, 切り口の下側の立体をア(ま上), イ(ま正面)の方向から見た図です。切り口が見えている部分には斜線をいれてあります。

(1), (2), (3)について, 図Bのように, 見取り図に切り口をかき斜線をいれなさい。また, 切り口の下側の立体の体積を求めなさい。

ただし, 角すいの体積は (底面積)×(高さ)×$\frac{1}{3}$ で求められます。

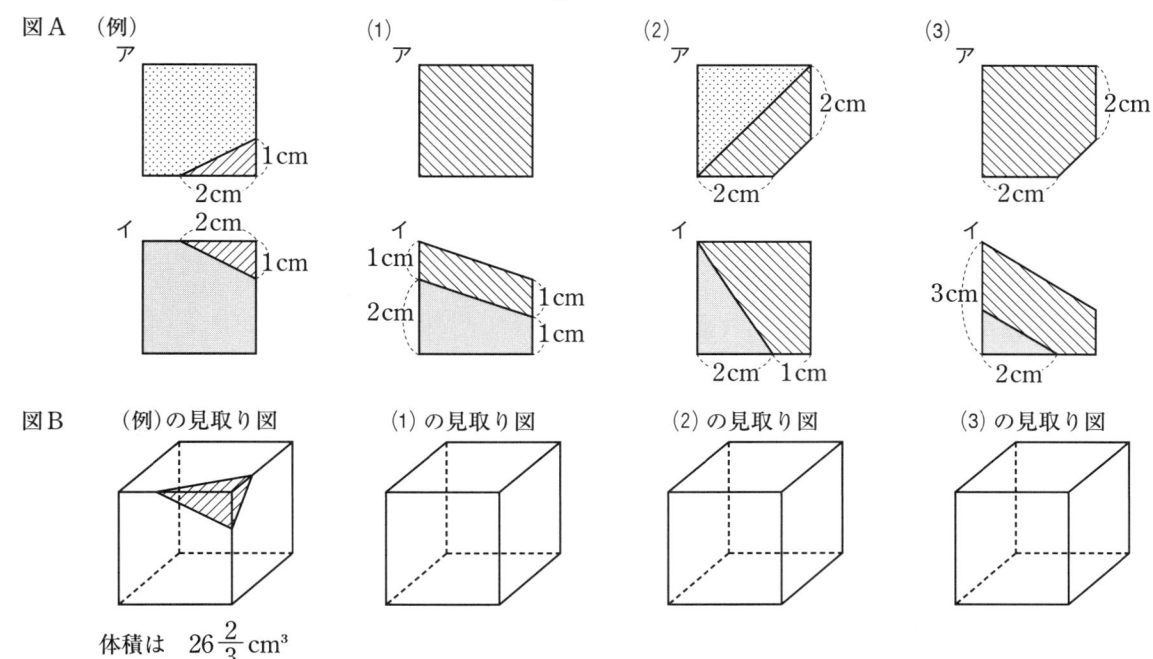

(兵庫・灘中)

図A (例) (1) (2) (3)

図B (例)の見取り図   (1)の見取り図   (2)の見取り図   (3)の見取り図

体積は $26\frac{2}{3}$ cm³

151 〈スクリーン上の影〉 新傾向

右の図のように, 点Aに光源があり, 点Bにスクリーンが直線ABに垂直に立っています。ABの長さは60cmで, スクリーンは高さが50cmで横が十分に長い長方形です。光源とスクリーンの間に, 1辺の長さが10cmの正方形の板Xと1辺の長さが30cmの正方形の板Yがスクリーンに平行に立っています。板Xの1つの頂点PはAB上にあって, APの長さは20cmです。また, 板Yの下の辺のまん中の点MはAB上にあって, AMの長さは40cmです。

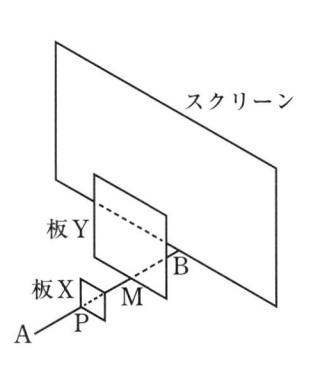

(1) 2枚の板によってできるスクリーン上の影の面積を求めなさい。

(2) 板Yを, スクリーンに平行で点MがAB上にあるように, 板Xに近づけました。すると, 板Yの影がスクリーンからはみ出し, 2枚の板によってできるスクリーン上の影の面積が2790cm²となりました。このとき, AMの長さを求めなさい。

(兵庫・甲陽学院中)

3 対称・移動

難関校レベル

解答→別冊 p.99〜100

152 〈正方形の折り返し③〉頻出

図は正方形の紙 ABCD を点 B が点 E にくるように折ったものです。AE，EF，FA の長さがそれぞれ 5cm，13cm，12cm のとき，次の問いに答えなさい。

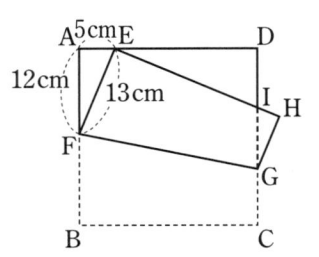

(1) ED の長さは何 cm ですか。

(2) IH の長さは何 cm ですか。

(3) 四角形 EFGH の面積は何 cm² ですか。

(奈良学園中)

153 〈直角三角形の折り返し〉新傾向

下の図のような直角三角形 ABC を同じ折りはばでできる限り折り返していきます。このとき，次の問いに答えなさい。

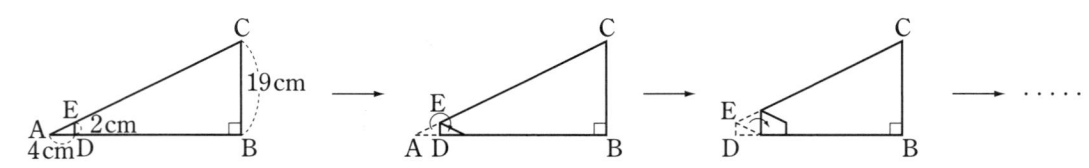

(1) 何回まで折り返せますか。

(2) 最後まで折り返したとき，1 度も重なっていない部分の面積は何 cm² ですか。

(神奈川・サレジオ学院中)

154 〈正方形の折り返し④〉頻出 新傾向

1 辺が 6cm の正方形 ABCD があります。この紙を直線 BE で折り返しました。これについて，次の問いに答えなさい。

ただし，点 E は辺 AD 上の点で，AE の長さを 2cm とします。また，点 F は点 A を折り返した点とします。

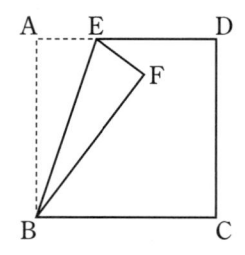

(1) 右の図で，点 F から辺 AB に垂直な線をひき，AB と交わった点を G とします。FG の長さは何 cm ですか。

(2) 点 F と C を結び，三角形 FBC をつくります。この三角形 FBC の面積は何 cm² ですか。

(東京・世田谷学園中)

155 〈球のはね返り〉 新傾向

右の図は，長方形（AB＝4m，AD＝6m）の台を上から見た図です。この台の上で，頂点Aから球を転がします。図のように，球はまっすぐに進み，縁にぶつかると，そのぶつかった角度と等しい角度ではね返ります。

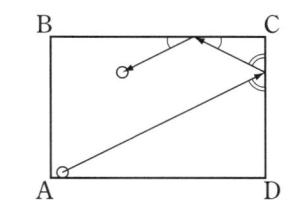

球は，台の縁に沿って進むことはなく，どこかの頂点にくると，止まるものとします。球の大きさは考えないものとして，次のようなことはできるのでしょうか。「できる」または「できない」を答え，「できる」ときは，縁のどこではね返らせればよいか，考えられるすべての場所を図に●でかきなさい。

(1) 球を1回のはね返りで頂点Bで止める

(2) 球を2回のはね返りで頂点Bで止める

(3) 球を3回のはね返りで頂点Bで止める

（神奈川・桐蔭学園中）

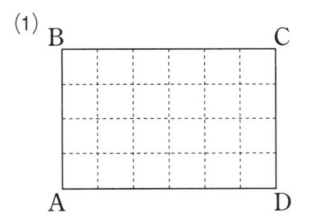

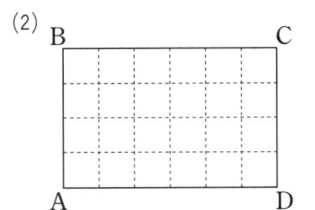

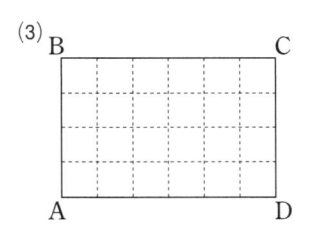

超難関校レベル

解答→別冊 p.101〜105

156 〈直角三角形の回転〉

右の図のような直角三角形ABCを点Bを中心として時計回りに45度回転させると，辺ACが通過した部分の面積が169.56cm²になりました。辺BCの長さは□cmです。□の中に適当な数をいれなさい。ただし，円周率は3.14とします。

（兵庫・甲陽学院中）

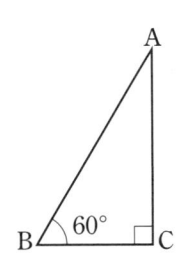

157 〈長方形の折り返し ③〉 頻出

右の図のように，長方形 ABCD を直線 EF を折り目として折ると，頂点 B が頂点 D に重なりました。三角形 CDF の面積が，長方形 ABCD の面積の $\frac{1}{6}$ です。次の問いに答えなさい。

(1) 右の図で，直線 BF と長さが等しい直線をすべて答えなさい。

(2) 長方形 ABCD のまわりの長さと五角形 GEFCD のまわりの長さの差は，辺 BC の長さの何倍ですか。

(3) 直線 GF と直線 AD が交わってできる点を H とします。三角形 GHD の面積は，長方形 ABCD の面積の何倍ですか。

(神奈川・フェリス女学院中)

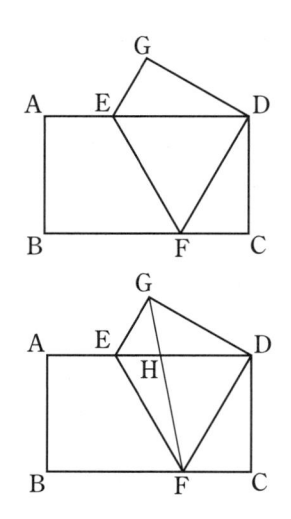

158 〈長方形の折り返し ④〉 頻出

右の図は，たて 3cm，横 4cm，対角線の長さが 5cm の長方形を，対角線を折り目として折ってつくった五角形です。このとき，AE の長さは ① cm，五角形 ABCDE の面積は ② cm² です。①，② にあてはまる数を求めなさい。

(兵庫・灘中)

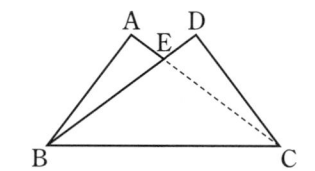

159 〈長方形のつなぎ合わせ〉 新傾向

図1は横の長さが 10cm の長方形です。この長方形3個を図2のように重ねたとき，図の影をつけた部分の面積は，図1の長方形の面積の何倍ですか。

(大阪・四天王寺中)

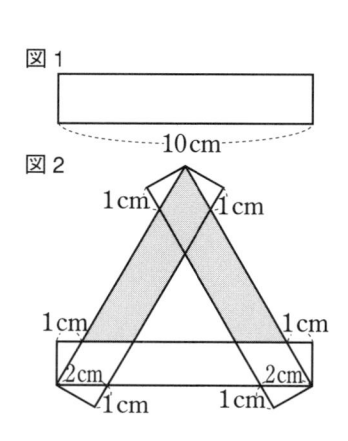

160 〈対称の利用〉 新傾向

右の図の三角形 ABC は，角 A の大きさが 30 度，辺 BC の長さが 10cm で，その面積は 92cm² です。辺 BC，CA，AB の上にある点をそれぞれ X，Y，Z とします。また，点 X の辺 AB，AC に関して線対称となる点をそれぞれ P，Q とします。以下の問いに答えなさい。

(1) 三角形 XYZ の周の長さは，4 点 P，Z，Y，Q を結ぶ折れ線の長さに等しくなります。その理由を説明しなさい。

(2) 三角形 APQ はどのような三角形になりますか。その理由も説明しなさい。

(3) 三角形 XYZ の周の長さがもっとも短くなるように点 X，Y，Z の位置を求めたとき，その長さを求めなさい。

(東京・駒場東邦中)

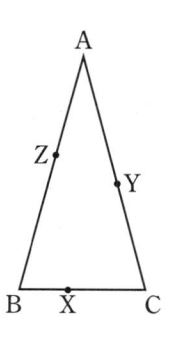

161 〈正方形の折り返し，切り取り〉 新傾向

1辺が10cmの正方形の紙があります。この正方形の対角線AFを5等分する点を図1のようにB，C，D，Eとします。次に点Cを通りAFに垂直な直線で折ると，図2のようになり，さらに点Dを通りAFに垂直な直線で折ると，図3のようになりました。問題用紙などを切ったり折ったりしないで，次の問いに答えなさい。

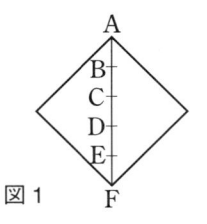

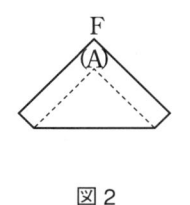

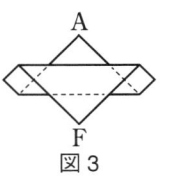

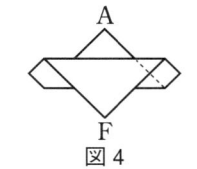

(1) 紙が3枚重なる部分を右の正方形に斜線で示し，その斜線部分の面積を求めなさい。

(2) 図4の点線に沿って紙を切り取ります。このときの切り取り線を右の正方形に示し，その長さを求めなさい。

(奈良・東大寺学園中)

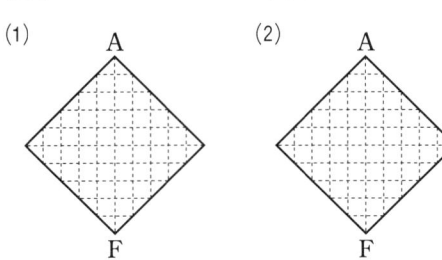

162 〈テープの軸〉 新傾向

図1のようなはば2cm，まわりの長さ52cmの紙テープの軸があります。それを図2のように折って，平らにします。このとき，四角形ABCDは横に長い長方形です。図3の斜線部分の面積は長方形ABCDの面積の2倍になりました。次の問いに答えなさい。

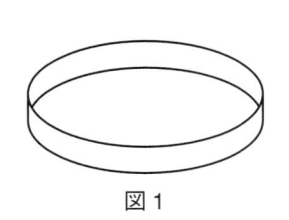

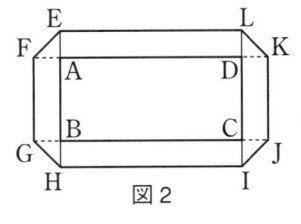

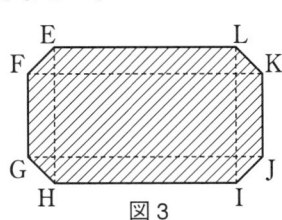

(1) 長方形ABCDのまわりの長さは何cmですか。

(2) ABの長さは ア cm，BCの長さは イ cmとなります。 ア ， イ にはいる整数を求めなさい。

(東京・麻布中)

163 〈正五角形の折り返し〉

図1のように，正五角形を2つの頂点を通る直線で折り，折り目をつけます。これをくり返し行うと，図2のような折り目がつきます。次の問いに答えなさい。

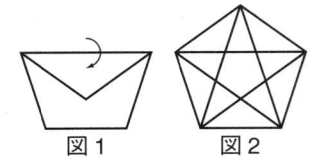

(1) 図2の中には，どのような三角形がありますか。次の表の
Ⓐ，Ⓑ，Ⓒ の斜線のついた三角形に続けて，斜線をひいて表しなさい。ただし，移動や裏返しで重なるものは，同じ三角形と考えます。表の欄はすべて使うとは限りません。
また，Ⓐ，Ⓑ，Ⓒ，… の三角形は，図2の中にそれぞれ何個ありますか。下の表に記入しなさい。

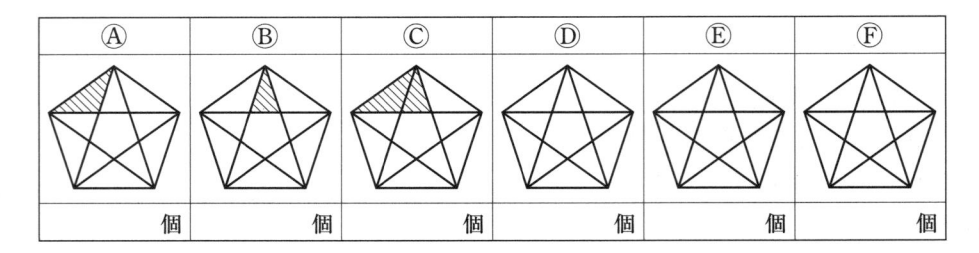

Ⓐ	Ⓑ	Ⓒ	Ⓓ	Ⓔ	Ⓕ
個	個	個	個	個	個

次に面積について考えます。たとえば，Ⓒ の面積は，Ⓐ1個の面積とⒷ1個の面積を加えたものなので，Ⓐ×1+Ⓑ×1 と表します。Ⓑ の面積は，Ⓒ1個の面積からⒶ1個の面積をひいたものなので，Ⓒ×1−Ⓐ×1 と表します。同じように，Ⓐ2個の面積とⒷ3個の面積を加えたものは，Ⓐ×2+Ⓑ×3 と表します。

(2) 図3の斜線部の五角形の面積を(1)の表のⒶとⒷの面積を用いて表しなさい。

次に，図1の正五角形5個を図4，図5のように置き，点 P，Q，R，S，T，X，Y をきめます。

(3) 三角形 QPX と三角形 QYR の面積を，それぞれ(1)の表のⒶとⒷの面積を用いて表しなさい。

(4) 五角形 PQRST の面積を，(1)の表のⒶとⒷの面積を用いて表しなさい。また，この面積は図1の正五角形の面積の何倍になりますか。

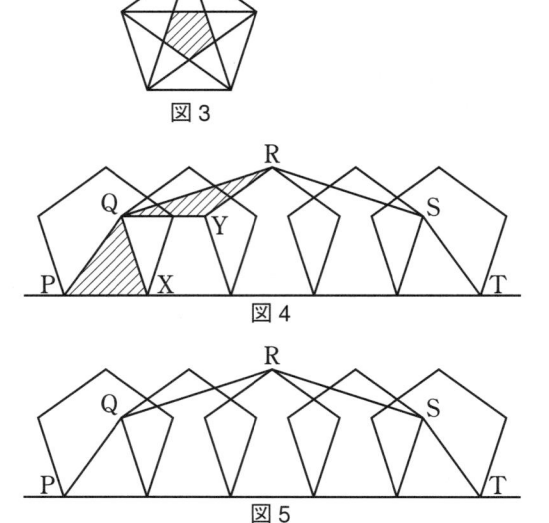

(東京・麻布中)

164〈ドーナツの体積〉 新傾向

K君はある日，ドーナツを食べていて，「このドーナツの体積ってどうやって求めるのかな？」と思い，次のようなことを考えてみました。次の文章を読んで，下の問いに答えなさい。ただし，円周率は3.14とします。

「ドーナツは回転軸のまわりに円をぐるぐる回したときにできる図形だから…このままだとよくわからない…」K君は円で考えるのは難しいので，最初は正方形を回転させてみることにしました。

(1) 図1のように，回転軸と正方形の1辺が平行になっていて，1辺の長さが2cmの正方形を回転させてみます。ただし，正方形のまん中(正方形の対角線の交わる点)と回転軸とのきょりを，図1のように5cmとします。
　このとき，回転軸のまわりに正方形を回転してできる立体の体積を求めなさい。

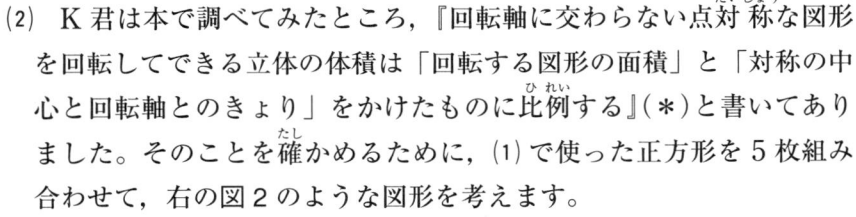

(2) K君は本で調べてみたところ，『回転軸に交わらない点対称な図形を回転してできる立体の体積は「回転する図形の面積」と「対称の中心と回転軸とのきょり」をかけたものに比例する』(*)と書いてありました。そのことを確かめるために，(1)で使った正方形を5枚組み合わせて，右の図2のような図形を考えます。
　このとき，回転軸のまわりにこの図形を回転してできる立体の体積を求め，(*)が正しいことを確認しなさい。

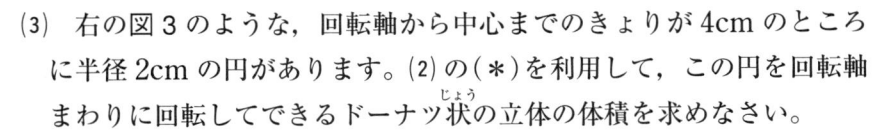

(3) 右の図3のような，回転軸から中心までのきょりが4cmのところに半径2cmの円があります。(2)の(*)を利用して，この円を回転軸まわりに回転してできるドーナツ状の立体の体積を求めなさい。

(東京・渋谷教育学園渋谷中 改)

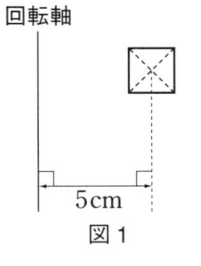

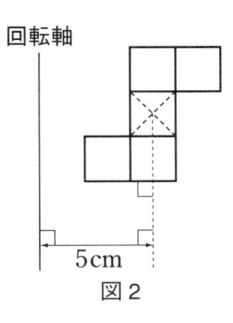

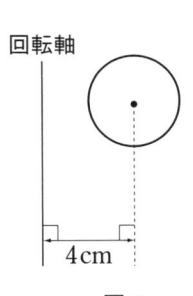

1 割合

難関校レベル

解答→別冊 p.106〜109

165 〈複雑な利益〉頻出

ある店が，原価 4000 円で仕入れる T シャツを 3 日間だけ売ることにしました。3 日間ともいくらかの利益を見込んで定価をつけますが，日によって定価を変えてみることにし，また，仕入れる T シャツの枚数も日によってちがうものとします。このとき，次の問いに答えなさい。

(1) 1 日目は，仕入れた枚数の $\frac{1}{6}$ だけ売れ残りました。何割以上の利益を見込んで定価をつければ店は赤字にならないでしょうか。

(2) 2 日目は，36 枚仕入れて，すべて 1 割の利益を見込んで定価をつけました。そのうち何枚か売れた後，残りがなかなか売れなくなったので，定価の 3 割引きで売ったら全部売れ，その結果，3840 円の利益が生じました。このとき，割引きせずに売れた T シャツの枚数は何枚ですか。

(3) 祝日である 3 日目は，この日に仕入れた枚数のうち，$\frac{1}{8}$ しか売れ残らないことを予想して，1 枚 5000 円で定価をつけました。ところが，実際に売れ残った T シャツの枚数は，予想の $\frac{3}{5}$ であったため，利益は予想よりも 30000 円多く出ました。3 日目に売れた T シャツの枚数は何枚ですか。

(東京・白百合学園中)

166 〈食塩水の濃度の変化〉頻出

2 つの容器 A，B があって，A には 8 ％の食塩水が 400g，B には 5 ％の食塩水が 400g はいっています。A には 1 分間に 10g の割合で水を，B には 1 分間に 10g の割合で 15 ％の食塩水を同時にいれていくとき，次の(1)〜(3)の問いに答えなさい。

(1) A の食塩水の濃度が 5 ％になるのは，水をいれはじめてから何分後ですか。

(2) A と B の食塩水の濃度が同じになるのは，水や食塩水をいれはじめてから何分後ですか。

(3) B の食塩水の濃度が 7 ％になるのは，食塩水をいれはじめてから何分後ですか。

(千葉・東邦大付東邦中)

167 〈上達するパンづくり〉

太郎は何日間かパン屋でパンづくりを手伝いました。上達すると1日あたり決まった個数を(以降，□個とします)つくれるようになりました。

初日につくった個数は□個のちょうど $\frac{1}{3}$ の量でした。次の日から毎日同じ個数ずつつくれる量が増えていき，10日目にはじめて□個つくれるようになりました。毎日□個つくっているパン屋の主人なら，この10日間で太郎がつくった量より，さらに180個多くつくれました。このとき，次の問いに答えなさい。

(1) 最初の10日間について，毎日何個ずつつくる量が増えたか求めなさい。

11日目から最終日までの間，半分の日数は体調をくずし，その間は□個のちょうど $\frac{2}{3}$ の量しかつくれませんでした。残り半分の日数は毎日□個つくりました。11日目以降につくったパンの合計は，最初の10日間でつくった量のちょうど2倍でした。

(2) 11日目以降につくったパンは全部で何個か求めなさい。

(3) 太郎が手伝った日数を求めなさい。

(東京・学習院中等科)

168 〈3種類のお菓子の個数〉

チョコレートとクッキーとキャンディーが全部で204個あります。クッキーの数はチョコレートの数の2倍より3個少なく，キャンディーの数はクッキーの数の2倍より10個多いです。1つの袋にこの3種類のお菓子をいれ，これと中身がまったく同じ袋をいくつかつくったところ，3種類のお菓子が同じ数ずつ残りました。次の(1)～(3)の問いに答えなさい。

(1) チョコレート，クッキー，キャンディーはそれぞれいくつありますか。

(2) 3種類のお菓子のはいった袋はいくつできますか。

(3) 残ったお菓子の数はいくつずつですか。

(兵庫・六甲中)

169 〈砂糖の分配〉 差が出る

砂糖をA，B，C，Dの4つの容器に次のように分けました。Aの容器には砂糖全体の $\frac{1}{3}$ をいれ，Bの容器にはその残りの $\frac{1}{3}$ と100gをいれ，Cの容器にはさらにその残りの $\frac{1}{3}$ と150gをいれ，Dの容器には残っている砂糖を全部いれました。するとAとDの容器にはいっている砂糖の重さの和と，BとCの容器にはいっている砂糖の重さの和との比が4:5になりました。次の問いに答えなさい。

(1) Dの容器にはいっている砂糖は，砂糖全体の何分のいくつですか。

(2) 砂糖は全部で何gありますか。

(和歌山・智辯学園和歌山中)

170 〈カエルの移動〉 差が出る

葉 A，B，C にいるカエルは 1 秒ごとに次のように移動するものとします。

- 葉 A にいるカエルは，$\frac{1}{2}$ が葉 B へ，$\frac{1}{2}$ が葉 C へ移動します。
- 葉 B にいるカエルは，$\frac{1}{3}$ が葉 A へ，$\frac{1}{3}$ が葉 C へ移動し，$\frac{1}{3}$ が池へにげてしまい葉にはもどりません。
- 葉 C にいるカエルは，$\frac{1}{3}$ が葉 A へ，$\frac{1}{3}$ が葉 B へ移動し，$\frac{1}{3}$ が飛び上がるだけで葉 C に着地します。

いま，カエルが葉 A に 108 ぴきいて，葉 B，C にはいないとします。4 秒後にカエルは葉 C に何びきいますか。

(千葉・市川中)

171 〈肉屋の値段とスーパーの値段〉 頻出

肉屋 A では，100g あたり 630 円の牛肉を，500g 以上買うと 500g をこえた分を 2 割引きで売っています。スーパー B の肉売り場では，牛肉を 100g あたり 600 円で売っています。次の問いに答えなさい。

(1) 750g の牛肉を買いたいと思います。どちらのお店で買った方が何円安いですか。

(2) スーパー B の肉売り場の特売日では，牛肉をすべて 1 割引きで売っています。牛肉を肉屋 A で何 g より多く買うと，特売日にスーパー B で買うより安くなりますか。

(東京・光塩女子学園中等科)

172 〈使ったお金の割合〉

A 君と B 君が買いものに出かけました。2 人の所持金の合計は 5700 円です。A 君は持っていたお金の $\frac{1}{2}$ 倍よりも 250 円少ない金額を使い，さらに残りのお金の $\frac{3}{5}$ 倍の金額を使いました。B 君は持っていたお金の □ 倍よりも 300 円多い金額を使い，さらに残りのお金の $\frac{5}{7}$ の金額を使いました。残っていたお金は A 君，B 君ともに 600 円でした。□ をうめなさい。

(東京・芝中)

173 〈水と食塩水の混合〉

水のはいった容器 A と食塩水 450g のはいった容器 B があります。B にはいっている食塩水の 3 分の 1 を A にいれると，A は濃度が 4.5 ％ の食塩水となりました。さらに，B に残っている食塩水の 3 分の 1 を A にいれると，A は濃度が 6 ％ の食塩水となりました。

このとき，次の問いに答えなさい。

(1) 最初に A にはいっていた水の量は何 g ですか。

(2) B にはいっていた食塩水の濃度は何 ％ ですか。

(東京・巣鴨中)

超難関校レベル

解答→別冊 p.110〜112

174 〈仕入れ個数と売れた個数〉 新傾向

りんごとなしを合わせて760個と，ももを何個か仕入れました。

売れた個数は，りんごはりんごの仕入れ個数の $\frac{1}{4}$，なしはなしの仕入れ個数の $\frac{1}{24}$，ももは売れたなしの個数の5倍でした。

りんごとなしともも全体では，りんごとなしともも全体の仕入れ個数の $\frac{19}{103}$ だけ売れたことになります。

次の問いに答えなさい。

(1) ももは何個仕入れましたか。

(2) 売れた個数は，りんごよりももの方が多く，ももよりもりんごとなしの合計の方が多かったです。りんごとなしはそれぞれ何個仕入れましたか。

（神奈川・フェリス女学院中）

175 〈3つの食塩水の混合〉 難問

3種類の食塩水A，B，Cがあります。

AとBの重さの比を1:2として混ぜると，濃さが12％の食塩水になります。

BとCの重さの比を1:2として混ぜると，濃さが8％の食塩水になります。

CとAの重さの比を1:2として混ぜると，濃さが7％の食塩水になります。

次の問いに答えなさい。

(1) A，B，Cをそれぞれ同じ重さずつ混ぜると何％の食塩水になりますか。

(2) Aは濃さが何％の食塩水ですか。

（神奈川・フェリス女学院中）

176 〈月ごとの売り上げの比較〉

A店の売り上げは，1月から4月までは毎月前の月より10万円ずつ増加しました。そして，5月は4月より22万円減少し，6月は5月より52万円増加しました。また，B店の売り上げは，1月から4月までは毎月前の月より25％ずつ増加しました。そして，5月は4月より30％増加し，6月は5月より20％減少しました。A店とB店の4月の売り上げは同じで，また，5月のA店とB店の売り上げの合計と6月のA店とB店の売り上げの合計が同じでした。

次の ◻ にあてはまる数を求めなさい。

(1) A店の4月の売り上げは ◻ 万円です。

(2) B店の1月の売り上げは ◻ 万円です。

(3) B店の1月から6月までの売り上げの平均は，1か月あたり ◻ 万円です。

（大阪星光学院中）

177 〈食塩水のやりとり①〉

容器 A には 15％の食塩水が 300g，容器 B には 10％の食塩水が 400g，容器 C には 1％の食塩水が 500g はいっています。容器 A，C からそれぞれ同じ量の食塩水をとって，A の分を C に，C の分を A にいれてよくかき混ぜました。次に容器 B，C からそれぞれ同じ量の食塩水をとって，B の分を C に，C の分を B にいれてよくかき混ぜたところ，容器 A，B，C の食塩の割合がすべて等しくなりました。

ただし，食塩水の 15％が食塩である食塩水を，15％の食塩水といいます。

(1) 容器 A，B，C の食塩水は何％になりましたか。

(2) A と C でいれかえた食塩水の量を求めなさい。

(3) B と C でいれかえた食塩水の量を求めなさい。

(兵庫・神戸女学院中)

178 〈食塩水のやりとり②〉

2 つの容器 A，B にどちらも 40g の食塩水がはいっていて，その濃度の比は 3：2 です。B に水 60g を加えてよく混ぜ，B の食塩水のうち □ g を A にいれました。さらに，A，B どちらも 100g の食塩水になるように水を加えてよく混ぜると，A，B の食塩水の濃度の比は 7：3 となりました。

□ にあてはまる数を書きなさい。

(兵庫・灘中)

179 〈砂糖水の濃度〉 頻出

砂糖 30g を水 270g にとかした砂糖水を 3 つのビーカー A，B，C に 100g ずついれる。

(1) ビーカー A の砂糖水の濃度は何％ですか。

(2) ビーカー B にはいっているものを砂糖水 ① とする。砂糖水 ① から，砂糖水 ① の重さの 20％にあたる水分を蒸発させたものを砂糖水 ② とする。さらに，砂糖水 ② から，砂糖水 ② の重さの 20％にあたる水分を蒸発させたものを砂糖水 ③ とする。この作業をくり返していくとき，はじめて濃度が 25％をこえるのは砂糖水 ○ である。○ の中にあてはまる数を答えなさい。

(3) ビーカー C にはいっているものを砂糖水 ❶ とする。砂糖水 ❶ から，砂糖水 ❶ にふくまれる水の重さの 20％にあたる水分を蒸発させた後，ビーカー C にビーカー A から砂糖水を加えて 100g としたものを砂糖水 ❷ とする。さらに砂糖水 ❷ から，砂糖水 ❷ にふくまれる水の重さの 20％にあたる水分を蒸発させた後，ビーカー C にビーカー A から砂糖水を加えて 100g としたものを砂糖水 ❸ とする。砂糖水 ❸ の濃度は何％ですか。

(神奈川・慶應湘南藤沢中等部)

2 2つの変わる量

難関校レベル

解答→別冊 *p.113〜116*

180 〈四角柱のはいった水そうへの注水〉

〔図1〕のように，直方体の水そうがあります。また，〔図2〕のような底面が台形 ABCD の四角柱 ABCD–EFGH があります。この四角柱を〔図1〕のような向きで水そうにいれ，① と ② の部分に分けます。この水そうの ① の部分に水を注ぎはじめてから，水そうがいっぱいになるまで水を注ぎます。ただし，AB：DC=1：2 とします。

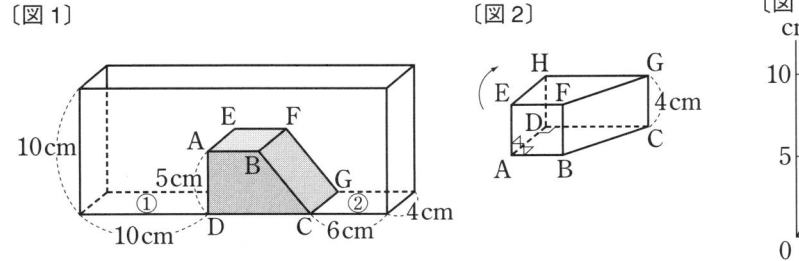

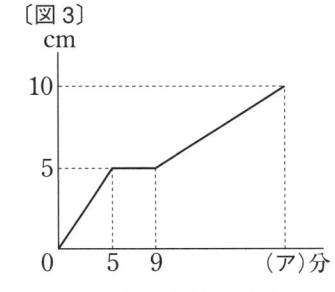

〔図3〕は，① の部分の底面から測った水の深さと，水を注ぎはじめてからの時間の関係を表したグラフです。次の (1)〜(3) の問いに答えなさい。

(1) 水そうには，1分間に何 cm³ の割合で水を注ぎましたか。

(2) AB の長さは何 cm ですか。

(3) 〔図3〕の (ア) にあてはまる数を求めなさい。

(神奈川・浅野中)

181 〈エアコンの停止時間〉 頻出

部屋の温度を1℃下げるのに，2分15秒かかるクーラーがあります。このクーラーは設定温度より1℃低くなると停止し，1℃高くなると再び動きはじめます。クーラーが停止しているとき，部屋の温度は1分で1℃上がります。いま，部屋の温度が30℃のときに設定温度を26℃にしてクーラーをつけました。このクーラーをつけて1時間の間に，クーラーが停止していた時間は何分間ですか。

(兵庫・六甲中)

182 〈携帯電話の利用料金〉 頻出

ある携帯電話会社では、1か月の通話料金について以下のような3つの料金プランを用意しています。ただし、基本料金とは、使用の有無にかかわらず支払う料金のことをいいます。また、通話時間は分を単位とし、1分未満は切り上げるものとします。

　＜プランA＞　基本料金2000円。通話時間60分まで通話料無料。60分をこえた分については1分あたり20円の通話料がかかる。

　＜プランB＞　基本料金4500円。通話時間120分まで通話料無料。120分をこえた分については1分あたり10円の通話料がかかる。

　＜プランC＞　基本料金0円。1分あたり25円の通話料がかかる。

(1) プランAとプランCの料金が同じになるのは、通話時間が何分のときか答えなさい。

(2) プランBの料金が他の2つのプランより安くなるのは、通話時間が何分をこえたときか答えなさい。

(奈良学園中)

183 〈歯車〉 難問

軸を固定した2つの歯車を組み合わせて、そのうちの片方を動かすと、もう一方の歯車は同じ歯の数の分だけ逆回りします。たとえば〔図1〕では、歯車(小)は歯が8個、歯車(大)は歯が16個あるので、歯車(大)を反時計回りに1回転させると、歯車(小)は時計回りに2回転します。

歯の数が192個、60個、144個の歯車をそれぞれア、イ、ウとし、〔図2〕のように軸を固定して組み合わせます（図の歯の数は正しくありません）。

また、歯車アとウには、時計のように1から12までの数字を、12がま上にくるように等しい間隔で書きました。

このとき、次の(1)、(2)の問いに答えなさい。

(1) 〔図2〕の状態から歯車アを矢印の方向にちょうど1回転させたとき、歯車ウのま上にくる数字は1から12のうちのどれですか。

(2) 〔図2〕の状態から歯車アを矢印の方向に何回転かさせて、数字の12がま上にくるようにしました。＜操作1＞

その後、さらに同じ方向にあと少し（1回転より少なく）回して、数字の9がま上にくるようにしました。＜操作2＞

＜操作1＞と＜操作2＞の結果、歯車ウは歯車アより2回転多く回り、さらに同じ方向にあと少し（1回転より少なく）回って、数字の4がま上にきました。

＜操作1＞において歯車アを何回転させたのかを求めなさい。

(神奈川・浅野中)

184 〈歩いている人の影の長さ〉 頻出

高さ6メートルの位置に街灯があり，その下に1本の道があります。身長150cmの兄は，秒速3mの速さで，身長120cmの弟は，秒速2mの速さで同じ方向に歩いています。兄が街灯のま下にきたとき，図のように，弟は兄の4m先を歩いていて，弟には影ができていました。

(1) 兄と弟の影の長さが等しくなるのは，兄が街灯のま下をすぎてから何秒後ですか。

(2) 兄と弟の影が重なった部分がいちばん長くなるのは，兄が街灯のま下をすぎてから何秒後ですか。

(埼玉・開智中)

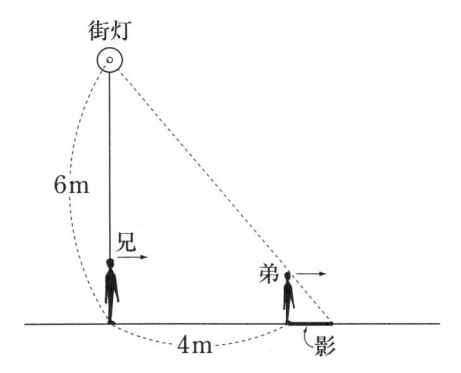

185 〈注水と排水をくり返す水そう①〉 難問

(図1)のような空の水そうP，Qがあります。蛇口Aを開くと，一定の割合で水が水そうPにはいります。また，蛇口Bははじめ閉じていて，水そうPの水が80Lになると開いて水を出し，30Lになるとまた閉じることをくり返します。蛇口Bから出た水はすべて水そうQにはいります。蛇口Cもはじめ閉じていて，水そうQの水が70Lになると開いて水を出し，30Lになるとまた閉じることをくり返します。(図2)のグラフは，蛇口Aを開いてからの時間と，水そうPにたまった水の量との関係を表したものです。

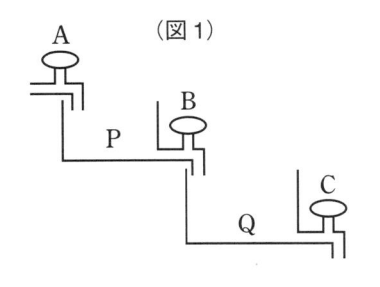

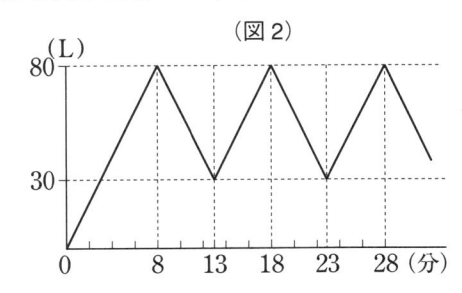

蛇口Cは開くと毎分25Lの水を出すものとして，次の問いに答えなさい。

(1) 蛇口Aを開いてから13分後には，水そうQには何Lの水がたまっていますか。

(2) 蛇口Cが2度目に開いているのは何分間ですか。

(3) 蛇口Aを開いてから1時間後までに，蛇口Cが開いているのは何分何秒間ですか。

(埼玉・栄東中)

186 〈しきりのはいった水そう〉

右の図のような直方体の水そうが，高さのちがうしきり板によって3つの部分A，B，Cに分けられています。Aの部分に一定の割合で水をいれたところ，水をいれはじめてからの時間と，Aの部分の水の深さの関係が次のグラフのようになりました。

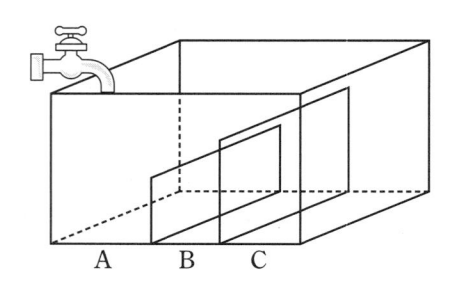

(1) A，B，Cの底面積の比をもっとも簡単な整数の比で表しなさい。

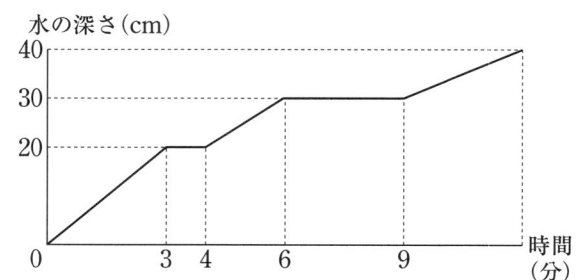

(2) 水の深さが40cmになるのは何分のときですか。

(3) 水をいれはじめてからの時間と，Bの部分の水の深さの関係を表すグラフをかきなさい。

(埼玉・淑徳与野中)

187 〈注水と排水をくり返す水そう ②〉

排水用の蛇口と給水用の蛇口が1つずつついている水そうがあります。この水そうでは，満水になると排水用の蛇口が開いて毎分3.7Lの割合で排水され，水の量が満水のときの$\frac{1}{3}$になると，排水用の蛇口が閉じます。この水そうに ア Lの水がはいった状態で給水用の蛇口を開き，一定の割合で水をいれはじめました。

右のグラフは，水をいれはじめてからの時間と水そうの中の水の量の関係を表したものです。このとき，次の問いに答えなさい。

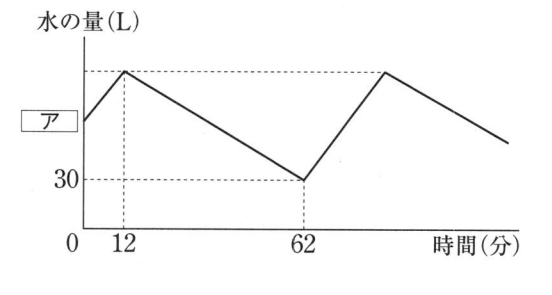

(1) 満水のときの水の量は何Lですか。

(2) 給水用の蛇口からは，毎分何Lの割合で水がはいりますか。

(3) ア にあてはまる数を求めなさい。

(4) 5回目に満水になるのは，水をいれはじめてから何分後ですか。

(千葉・市川中)

188 〈往復する2人の出会い〉 新傾向

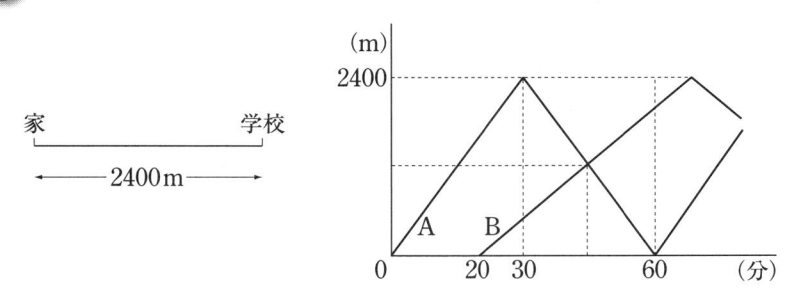

2400mはなれた家と学校をA君，B君の2人がそれぞれ一定の速さで往復します。

まずA君が家を出発し，20分遅れてB君が出発したら，学校と家のちょうどまん中の地点で2人ははじめてすれちがいました。

上のグラフはA君，B君2人の家からのきょりとA君が家を出発してからの時間の関係を表したものです。次の問いに答えなさい。

(1) A君の速さは分速何mですか。

(2) A君，B君が2回目に出会うのは，B君が出発してから何分何秒後ですか。

(3) A君，B君が2回目に同時に家に着くのは，B君が家を出てから何分後ですか。

（東京・攻玉社中）

189 〈出会った所で折り返す2点の動き〉 新傾向

30cmはなれた2点A，Bの間を，2つの点P，Qが次のように2回出会うまで動きます。

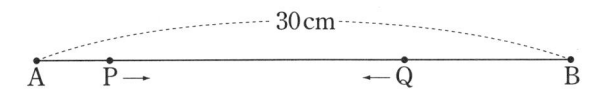

Pは点Aから点Bの方向に，Qは点Bから点Aの方向にそれぞれ一定の速さで同時に出発し，PとQが出会うとPはAの方向に，QはBの方向にそれぞれもどり，PがAに着くとすぐにBの方向に，QもBに着くとすぐにAの方向に再び向かいます。

また，1回目に出会った後は，PとQの速さはそれまでの速さのPは2倍，Qは$\frac{1}{2}$倍になります。

2点P，Qが出発してからの時間と，2点間のきょりをグラフで表すと右のようになりました。

次の問いに答えなさい。

(1) 出発したときのPの速さは，秒速何cmですか。

(2) グラフの □ にあてはまる数を答えなさい。

（東京・城北中）

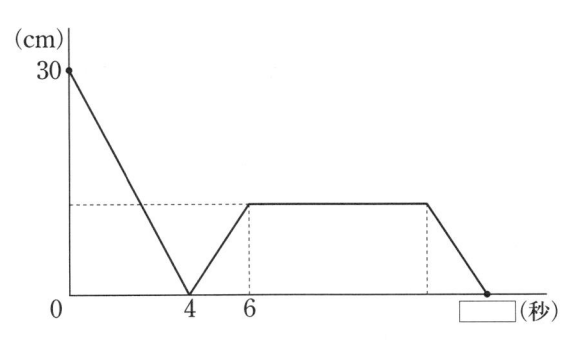

超難関校レベル

190 〈2つの排水管とスイッチのついた給水管〉

下の図のような，たて40cm，よこ80cm，高さ60cmの直方体の水そうがあります。水そうの底面には水を出すためのAとBの2つの管があり，上の面には水をいれるためのCの管があります。

- Aの管はふたがなく，つねに毎分2Lの水を流します。
- Bの管は，はじめふたが閉じていて，水の高さが40cmになるとふたが開き水を流しはじめます。また，水の高さが20cmになると再びふたが閉じて水を流すのをやめます。
- Cの管はスイッチがついていて，「大」のスイッチと「小」のスイッチが切りかえられるようになっています。
  「大」のスイッチをいれたときは「小」のスイッチをいれたときより多くの水を流しいれるようになっています。

Cの管のスイッチを「小」にして水をいれはじめ，20分をすぎたある時間にスイッチを「大」に切りかえたところ，水をいれはじめてから36分後に水そうから水があふれ出しました。

下のグラフは，水をいれはじめてからの時間と水そうの水の高さとの関係を表したものです。

Cの管のスイッチを切りかえるとき以外は3つの管を流れる水の量は一定です。また，スイッチの切りかえやふたの開閉にかかる時間は考えないものとします。このとき，次の問いに答えなさい。

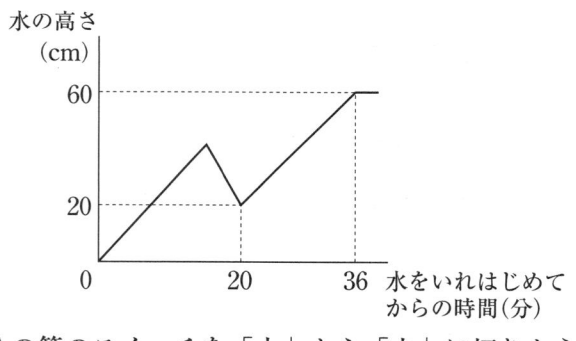

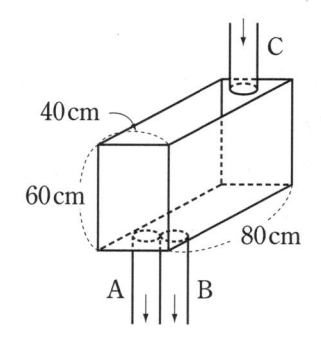

(1) Cの管のスイッチを「小」から「大」に切りかえたのは，水をいれはじめてから何分後ですか。
(2) Bの管から1分間に出る水の量は何Lですか。
(3) はじめからCの管のスイッチを「大」にして，スイッチを切りかえることなく水をいれ続けたとき，水そうから水があふれ出すのは，水をいれはじめてから何分後ですか。

（千葉・渋谷教育学園幕張中）

191 〈水面の高さの差〉

図1のような円柱形の空の容器A，Bに水道管 a，b から水をいれます。水道管を開いたとき，それぞれの水の出る量はいつも一定です。

はじめは水道管 a，b を同時に開き，しばらくして a だけ閉じました。さらにしばらくして，a を開きそれと同時に b を閉じました。その後しばらくして b を開き，容器Aに水がいっぱいになったとき，a，b を同時に閉じました。図2は水をいれはじめてからの時間と，容器A，Bの水面の高い方から低い方をひいた差の関係を表したグラフです。

このとき，次の問いに答えなさい。

(1) 水道管 a を開いているとき，容器Aの水面は毎分何cm高くなりますか。
(2) 水道管 b を閉じていた時間は何分間ですか。
(3) 図2のアにあてはまる数を求めなさい。
(4) 容器Aに水がいっぱいになったとき，容器Bの水面の高さは何cmですか。

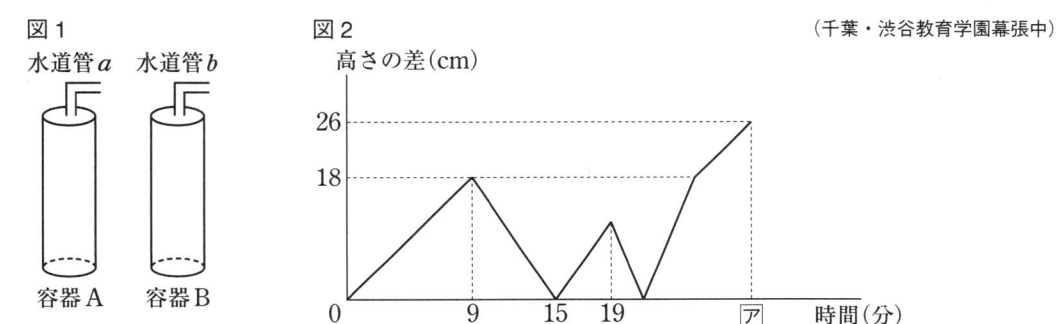

（千葉・渋谷教育学園幕張中）

192 〈2つの容器がはいった水そう〉

次の図のような，たて30cm，横40cm，深さ60cmの直方体の形をした水そうの中に，AとBの2つの円柱の形をした空のコップが立てられています。

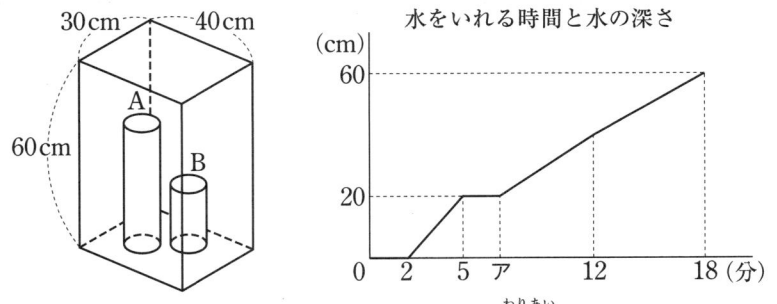

この水そうに，Aのコップのま上から一定の割合で水を注ぎ，水そうが満水になるまで続けました。上のグラフは，水を注ぎはじめてからの時間と，水そうの水の深さの関係を表したものです。ただし，コップの厚さは考えないこととし，コップの底は水そうの底面に固定されていて，水を注いでもうき上がらないものとします。

(1) 水を毎分何Lの割合で注ぎましたか。
(2) Aのコップの高さを求めなさい。
(3) グラフのアにあてはまる時間は何分ですか。

（埼玉・浦和明の星女子中）

193 〈2つの排水管のついた水そう〉

ある水そうには一定の割合でつねに水が注がれています。その水そうには2つの排水管AとBがあり,管Aと管Bの1分間の排水量の比は1:2です。排水するときは管Aだけを使う場合と管Aと管Bを同時に使う場合があります。右のグラフは,調査をはじめてからの時間(単位は分)と水そうの中の水の量(単位はL)の関係を表したものです。最初の60分間で720Lの水が排水されました。このとき,次の問いに答えなさい。

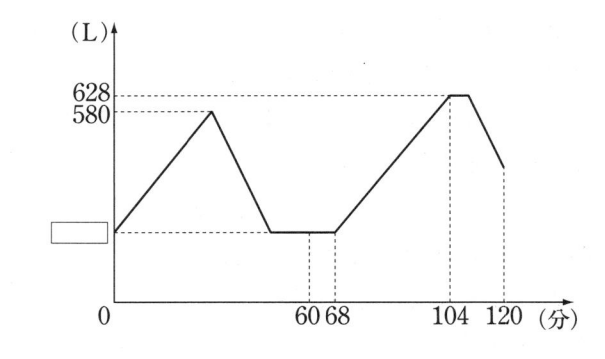

(1) 管Aの1分間の排水量は何Lですか。
(2) 上の図の □ にあてはまる数はいくつですか。
(3) 最初の120分間で管Aと管Bを使っていた時間の比は2:1でした。調査をはじめてから120分たったとき,水そうには何Lの水がはいっていましたか。

(東京・早稲田中)

194 〈水に立体をしずめていくときの水面の高さの変化〉 (新傾向)

図1において,立体Aは直方体から直方体を切り取ったものである。また,水そうBは直方体の形をしたものである。

Bに深さ20cmまで水をいれ,AをBに毎秒1cmの速さでしずめた。ただし,Aの底面(影のついた面)とBの底面はつねに平行であったとする。

図2は,Aの底面と水面が接したときを0秒として,水の深さの変化を表したグラフである。

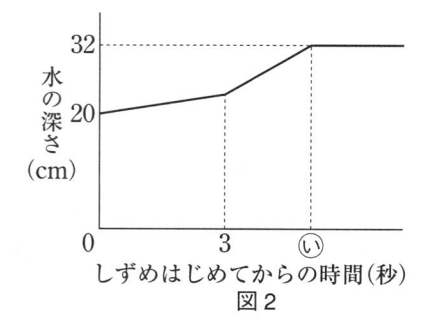

(1) Aの体積を求めなさい。
(2) Aにおいて,あの長さを求めなさい。
(3) 図2において,いの時間を求めなさい。

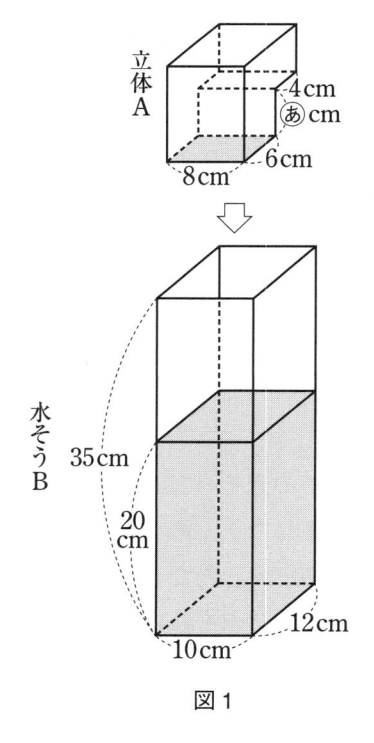

(神奈川・慶應湘南藤沢中等部)

195 〈影の長さ〉 頻出

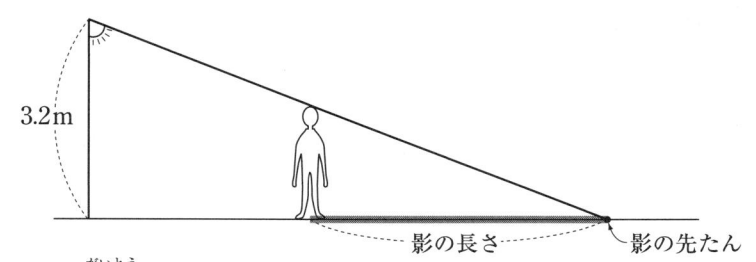

高さ 3.2m の街灯があり，あかりがついています。影の長さは上の図の太線の部分です。身長 160cm の兄と身長 120cm の弟が街灯のま下から，どちらも秒速 1m の速さで同じ方向に歩いていきます。弟が出発してから3秒後に兄が出発しました。街灯でうつされた2人の影について，次の問いに答えなさい。

(1) 兄が出発して4秒後の兄の影の長さは，何 m ですか。
(2) 弟の影の長さが 3m になるのは，弟が出発してから何秒後ですか。
(3) 兄の影の先たんが，弟の影の先たんに追いつくのは，兄が出発してから何秒後ですか。

(東京・渋谷教育学園渋谷中)

196 〈水面の高さの変化〉

図のように，底面積 100cm²，高さ 80cm の直方体の容器があります。この容器に2つの蛇口A，Bを用いて水をいれ，容器の底面から水面までの高さを調べました。最初の5分間は蛇口Aのみを用いて水をいれ，その後は蛇口Bのみを用いて水をいれていましたが，途中で底面に穴Cがあいて一定の割合で水が出はじめ，18分後に水面の高さは 47cm になりました。そこで，蛇口Aも開き，2つの蛇口から水をいれました。下のグラフは，このときの時間の経過と水面の高さを表したものです。次の問いに答えなさい。

ただし，蛇口Bからは毎分 100cm³ の水がはいります。また，穴Cからは，毎分 150cm³ の水が出ます。

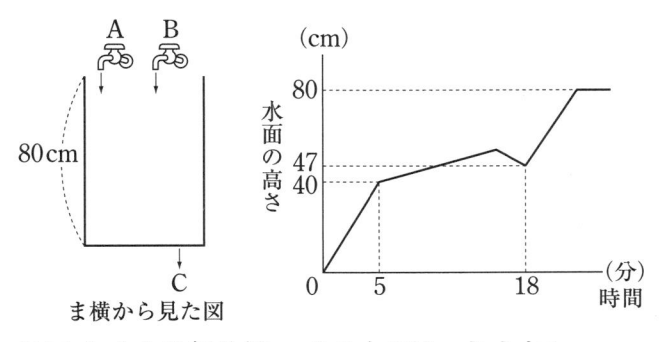

(1) 蛇口Aからは毎分何 cm³ の水がはいりますか。
(2) 容器が満水になったのは，はじめから何分後ですか。
(3) はじめて満水になるまでに，蛇口A，Bからいれた水は全部で何 cm³ ですか。
(4) 穴Cは，はじめから何分後にあきましたか。

(大阪・清風南海中)

3 場合の数

難関校レベル

解答→別冊 p.121〜127

197 〈硬貨の投入方法〉 差が出る

自動販売機に50円硬貨と100円硬貨を投入します。150円を投入する方法は，
① 50円，50円，50円
② 50円，100円
③ 100円，50円

の3通りがあります。②と③のように，硬貨の個数が同じでも投入順序がちがう方法は異なる投入方法として数えるものとします。

このとき，次の(ア)〜(カ)にあてはまる数をそれぞれ求めなさい。

(1) 200円投入する方法を以下のようにして求めてみます。

まず最初に50円を投入する場合は，残り150円をどのように投入するのかを考えて(ア)通りあります。また最初に100円を投入する場合は，残り100円をどのように投入するのかを考えて(イ)通りあります。これにより200円を投入する方法は，(ア)+(イ)=(ウ)通りあることがわかります。

(2) (1)の考え方にならって，250円を投入する方法の数を求めると(エ)通りあり，300円を投入する方法の数を求めると(オ)通りあることがわかります。

(3) (2)の手順をくり返して，500円を投入する方法の数を求めると(カ)通りあることがわかります。

(神奈川・浅野中)

198 〈カードのいれかえ〉 頻出

右の図のように，3枚のカードがあり，それぞれのカードには1，2，3の数字が書かれている。はじめに，この3枚のカードを並べて3けたの数をつくり，その後，となり合った2枚のカードの位置をいれかえることで数を変えていく。たとえば，はじめの数が213で，その後A→Bの順で2回カードの位置をいれかえると132となる。このとき，次の問いに答えよ。

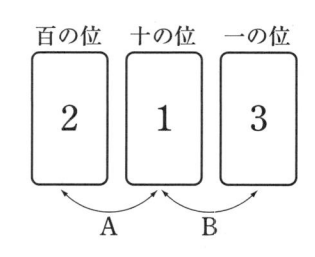

(1) はじめの数が123で，その後A→B→Aの順で3回カードの位置をいれかえてできる数を求めよ。

(2) 123からちょうど2回のいれかえでつくることができる数をすべて答えよ。ただし，A→Aのように同じいれかえを2回行ってもよい。

(3) 123から4回のいれかえをしたときに312になるようにしたい。4回のいれかえ方は何通りあるか。ただし，たとえばA→A→B→BとB→B→A→Aはちがういれかえ方として数えよ。また，同じいれかえを何回行ってもよい。

(大阪・明星中)

199 〈ロボットの移動の仕方〉 差が出る

A，B，C，D，E，F，Oの7つの地点が，右の図のように道で結ばれています。A，B，C，D，E，Fの6つの地点は正六角形をなし，O地点は3つの対角線AD，BE，CFの交点にあります。いまつねに一定の速さで走り，隣の地点まで1分で移動するロボットがあります。(1)，(2)のようなロボットの移動の仕方は何通りあるか答えなさい。ただしロボットは，O地点から出発し，どの道もどの地点も何度も通れることとします。

(1) ロボットが，O地点を出発して3分後にA地点にいる。
(2) ロボットが，O地点を出発して4分後にA地点にいる。

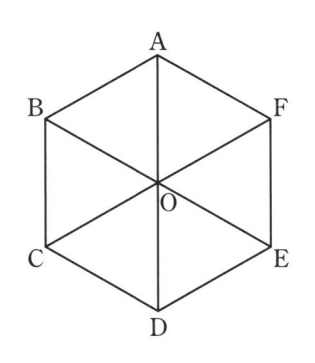

(奈良学園中)

200 〈部屋のぬり分け・移動の仕方〉

右の図のようにA〜Gの7つの部屋があり，隣接する部屋には出入り口があります。このとき，次の問いに答えなさい。

(1) 7つの部屋を赤，青，白の3色を使い，隣接する部屋をちがう色でぬることにします。このとき，色のぬり方は何通りですか。

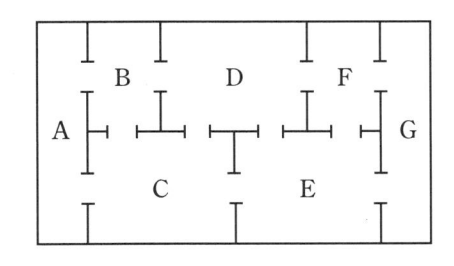

(2) Aの部屋からGの部屋へ，次の道すじで行くことにします。
（道すじ：A→ ア → イ →E→ ウ → エ →G）

ア 〜 エ には，B，C，D，E，Fの5つの部屋のいずれかがはいるものとします。このとき， ア 〜 エ にあてはまる部屋の組は何通りありますか。

ただし，B，C，D，E，Fの部屋は何度でも通ることができるものとします。

(埼玉・栄東中)

201 〈正三角形の個数・二等辺三角形の個数〉

右の図のように，正三角形AFKの各辺を5等分する黒点があります。

三角形ABOや三角形ACOのように15個の黒点のうち3個を頂点とする三角形をつくるとき，次の問いに答えなさい。

(1) 黒点Bを1つの頂点とする正三角形はいくつできますか。
(2) (1)の場合もふくめて，正三角形は全部でいくつできますか。
(3) 二等辺三角形（正三角形は除く）はいくつできますか。

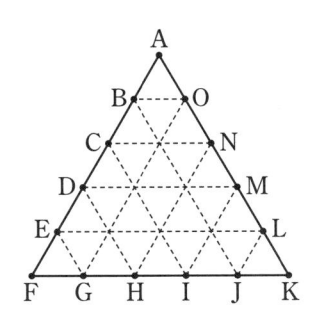

(埼玉・栄東中)

202 〈正方形の個数と面積〉

図のように，同じ大きさの4つの円が，点A，B，C，Dでぴったりとくっついています。この4点を基準として円周を4等分する点をE，F，G，H，I，J，K，Lとします。このとき，次の問いに答えなさい。

(1) 点A〜Lの中から4点を選び，それらを頂点とする四角形をつくります。このとき，正方形は全部で何個できますか。

(2) (1)でつくった正方形のうち，もっとも大きい正方形の面積はもっとも小さい正方形の面積の何倍ですか。

(千葉・市川中)

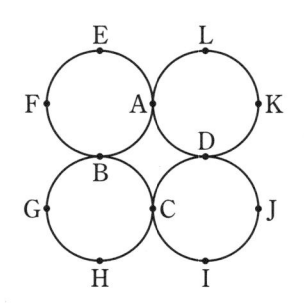

203 〈操作回数〉 頻出

整数に次の(A)または(B)の操作をくり返し行い，結果が1になるまで続けます。

(A) 整数が奇数のときは1を加える。
(B) 整数が偶数のときは2でわる。

たとえば，はじめの整数が5のときは

$$5 \xrightarrow{(A)} 6 \xrightarrow{(B)} 3 \xrightarrow{(A)} 4 \xrightarrow{(B)} 2 \xrightarrow{(B)} 1$$

となり，操作を5回行ったことになります。

(1) はじめの整数が9以上13以下のとき，この操作の回数がもっとも多くなる場合と，もっとも少なくなる場合のはじめの整数をそれぞれ求めなさい。

(2) ちょうど4回で操作が終わるとき，はじめの整数として考えられる整数をすべて求めなさい。

(東京・鷗友学園女子中)

204 〈正三角形の板の並べ方〉

1辺の長さが5cmと10cmの正三角形の板がたくさんあります。この板を，1辺の長さが20cmの三角形ABCの中に，すき間や重なりがないように並べます。次の問いに答えなさい。ただし，同じ大きさの板は区別しないこととします。

(1) 1辺の長さが10cmの正三角形の板を2枚と，1辺の長さが5cmの正三角形の板を8枚使うとき，板の並べ方は何通りありますか。

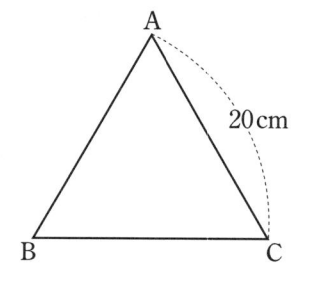

(2) 使う板を自由に選べるとき，板の並べ方は全部で何通りありますか。

(東京・学習院女子中等科)

205 〈集会の準備にかかる時間〉 （難問）

ある中学校では，体育館で集会をするとき，7つの作業が必要で，それぞれの作業を1人でするときにかかる時間を［　］内に示します。

　ア．イスを倉庫から出す。　　……［ 6 分］
　イ．イスを並べる。　　　　　……［10分］
　ウ．舞台に演だんを用意する。……［ 4 分］
　エ．舞台に階段をかける。　　……［ 5 分］
　オ．マイクを準備する。　　　……［ 3 分］
　カ．床にモップをかける。　　……［ 7 分］
　キ．演だんに花を飾る。　　　……［ 3 分］

ただし，イはアとカが，オはエとカが，キはウが，それぞれ終わらないと作業ができないものとします。

まず，1つの作業は1人でするものとします。このとき，次の問いに答えなさい。

(1) 7つの作業を1人ですると，かかる時間がもっとも短くなるときの時間は何分ですか。

(2) 7つの作業を2人ですると，かかる時間がもっとも短くなるときの時間は何分ですか。ただし，2人の作業が同時に終わらなくてもよいものとします。

(3) 7つの作業を3人ですると，かかる時間がもっとも短くなるときの時間は何分ですか。ただし，3人の作業が同時に終わらなくてもよいものとします。

次に，7つの作業のうち，ア，イ，ウの3つの作業は2人で協力してやってもよいものとします。ただし，2人で協力して作業する場合，その作業のはじめから終わりまで2人でやり通すものとします。そしてその場合，かかる時間は1人で作業するときの半分ですみます。このとき，次の問いに答えなさい。

(4) 7つの作業を3人ですると，かかる時間がもっとも短くなるときの時間は何分ですか。ただし，3人の作業が同時に終わらなくてもよいものとします。

（東京・吉祥女子中）

206 〈カードを並べてつくる4けたの整数〉

9枚のカード，⓪，⓪，⓪，①，①，①，②，②，②があります。この中から4枚のカードを取り出して，4けたの整数をつくるとき，全部で□通りの整数ができて，そのうち3の倍数となるのは全部で□通りあります。□にあてはまる数を書きなさい。

ただし，0001や0122のように0からはじまるものは除きます。

（東京・芝中）

207 〈図形のぬり分け〉 （頻出）

右の図のように円を5つの部分に区切った図形を色分けするとき，異なる4色を使ってぬるぬり方は□通りです。ただし，となりあった部分には異なる色をぬり，4色をすべて使うものとします。□をうめなさい。

（東京・芝中）

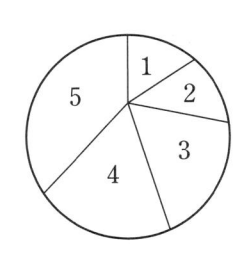

208 〈硬貨の移動〉 新傾向

右の図のように，黒と白でぬられたマスが交互に並んでいます。

マスに置かれた硬貨は，右の図の矢印のように，8つのマスのいずれかに動かすことができます。そして，硬貨の移った先から，さらに同じように8つの方向に動かすことができます。

最初に硬貨がAの位置に置かれているとき，次の問いに答えなさい。

(1) Aにある硬貨を2回動かしてBに移動する方法は2通りあります。その動かし方を次のように表すとき，空欄□にあてはまるマスを，それぞれ番号で答えなさい。

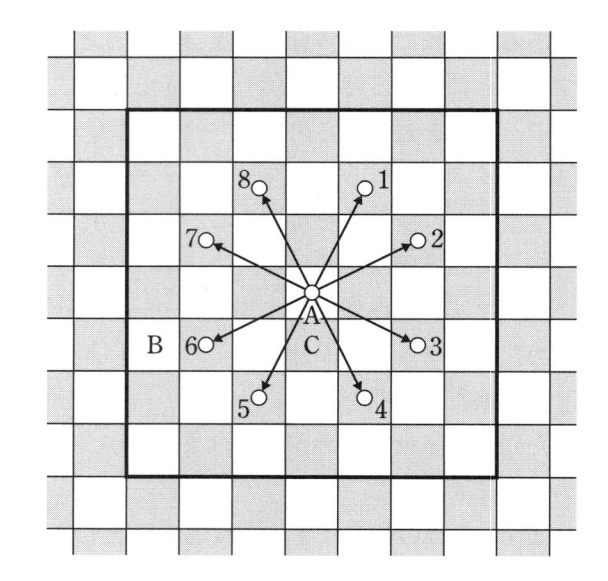

- A → □ → B
- A → □ → B

(2) 太線内の白いマスのうち，Aから2回の移動で硬貨を置くことのできないマスは何個ありますか。

(3) 硬貨を3回動かしてAからCに移動する方法は何通りありますか。

(東京・吉祥女子中)

209 〈選んだカードに書かれた数の和〉 頻出

1から8までの整数を書いた8枚のカード
1, 2, 3, 4, 5, 6, 7, 8
があります。この中から何枚かのカードを選び，カードに書かれている数の和をXとします。このとき，次の問いに答えなさい。

(1) 2枚のカードを選ぶとするとき，Xが奇数となるような選び方は全部で何通りありますか。

(2) 3枚のカードを選ぶとするとき，Xがちょうど3個の約数をもつような選び方は全部で何通りありますか。

(3) X=18となるような選び方は全部で何通りありますか。ただし，カードは何枚選んでもよいものとします。

(神奈川・逗子開成中)

超難関校レベル

解答→別冊 p.128〜131

210 〈硬貨を投げて得られる点数〉 新傾向

100円玉を投げて，着地したときに表の面が上に出たら○を，裏の面が上に出たら×を記録することにします。

100円玉を6回投げて，その表裏に応じて○か×を，右の図のようなマス目に，左から順に書きいれます。このとき，次のきまりにしたがって点数が得られます。

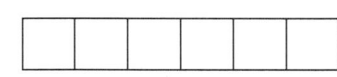

① ○1つにつき，2点を得る。
② ×1つにつき，1点を得る。
③ 「×のすぐ右隣に○がある」場所が1か所あるごとに，3点ずつ得る。

たとえば100円玉を6回投げて，順に表・裏・表・表・表・裏が出たとすると，右の図のような○×の配列ができます。このとき，○が4つ，×が2つあり，「×のすぐ右隣に○がある」場所が1か所あるので，得点は

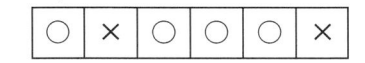

$2×4+1×2+3×1=13$

で，13点となります。

(1) 得点が15点となるような○×の配列を，1つ書きなさい。
(2) 得点が11点となるような○×の配列を，すべて書き出しなさい。

(東京・開成中)

211 〈博物館の入館料〉

ある博物館の入館料は，大人が1人500円，小人が1人300円です。
次の問いに答えなさい。

(1) 大人と小人がどちらも1人以上いるグループの入館料が2700円でした。このグループには大人と小人がそれぞれ何人いますか。

(2) どの家族も大人と小人がどちらも1人以上いる，3組の家族が入館し，その入館料の合計は4000円でした。

(ア) 3組の家族を合わせて，大人と小人はそれぞれ何人いますか。

(イ) 3組の家族の，入館料の組合せは何通り考えられますか。

なお，たとえば3つのグループの入館料が順に

1000円と1000円と2000円
1000円と2000円と1000円
2000円と1000円と1000円

の場合，支払う金額はどれも1000円，1000円，2000円なので，これらの入館料の組合せは1通りと数えます。

(東京・筑波大附駒場中)

212 〈先生と生徒の組分け〉 難問

第一中学校の先生Aと生徒ア,第二中学校の先生Bと生徒イ,第三中学校の先生Cと生徒ウ,第四中学校の先生Dと生徒エの8人が集まりました。この8人で2人ずつ4つの組をつくるとき,次の問いに答えなさい。

(1) 4つの組のつくり方は全部で何通りありますか。

(2) どの組も先生と生徒の組合せになる4つの組のつくり方は全部で何通りありますか。

(3) どの組も異なる中学校から来た人の組合せになる4つの組のつくり方は全部で何通りありますか。

(兵庫・灘中)

213 〈タイルの並べ方〉 差が出る

たて2cm,横1cmの長方形のタイルがたくさんあります。このタイルをすきまなく並べて,たて2cm,横$x$cmの長方形をつくるとき,タイルの並べ方の総数を,《x》と表すことにします。たとえば,次の図から《4》=5となります。このとき,下の□に適当な数をいれなさい。

(1) 《3》=[ア],《5》=[イ]です。

(2) 《10》=□です。

(東京・慶應中等部)

214 〈数のいれ方〉

右のわくに1から8までの数を1つずついれます。どの数も,右どなりの数より小さく,またま下の数より小さくなるようにいれるとき,何通りの並べ方がありますか。

(神奈川・慶應普通部)

1 式を利用して解く問題

難関校レベル

解答→別冊 p.132

215 〈不定方程式①〉 差が出る

あるスケート場の入場料は，大人1人の大人券が660円，子ども1人の子ども券が340円です。また，大人1人と子ども1人で1組の親子券もあり，700円です。たとえば，大人2人，子ども5人ならば，親子券2枚，子ども券3枚で入場でき，入場料は合計2420円となります。ある日の入場者数が大人と子どもを合わせて120人で，入場料の合計は44400円でした。このとき，次の問いに答えなさい。

(1) その日の子どもの入場者数として考えられる数をすべて答えなさい。

(2) その日の子ども券の発行枚数は39枚でした。その日の親子券の発行枚数は何枚ですか。

(東京・巣鴨中)

216 〈不定方程式・つるかめ算〉 難問

A君は1本60円の鉛筆を20本と1本90円のボールペンを何本か買い，B君は1本50円の鉛筆と1本100円のボールペンを何本かずつ買いました。このとき，B君の買った鉛筆とボールペンの本数の合計は，A君の買った鉛筆とボールペンの本数の合計の2倍になりました。さらに，B君の代金の合計はA君の代金の合計の2倍になりました。B君の買った鉛筆とボールペンの本数の合計が60本未満のとき，B君は鉛筆を□本買いました。□をうめなさい。

(東京・芝中)

超難関校レベル

解答→別冊 p.133～134

217 〈つるかめ算・消去算〉 頻出

次の問いに答えなさい。

(1) 渋谷のあるレストランでは、メニューにクリームシチューがあります。毎朝、店のコックさんが開店準備のために、たまねぎとジャガイモを使ってクリームシチューをつくっています。ある日の準備では、たまねぎとジャガイモを合わせて40個使ってクリームシチューをつくりはじめました。たまねぎとジャガイモを切った後の重さは全部で4850gありました。このときに使っていたたまねぎとジャガイモはそれぞれ何個ですか。ただし、どのたまねぎも皮をむいた後の重さは同じで1個150g、どのジャガイモも皮をむいた後の重さは同じで1個100gとします。

(2) このレストランでは、ほかのメニューにハンバーグとカレーがあります。右の表は、このレストランでハンバーグとカレーをつくるときの1人分のたまねぎと肉の分量です。この分量にしたがって、ハンバーグとカレーをそれぞれ何人分かつくりました。そのときに使用したたまねぎの量は210g、肉は730gでした。このとき、ハンバーグとカレーをそれぞれ何人分つくりましたか。

	たまねぎ	肉
ハンバーグ	15g	85g
カレー	25g	65g

(東京・渋谷教育学園渋谷中)

218 〈不定方程式②〉

ある旅館に生徒が宿泊するのに、1つの部屋に5人ずつだと部屋がたりなくなり、6人ずつだと部屋があまります。そこで、5人と6人の部屋をつくり、全部の部屋を使うことにしました。料金は、5人の部屋が1人4000円、6人の部屋は1人3800円で、合計838800円でした。部屋数と、生徒の人数を求めなさい。ただし、生徒の人数は、8の倍数です。

(兵庫・神戸女学院中学部)

219 〈不定方程式③〉 難問

9日間でマフラー、ぼうしを毛糸で編むことにしました。毛糸はたりなくならないように少し多めに買うことにしました。1玉400円の毛糸Aと1玉500円の毛糸Bの両方を買いました。代金はちょうど5000円でした。

マフラーを1本編むのに毛糸Aではちょうど4玉必要で、毛糸Bではちょうど3玉必要です。ぼうしを1つ編むのに毛糸Aではちょうど3玉、毛糸Bではちょうど2玉必要です。

毎日必ず毛糸A、毛糸Bのどちらか1玉分編み、9日後、編みかけのものはないようにつくっていきました。また、1つの作品は毛糸Aか毛糸Bのどちらか1種類の毛糸で編みました。

次の問いに答えなさい。(1),(2)とも考えられる組をすべて書きなさい。

(1) 毛糸A、毛糸Bをそれぞれ何玉ずつ買いましたか。

(2) このときAで編んだマフラー、Bで編んだマフラー、Aで編んだぼうし、Bで編んだぼうしの個数はそれぞれ何個ずつですか。ただし、マフラーかぼうしのどちらかだけを編んでもよいこととします。

(東京・桜蔭中)

2 和や差の関係から解く問題

難関校レベル

解答→別冊 p.135

220 〈ロープウェイでの人の輸送〉

H連峰のT岳ロープウェイは2台で運行しています。ふもと駅と山頂駅を同時に出発して，山頂駅とふもと駅に同時に10分かかってとう着します。

このロープウェイは，午前8時の始発から午後4時の最終便まで20分間かくで運行し，乗車定員は20名です。

ある日，ふもと駅から出発するロープウェイは始発からすべて満席でした。

このとき，次の問いに答えなさい。

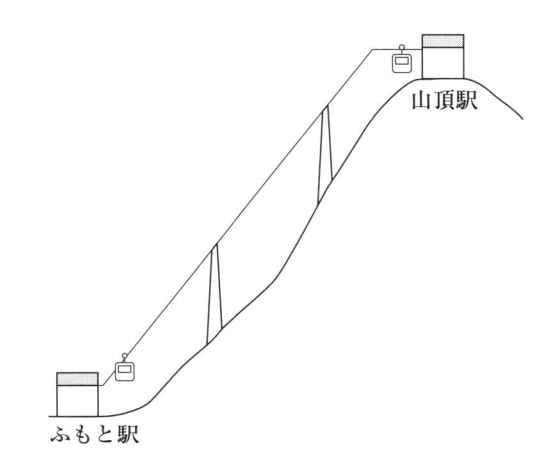

(1) 午前10時までに何人の人を山頂駅に運びましたか。
(2) この日の212番目のふもと駅の乗客は，午前または午後何時何分に山頂駅に着きますか。

(東京・世田谷学園中)

221 〈和差算〉

表の面にAからGまでのアルファベットが1つずつ書かれた7枚のカードがあります。裏の面には数が1つずつ書かれています。ここで，AとB，BとC，CとD，DとE，EとF，FとG，GとAのように2枚ずつ，裏の面の数の和を求めました。するとそれらは順に，14.1，14，11.7，15，14.5，11.5，9.8でした。このとき，次の問いに答えなさい。

(1) AからGまでの裏の面の数の和を求めなさい。
(2) Gの裏の面の数を求めなさい。
(3) AからGまでの裏の面の数の中でいちばん大きい数を求めなさい。

(東京・巣鴨中)

超 難関校レベル

222 〈過不足算〉 差が出る

お楽しみ会の係になりました。予算の金額で，ジュースはちょうど90本買うことができます。サンドイッチならばちょうど36個，ケーキならばちょうど40個買うことができます。ジュース1本とサンドイッチ1個とケーキ1個を1組にして1人分にすると，予算内で全員分を買うことができ，お金は360円あまります。人数がもう1人多いと，予算ではたりません。

(1) お楽しみ会の人数は何人ですか。
(2) 予算はいくらですか。

(東京・女子学院中)

223 〈自動車のガソリンと速さときょり〉

ある自動車は，時速60kmで走るとガソリン1Lあたり30km走行でき，時速100kmで走るとガソリン1Lあたり20km走行できます。このとき，次の問いに答えなさい。
ただし，自動車は，途中で止まることはないものとします。

(1) この自動車で，まず時速60kmで6時間走り，その後，時速100kmで6時間走ると，ガソリンを何L使うでしょうか。
(2) この自動車で，まず時速60kmで走り，その後，時速100kmで走ったところ，合わせて12時間走り，ガソリンを36L使いました。このとき，この自動車は何km走行したでしょうか。

(埼玉・浦和明の星女子中)

224 〈分配算〉 差が出る

校庭にきれいな花びらが散っていたので，A君は何人かの友人と一緒にそれらを拾い，おし花をつくることにしました。それぞれが花びらを20枚ずつ拾うことにしたら，18枚しか拾えなかった人と15枚しか拾えなかった人がそれぞれ2人ずついました。そこで，拾い集めた花びらをいったん集め，みんなに同じ枚数になるように配りなおしたところ，4枚あまってしまいました。このとき，花びらを拾った人の数は何人ですか。考えられる人数をすべて答えなさい。

(神奈川・栄光学園中)

225 〈問題を解くのにかかる日数〉

S学院中学1年生の聖君と光君が，それぞれ計画を立てて夏休みの数学の宿題をすることにしました。聖君は夏休みの初日から1日に3題ずつ解くことにし，光君ははじめの6日間は宿題に手をつけず，7日目から解き終わる日まで1日に ☐ 題ずつ解くことにしました。

光君が解きはじめてから何日か後に，2人の解いた問題数が同じであることがわかりました。聖君は，その翌日から解き終わる日まで1日に5題ずつ解きましたが，すべての問題を解き終わったのは，光君が解き終わった2日後でした。

聖君が1日に3題ずつ解いた日数と1日に5題ずつ解いた日数が同じであったとき，次の問いに答えなさい。

(1) 光君が問題を解きはじめてからすべて解き終わるまでに，何日間かかりましたか。
(2) 聖君が問題を解きはじめてからすべて解き終わるまでに，何日間かかりましたか。
(3) ☐ にあてはまる数を答えなさい。

(神奈川・聖光学院中)

226 〈平均の重さからそれぞれの重さを求める〉

5つのおもりを軽いほうから順に並べると，A，B，C，D，Eです。この5つの平均の重さは，34.4gでした。また，このうち3つのおもりを選んだとき，次のあからえのことがわかりました。

 あ　もっとも軽い組み合わせのとき，平均の重さは26gでした。
 い　2番目に軽い組み合わせのとき，平均の重さは27gでした。
 う　もっとも重い組み合わせのとき，平均の重さは45gでした。
 え　3番目に重い組み合わせのとき，平均の重さは38gでした。

次の問いに答えなさい。
(1) C，D，Eの重さをそれぞれ求めなさい。
(2) A，Bの重さをそれぞれ求めなさい。

(神奈川・フェリス女学院中)

227 〈追加の料金にはばがある問題〉

次の ア ～ エ にあてはまる数を答えなさい。

あるレストランでは開店50周年を迎え，開店記念日に食事をしたすべての人に記念品をプレゼントすることにしました。レストランでは，記念品代として20000円を用意し，予想通りの来客数であれば500円あまるようにしました。実際の来店数は予想した人数よりも6人少なかったので，1400円あまりました。このとき，開店記念日の実際の来客数は ア 人です。

このレストランのメニューは，1200円のAコースと1000円のBコースがあり，Aコースを注文した人は300円を追加してデザートをたのむことができます。この日，Aコースを注文した人のうち75％以上80％以下の人がデザートをたのんだとすると，Aコースを注文した人が支払った金額の平均は，もっとも安くて イ 円で，もっとも高くて ウ 円です。このとき，Aコース，Bコース，デザート代を合わせた売上金額が150100円だったとすると，デザートをたのんだ人は エ 人です。

(神奈川・聖光学院中)

228 〈平均算〉

10人がクイズに答えました。このクイズには4つの問題A，B，C，Dがあり，正解するとそれぞれ1点，1点，3点，5点がもらえます。10人の得点の平均は8.3点でした。全員が正解した問題はなく，正解した人がもっとも少なかったのは，問題Cでした。

問題C，Dを正解した人は，それぞれ何人でしたか。

(神奈川・フェリス女学院中)

229 〈集合算〉 差が出る

小学6年生40人に，国語，算数，理科について「好き」ならば○，「きらい」ならば×をつけさせたところ，○の総数は100で，×の総数は20であり，3教科すべてに×をつけた生徒はいませんでした。算数に○をつけた生徒は35人で，このうち2人は算数だけに○をつけ，算数には×，理科には○をつけた生徒は4人でした。このとき，国語だけに○をつけた生徒の人数は ① 人です。また，3教科すべてに○をつけた生徒の人数はもっとも多くて ② 人です。①，②にあてはまる数を書きなさい。

(兵庫・灘中)

230 〈箱の中のおもりの重さを求める〉

1番から5番までの異なる番号のついた5個の箱があり，それぞれの箱には同じ重さのおもりが10個ずつはいっています。1番の箱からは1個，2番の箱からは2個，3番の箱からは3個，4番の箱からは4個，5番の箱からは5個のおもりを取り出して，合計15個の重さを量りました。次のそれぞれの場合について答えなさい。

(1) 5個の箱のうち，4個の箱には1つ5gのおもりが10個ずつはいっていて，残りの1個の箱には1つ3gのおもりが10個はいっていました。取り出した合計15個の重さが65gのとき，3gのおもりがはいっていたのは何番の箱ですか。

(2) 5個の箱のうち，3個の箱には1つ5gのおもりが10個ずつはいっていて，1個の箱には1つ3gのおもりが10個はいっていて，残りの1個の箱には1つ8gのおもりが10個はいっていました。取り出した合計15個の重さが81gのとき，3gのおもりがはいっていたのは何番の箱ですか。

(東京・早稲田実業中等部)

231 〈3つのつるかめ算〉

2つの直方体を合わせた形の立体があります。斜線をつけた面あまたは面○に平行な平面で，この立体を形をくずさないで，16回切ります。そのとき，切りはなされた立体の表面積の和が，もとの立体の表面積の4倍になるようにします。

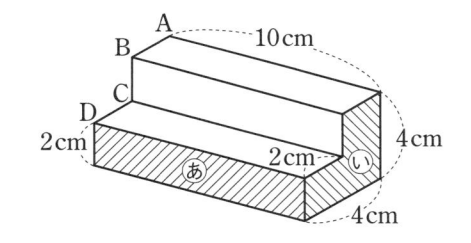

(1) 切りはなされた立体の表面積の和を求めなさい。

(2) 16回のうち辺ABは何回切ればよいでしょうか。すべての場合を求めなさい。

(兵庫・神戸女学院中学部)

232 〈階段を使ったゲーム〉 (難問)

太郎君と次郎君が階段の同じ段にいます。1回のジャンケンで，勝てば3段上がり，負ければ2段下がり，引き分ければ1段下がるというゲームをします。ジャンケンを続けて2人の差がはじめて15段になったとき，ゲームを終わります。

このとき，次の問いに答えなさい。

(1) 28回でゲームが終わりました。もとの位置よりも太郎君は8段上，次郎君は7段下にいました。引き分けは何回でしたか。また，太郎君は何回勝ちましたか。

(2) 10回でゲームが終わりました。もとの位置よりも，次郎君は10段以上上にいました。また，次郎君はゲーム中，1度も太郎君より下の段になることはありませんでした。

　(ア) 次郎君は何回勝ちましたか。

　(イ) このゲームでの次郎君のジャンケンの勝敗を，勝ちを○，負けを×，引き分けを△で表します。考えられる○，×，△の並び方は全部で何通りですか。

(京都・洛南高附中)

3 割合の関係から解く問題

難関校レベル

解答→別冊 p.142〜145

233 〈年令算①〉 頻出

一郎君の家族は，父，母，一郎君の3人家族です。父は母より8才年上で，母と一郎君の年令の和は父の年令より4才少なく，母の年令は一郎君の年令の6倍より2才多いです。花子さんの家族は，父，母，兄，花子さん，弟の5人家族です。兄の年令は花子さんの年令の2倍です。また，父と母の年令の和は子ども3人の年令の和の4倍で，7年後には2倍になります。次の(1)〜(3)の問いに答えなさい。

(1) 一郎君の父は現在何才ですか。
(2) 花子さんの弟は現在何才ですか。
(3) 一郎君の家で何年後にもう1人子どもが生まれると，一郎君の家族と花子さんの家族の平均年令が同じになりますか。

(兵庫・六甲中)

234 〈ビー玉のやりとり〉 頻出

A君，B君，C君は，それぞれ何個かずつビー玉を持っています。はじめに，A君とC君の持っている個数の比は5:8でした。ここで，A君とB君がC君に同じ個数ずつわたしたところ，A君とC君の持っている個数の比が1:2となりました。このとき，次の問いに答えなさい。

(1) A君の持っているビー玉の個数は何割減りましたか。
(2) さらに同じように，最初にわたした個数と同じだけA君とB君がC君にわたすと，A君とB君の個数の比は1:2になり，C君の持っている個数は40個になりました。最初にB君が持っていたビー玉の個数は何個でしたか。

(埼玉・開智中)

235 〈3人の仕事量〉 難問

ある仕事を太郎君と花子さんが2人ですると，太郎君は太郎君1人でするより2割多く仕事ができ，花子さんは花子さん1人でするより2割5分多く仕事ができます。また，この仕事を次郎君と花子さんが2人ですると，次郎君は次郎君1人でするより4割多く仕事ができ，花子さんは花子さん1人でするより3割5分多く仕事ができます。まず太郎君と花子さんの2人で3時間かかって全体の $\frac{11}{20}$ を仕上げ，次に次郎君と花子さんの2人で2時間30分かかって全体の $\frac{2}{5}$ を仕上げ，残りを次郎君1人で1時間かかって終わらせました。

これについて，次の問いに答えなさい。

(1) この仕事を次郎君1人だけですると何時間かかりますか。
(2) この仕事を太郎君1人だけですると何時間かかりますか。
(3) この仕事を太郎君と花子さんの2人ではじめましたが，途中で太郎君と次郎君が交代して仕事をしたため，この仕事が終わるのは仕事をはじめてから5時間40分後でした。次郎君が仕事をした時間は何時間何分ですか。

(埼玉・栄東中)

236 〈年令算2〉 頻出

祖母，父，母，姉，弟の5人家族の年令について次の①から④のことがわかっています。
① 現在，父と弟の年令の合計は，母と姉の年令の合計と同じ
② 現在，弟の年令は父の年令の $\frac{1}{4}$
③ 8年前，祖母の年令は父の年令の2倍
④ 5年後，母と姉の年令の合計は弟の年令の4倍

現在の祖母の年令は何才ですか。

(東京・鷗友学園女子中)

237 〈倍数算〉 難問

ある自動販売機ではジュース，お茶，コーヒーの3種類の飲み物を売っています。ジュース，お茶，コーヒーの1日に売れる本数の比は，晴れの日は5：3：2，くもりの日は1：2：2，雨の日は1：4：3になります。このとき，次の問いに答えなさい。

(1) 晴れの日にお茶が24本売れたとき，その日は全部で何本の飲み物が売れましたか。
(2) ある3日間のうち，1日目は晴れ，2日目はくもり，3日目は雨でした。1日に売れた飲み物の本数が3日とも同じとき，1日ごとに売れたコーヒーの本数の比を，もっとも簡単な整数の比で答えなさい。
(3) 1週間で売れた本数を調べたところ，1日に売れた飲み物の本数は毎日同じでした。また，1週間で売れたジュースとコーヒーの本数は同じでした。この1週間のうち，晴れの日とくもりの日と雨の日の日数はそれぞれ何日でしたか。

(東京・吉祥女子中)

238 〈ニュートン算①〉頻出

一定の割合で水が流れこんでいる水そうがあります。この水そうに水がいっぱいにはいっているとき，7台のポンプで水をくみ出すと30分で，10台のポンプで水をくみ出すと12分で水がなくなります。ポンプはすべて同じ割合で水をくみ出します。これについて，次の問いに答えなさい。

(1) 満水の水を13台のポンプでくみ出すとき，水そうの水は何分でなくなりますか。

(2) 満水の水を8台のポンプでくみ出していたところ，途中1台のポンプがこわれてしまいました。続けて7台のポンプでくみ出したところ，最初にくみ出しはじめてから28分後になくなりました。ポンプがこわれたのは，水をくみ出しはじめてから何分後ですか。

(東京・世田谷学園中)

239 〈ニュートン算②〉頻出

温泉のお湯がいつも流れこんでいる浴そうがあります。浴そうには，お湯をぬくための排水口が全部で5個ついています。浴そうの中のお湯を全部ぬくために，浴そうがお湯でいっぱいになった状態から排水口を2個開くと浴そうの中にたまっているお湯がすべてなくなるのに70分かかり，排水口を5個開くと7分でなくなります。ただし，どの排水口からも排水口を開いたときに流れ出るお湯の量はいつでも同じとします。また，浴そうのお湯がすべてなくなるとは，流れこんでくる温泉のお湯以外にたまっているお湯が残っていない状態のことをいいます。次の問いに答えなさい。

(1) 1分間に流れこむ温泉のお湯の量は，1つの排水口から1分間で流れ出るお湯の量の何倍ですか。

(2) 排水口を3個開いたとき，浴そうの中にたまっているお湯がすべてなくなるまでの時間を求めなさい。

(神奈川・逗子開成中)

超難関校レベル

解答→別冊 p.145～147

240　〈何人かで鶴を折るときにかかる時間〉（難問）
　何枚かのおりがみで鶴を折ります。すべてを折るのに，5人で手分けをしても6人で手分けをしてもかかる時間は変わりませんが，7人で手分けをすると，かかる時間が短くてすみます。おりがみは全部で何枚ありますか。考えられる場合をすべて答えなさい。
　ただし，1つの鶴を折るのにかかる時間は，人によって変わりません。　　　　（神奈川・栄光学園中）

241　〈録画できる時間，つるかめ算〉（差が出る）
　かずおくんのビデオテープレコーダーには60分用テープに60分間の録画ができる機能（標準モード）と，60分用テープに120分間の録画ができる機能（2倍モード）の2つの機能があります。かずおくんは，このビデオテープレコーダーで3つの映像A，B，Cを録画することにしました。A，B，Cの映像の長さはそれぞれ5分10秒，2分56秒，10秒です。このとき，次の問いに答えなさい。

(1)　かずおくんは，ある長さのビデオテープにACBCACBC…となるように，AとBの間に必ずCをいれながらA，Bをこの順に交互に標準モードで録画しました。4回目のAの録画をはじめたところ，最後まで録画することはできませんでした。このビデオテープに録画できる時間は標準モードで何分何秒より長く何分何秒より短いですか。

(2)　次に，かずおくんは60分用テープにA，Bのみをこの順に交互に録画しました。はじめは標準モードで録画していましたが，何回目かのBから2倍モードで録画したところ，10回目のBが終わったときにビデオテープが標準モードで43秒残りました。2倍モードで録画をはじめたのは何回目のBからですか。　　　　（東京・桜蔭中）

242　〈途中で速さがかわる移動の問題〉（頻出）
　太郎君は，次の3通りの速さを組み合わせて，湖を1周します。
　　　　㋐　時速9km　　　㋑　時速12km　　　㋒　時速14km
次の問いに答えなさい。

(1)　「㋐，㋑，㋒それぞれの速さで走る時間をすべて同じにした場合」と，「㋐，㋑の速さで走る時間を，どちらも㋒の速さで走る時間の2倍にした場合」では，1周するのに2分42秒の差があります。1周の道のりを求めなさい。

(2)　㋐，㋑，㋒の速さで走る道のりをすべて同じにした場合，1周するのにかかる時間を求めなさい。　　　　（東京・武蔵中）

243 〈やりとり算〉 差が出る

太郎さんと花子さんはそれぞれ何本かの鉛筆を持っていました。
太郎さんは自分の持っている鉛筆の半分を取り出し，花子さんは自分の持っている鉛筆の半分より 2 本少なく取り出し，太郎さんは花子さんに，花子さんは太郎さんに同時にそれをわたして，残っている自分の鉛筆にもらった鉛筆を混ぜました。このとき，花子さんの鉛筆は 20 本になりました。その後，2 人は同じやり取りをさらに 4 回くり返しました。

(1) 1 回目のやり取りの後で，花子さんは太郎さんより何本多くの鉛筆を持っていますか。
(2) 太郎さんと花子さんがはじめに持っていた鉛筆を合わせると，何本になりますか。
(3) 5 回目のやり取りの後で，花子さんは太郎さんより何本多くの鉛筆を持っていますか。

(埼玉・浦和明の星女子中)

244 〈仕事算〉 難問

ある品物 1000 個をつくる仕事を，A と B の 2 人が毎日すると 42 日目に完りょうします。同じ仕事を A と C の 2 人が毎日すると 48 日目に完りょうし，B と C の 2 人が毎日すると 53 日目に完りょうします。A，B，C が 1 日につくる品物の個数はそれぞれ一定であるとして，次の問いに答えなさい。

(1) A と B は 2 人で 1 日に何個の品物をつくりますか。
(2) A，B，C はそれぞれ 1 日に何個の品物をつくりますか。
(3) この仕事をするのに，A，B，C の 3 人が同じ日にやりはじめ，A は 2 日働くと 1 日休み，B と C は 3 日働くと 1 日休むことにしました。この仕事は何日目に完りょうしますか。

(東京・早稲田中)

4 速さの関係から解く問題

難関校レベル

解答→別冊 *p.148*

245 〈きょりの差のダイヤグラム〉 差が出る

花子さんと学さんがそれぞれ一定の速さで，A 地点から B 地点まで歩きます。花子さんがまず A 地点を出発し，その後，学さんも A 地点を出発しました。また，途中で学さんは 1 回だけ休けいをとりました。

下のグラフは，「花子さんが A 地点を出発してから B 地点に着くまでの時間」と，「2 人の間のきょり」の関係を表したものです。

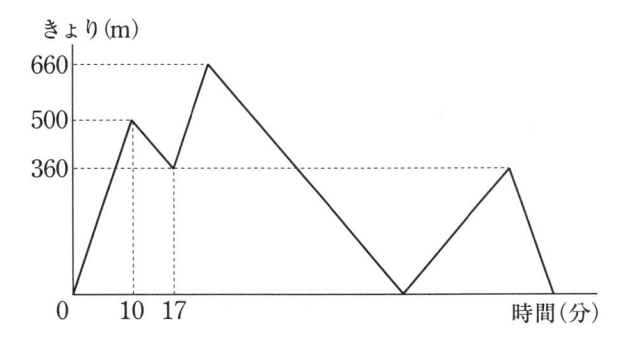

(1) 学さんの歩く速さは毎分何 m ですか。
(2) A 地点と B 地点のきょりは何 m ですか。

（東京・鷗友学園女子中）

246 〈時計算①〉 頻出

いま，時計の長針と短針がちょうど 12 時を指しています。

このとき，次の問いに答えなさい。
(1) 長針と短針がはじめて垂直になるのは何時何分か求めなさい。
(2) 再び 12 時になるまでに，長針と短針が垂直になる回数を求めなさい。
(3) 2 回目に垂直になってから 8 回目に垂直になるまでに，何時間何分かかるか求めなさい。

（東京・学習院中等科）

超 難関校レベル

解答→別冊 p.149〜158

247 〈途中で速さが変わる移動〉 頻出

A地点からB地点まで，坂道と平らな道とでつながっていて，その道のりは24kmです。平らな道を時速4km，上り坂を時速2km，下り坂を時速5kmで進むと，AからBへ行くのに9時間かかり，BからAへ行くのに6時間かかります。

(1) AからBへ行くとき，すべての上り坂の道のりの和とすべての下り坂の道のりの和を比べると，〔上り坂・下り坂〕の方が□km長いです。

(2) 平らな道の道のりの和は□kmです。

(東京・女子学院中)

248 〈到着したあと途中までもどる移動〉

東西にのびる一本道の途中にA地点があり，その1600m東にB地点があります。その道を西から東に向かって，太郎君は毎分50m，次郎君は毎分45mの速さで歩いています。太郎君がA地点を通過したとき，次郎君は太郎君より560m西を歩いています。次の問いに答えなさい。

(1) 次郎君がA地点を通過したとき，太郎君は何m東を歩いていますか。

(2) 太郎君がA地点を通過したとき，自動車がB地点を出発し，一定の速さで西に向かい，2分後に太郎君とすれちがいました。この自動車が次郎君とすれちがうのは，太郎君とすれちがってから何分後ですか。

(3) 太郎君がB地点に着いたとき忘れ物に気づき，走ってA地点までもどり，すぐにB地点まで走って帰ると，次郎君と同時にB地点に着きました。太郎君は一定の速さで走ったとすると，毎分何mの速さで走りましたか。

(兵庫・灘中)

249 〈途中で速さが変わるすれちがい〉

AさんとBさんが池のまわりでゲームをします。
Aさんは池を右まわりでまわります。歩いて1周するのに12分かかります。
Bさんは池を左まわりでまわります。Aさんの歩く速さはBさんの歩く速さの$\frac{5}{4}$倍です。

2人は同じ地点から同時に歩きはじめ，出会うとじゃんけんをし，勝ち負けを決めます。勝った人はそのまま歩き，負けた人はそこからうさぎとびをします。うさぎとびの速さは歩く速さの$\frac{3}{4}$倍です。じゃんけんにかかる時間は考えないものとします。

(1) 2人がはじめて出会うのは歩きはじめてから何分後ですか。

(2) 2人が2回目に出会うのは，1回目に出会ってから何分後と何分後の場合がありますか。

(東京・桜蔭中)

250 〈途中で休む2人の追いこし〉 差が出る

学校から公園までの道の途中に，A地点とB地点がこの順にあります。

花子さんは，午前9時に徒歩で学校を出発し，公園へ向かいました。途中A地点で7分間休み，B地点でも12分間休みました。

太郎君は，午前9時20分に自転車で学校を出発し，途中休まずに公園まで行き，そこで，7分間休んだ後，学校に向けて公園を出発しました。

この間，午前9時28分にA地点の手前のP地点で，太郎君は花子さんを追いぬきました。また，太郎君は公園を出発してから10分後にB地点を通過し，そのときちょうど花子さんがB地点に着きました。

次の問いに答えなさい。

ただし，太郎君の自転車の速さと花子さんの歩く速さは，それぞれ一定であるとします。

(1) 太郎君の速さは花子さんの速さの何倍ですか。

(2) P地点とB地点の間のきょりは，B地点と公園の間のきょりの何倍ですか。

(3) 花子さんが公園に着いたのは午前何時何分ですか。

（東京・筑波大附駒場中）

251 〈途中で引き返す道のり〉

さとし君の家から上り坂を上ったところに図書館があります。さとし君はこの坂を，上りは分速50mで，下りは分速75mで歩きます。坂の途中には郵便局があり，そこから90m坂を上ったところには中学校があります。

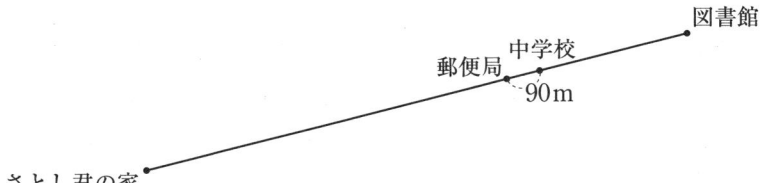

ある日，さとし君は家から図書館に向かいましたが，郵便局まで来たところで忘れ物をしたことに気づき，すぐに家に引き返して忘れ物をとり，すぐに図書館に向かいました。そのため，図書館に着くまでに，予定の時間の2.1倍かかってしまいました。

そしてその日の帰り道，中学校まで来たところで，さとし君は忘れ物をしたことに気づき，すぐに図書館に引き返して忘れ物をとって，すぐに家に向かいましたが，家に着くまでに，予定の時間の1.7倍かかってしまいました。

さとし君の家と図書館の間の道のりは何mですか。また，さとし君の家と郵便局の間の道のりは何mですか。

（東京・開成中）

252 〈3つの点の追いこし〉

図のように，3つの点 A，B，C とゴールが一直線上に並んでいます。

ゴール　　　　　　　　　　　　　　　　　　　　　　　C B　　　　　　　A

点 A はゴールから 124cm，点 B はゴールから 92cm，点 C はゴールから 88cm はなれた所にあります。点 A は毎秒 8cm，点 B は毎秒 4cm，点 C は毎秒 2cm の速さでゴールに向かって移動します。

(1) 3つの点が同時に動きはじめるとき，ゴールに近い方から B，A，C の順に並ぶのは，動きはじめてから何秒後から何秒後までの間ですか。

(2) 点 A が動きはじめた後に，点 B，C が同時に動きはじめ，しばらくして3つの点が重なりました。点 B，C は，点 A より何秒おくれて動きはじめましたか。

(3) ある点が他の点に追いつくとすぐに，追いついた点の速さはそのままで，追いつかれた点の速さは追いついた点の速さの分だけ速くなります。

たとえば，毎秒 8cm の速さの点 A が毎秒 4cm の速さの点 B に追いつくと，点 A は毎秒 8cm の速さのままで点 B は毎秒 12cm の速さになります。3つの点は同時に動きはじめます。

　① 点 B がはじめて点 A と点 C のまん中にくるのは動きはじめてから何秒後ですか。

　② 点 C がゴールに着くのは動きはじめてから何秒後ですか。

(大阪・四天王寺中)

253 〈円上の3点の追いこし〉 差が出る

一定の速さで1つの円周を回る3つの点 A，B，C があります。A と B は同じ向きに，C は A，B とは反対の向きに進みます。3つの点 A，B，C が同じ地点から1時ちょうどに出発しました。A と C は1時2分に，B と C は1時7分に，出発後はじめて出会いました。また，A は1時2分30秒にはじめてもとの地点にもどりました。

(1) B がはじめてもとの地点にもどる時刻を求めなさい。

(2) A が B にはじめて追いつく時刻を求めなさい。

(3) A，B，C がはじめて正三角形の3つの頂点となる時刻を求めなさい。

(東京・開成中)

254 〈円上を動く3点と三角形〉

3点A，B，Cは円周上を点Pから同時に同じ向きに回りはじめます。AはBより速く，BはCより速く，Aは10秒で1周します。点Oは円の中心です。下のグラフは，AOとBOのつくる角 ⓐ と，AOとCOのつくる角 ⓘ の大きさと時間の関係を表したものです。

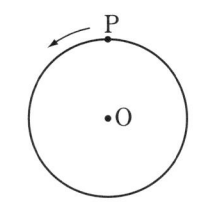

ただし，角度は180度までの大きさで考えます。

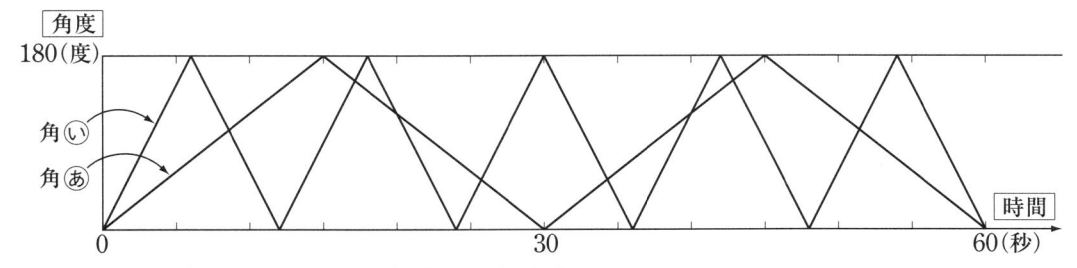

(1) B，Cは1周するのにそれぞれ何秒かかりますか。
(2) BOとCOのつくる角の大きさと時間の関係を，グラフにかきいれなさい。
(3) 3点A，B，Cを結んだ三角形が，はじめて二等辺三角形になるのは何秒後ですか。
(4) 3点A，B，Cを結んだとき，三角形ができないのは，50秒までに何回ありますか。ただし，0秒は除きます。

(兵庫・神戸女学院中学部)

255 〈3つの信号機〉 新傾向

ある道路に図のように青と赤の点灯するA，B，Cの信号があり，どの信号も青と赤が交互に30秒間ずつ点灯し続けます。AB間は100m，BC間は40mはなれていて，この3つの信号はAが青になってから20秒後にBが青になり，その10秒後にCが青になります。いま，この道路をCをスタート地点としてAの方向へ秒速5mで進む自転車があります。この自転車について以下の問いに答えなさい。

(1) Cの信号が青になると同時に自転車がC地点をスタートするとき，どの信号で何秒待つことになりますか。
(2) これら3つの信号において，この自転車が1度も止まらずに通過できるのは1分間のうち何秒間ありますか。

(東京・駒場東邦中)

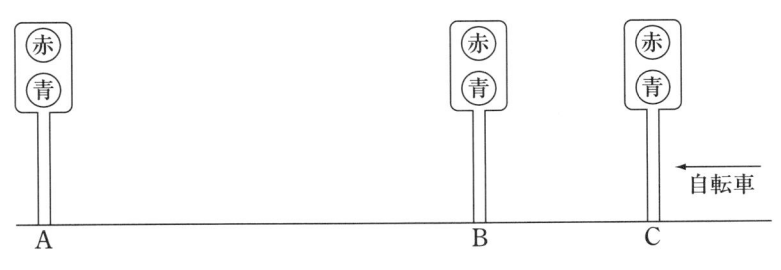

256〈途中で速さが変わる追いこし〉

太郎君と花子さんの2人が地点Aから地点Bに歩いて向かいます。花子さんはAを出発して毎分70mの速さで歩き，途中1度も歩く速さを変えずにBに向かいました。太郎君は花子さんが出発して10分後にAを出発して，途中1度だけ速さを変えて歩き，花子さんより6分おくれてBに着きました。下のグラフは，太郎君がAを出発してからの時間(分)と2人の間のきょり(m)の関係を表していて，花子さんがBに着くまでかかれています。

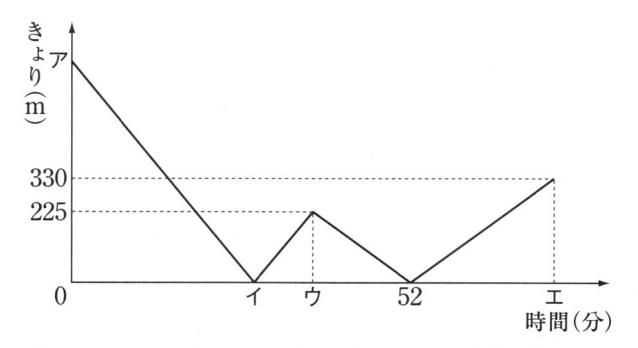

(1) グラフのア，イ，ウ，エにあてはまる数を答えなさい。
(2) AB間のきょりを求めなさい。

(兵庫・甲陽学院中)

257 〈流れの速さが変わる流水算〉 頻出

21kmはなれた川のA地点とB地点を船で往復しました。AからBへ上るときには2時間6分かかり，BからAへ下るときには，川の流れが上りのときより1時間あたり1.4km速くなっていたので，1時間15分ですみました。次の問いに答えなさい。
(1) 水の流れがないとき，この船の速さは時速何kmですか。
(2) もし，BからAへ下るときの川の流れが上りのときより1時間あたり0.4kmおそくなっていたとすると，下りにはどのくらいの時間がかかりますか。

(東京・武蔵中)

258 〈動く歩道上の移動〉

A 地点と B 地点を結ぶ「動く歩道」があります。お父さんと聖君は A 地点を同時に出発し,「動く歩道」を利用して B 地点まで歩いたところ,お父さんは 175 歩で歩き,聖君はお父さんより 12 秒おくれて着きました。お父さんが,A 地点から B 地点まで「動く歩道」を利用しないで歩くと 280 歩で着きます。なお,お父さんと聖君は 2 人とも歩く速さは一定で,歩はばはそれぞれ 60cm,36cm です。また,お父さんが 3 歩進む間に聖君は 4 歩進みます。

このとき,次の問いに答えなさい。ただし,(2),(3)の比はもっとも簡単な整数比で答えるものとします。

(1) A 地点から B 地点までのきょりは何 m ですか。
(2) 「動く歩道」を利用しないでお父さんが歩く速さと,「動く歩道」の進む速さの比を求めなさい。
(3) 「動く歩道」を利用しないとき,お父さんが歩く速さと聖君が歩く速さの比を求めなさい。
(4) 「動く歩道」の進む速さは毎分何 m ですか。

(神奈川・聖光学院中)

259 〈貨物船とフェリーの往来〉 頻出

ある川沿いに A 町,B 町があります。下のグラフはフェリーが A 町を,貨物船が B 町を出発して A 町と B 町の間を往復するようすを表したものです。両船がはじめて出会う P 地点は,A 町から 9km はなれたところにあります。静水時での両船の速さは同じものとします。次の問いに答えなさい。

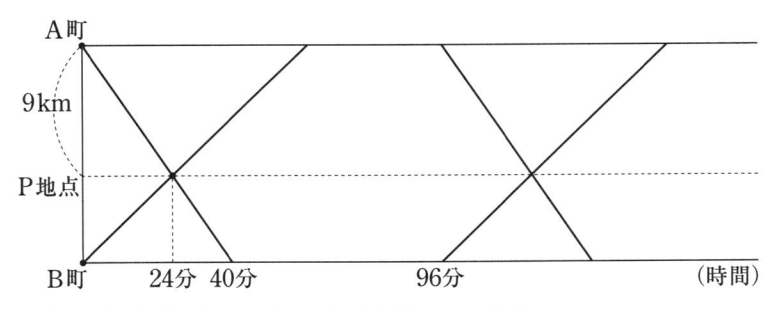

(1) A 町から B 町までのきょりは何 km ですか。
(2) 川の流れの速さは時速何 km ですか。
(3) フェリーと貨物船が 2 回目に P 地点で出会うためには,貨物船は A 町で何分止まってから出発すればよいですか。

(東京・渋谷教育学園渋谷中)

260 〈途中で故障する流水算〉

　川下のA町と川上のB町があり，A町を出てB町に向かって上り，B町に着くとすぐにA町に下る船があります。この船はB町に着いてA町へ下る途中で10分間だけエンジンが故障し，その間は川の流れと同じ速さで流され，その後はもとの速さで進みました。船はA町を出発してから80分後にA町にもどりました。もし，船のエンジンが故障していなければ，船は8分早くA町に着いていました。川の流れの速さは毎時4kmです。

(1) エンジンが故障した10分間に船が流されたきょりを，エンジンが故障していなければ船は何分で下りますか。必要であれば，下のグラフを使いなさい。

(2) 船の静水時の速さは毎時何kmですか。

(3) 船がB町に着くのはA町を出発してから何分後ですか。

（大阪・四天王寺中）

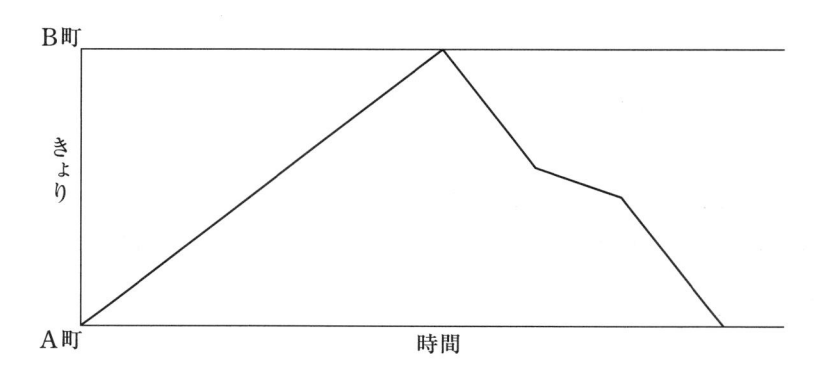

261 〈速さが変わる流水算〉 差が出る 新傾向

一定の速さで流れている川の下流にX地点, その12km上流にY地点があり, 船A, Bは, X地点を出発し, Y地点に着くと10分休んだ後, X地点にもどります。

船Aは, X地点を出発してから30分後に, あとからX地点を出発した船BにP地点で追いぬかれました。

追いぬいた船Bは, Y地点で10分休んだ後, エンジンを止めて川の流れの速さだけでX地点に向けて出発しました。すると, 船Bは, P地点で船Aを追いぬいたときから95分後に, Y地点に向かっている船AとQ地点ですれちがいました。

Y地点に着いた船Aは, 10分休んだ後, 静水での速さを, 行きの静水での速さの半分にして, X地点に向けて出発しました。すると, 船Aは, Q地点で船Bとすれちがったときから95分後に, P地点で船Bを追いぬきました。

下のグラフは, 船A, Bの時間ときょりの関係を表したものです。

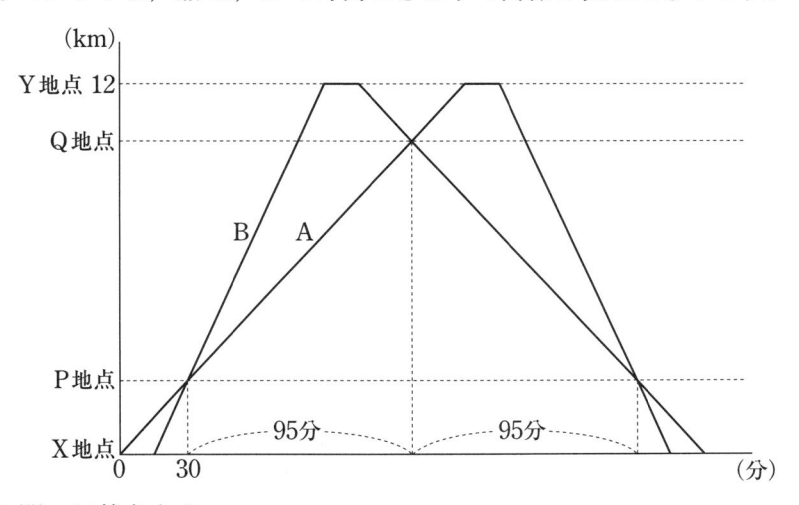

次の問いに答えなさい。
(1) 船BがX地点にもどった時刻は, 船AがX地点を出発してから何分後ですか。
(2) 船Aの, Y地点に向かうときの静水での速さは, 川の流れの速さの何倍ですか。
(3) 船Bの, Y地点に向かうときの静水での速さは, 毎分何mですか。

(東京・早稲田実業中等部)

262 〈橋をわたる通過算〉

東西にかかった橋があります。東から長さ60mの列車Aが, 西から長さ80mの列車Bがこの橋をわたります。いま, AとBの先頭が同時にわたりはじめ, 50秒後に先頭が出会いました。A, Bはわたりはじめてから, それぞれ2分8秒後, 1分26秒後に最後尾がわたり終えました。

列車Aの速さは毎秒何mですか。また, 橋の長さは何mですか。

(京都・洛南高附中)

263 〈トンネルをぬける通過算〉 頻出

長さ100mの電車Aは，トンネルPにはいってからぬけるのに50秒かかります。長さ80mの電車Bは，トンネルQにはいってからぬけるのに74秒かかります。トンネルQの長さはトンネルPの長さの2倍で，電車Aの速さは電車Bの速さの0.8倍です。

(1) 電車Aの速さは秒速何mですか。

(2) トンネルPの長さは□mです。

(大阪星光学院中)

264 〈2つの場所で見たすれちがい〉

東西にのびる線路があります。ある時A君が線路の近くに立っていると，西から特急，東から急行が近づいてきてA君のちょうど目の前ですれちがいはじめました。すれちがいはじめてから10秒後に線路の向こう側が見えました。特急と急行の列車の長さがそれぞれ200m，160mで，速さの比が3：2であることがわかっているものとして，次の問いに答えなさい。

(1) 特急と急行の速さはそれぞれ秒速何mですか。

(2) A君のま東にいたB君も同じ特急と急行を見ていました。B君の目の前を急行が通過しはじめてから，特急が通過し終わるまでの $16\frac{2}{3}$ 秒間はずっと線路の向こう側は見えないままでした。A君とB君の間のきょりを求めなさい。

(兵庫・甲陽学院中)

265 〈かべで見えなくなる列車〉 新傾向 難問

下の図のように，まっすぐな線路から10mはなれたところに，線路に平行に長さ200mのかべABがあります。

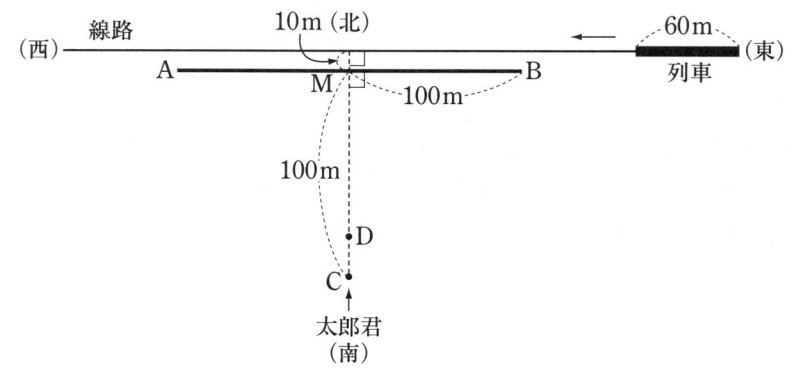

いま，60mの長さの列車が東から西に向かって一定の速さで走っています。また，太郎君はかべABのまん中の点Mに向かって，南から北へ時速12kmで走っています。太郎君がかべから100mの地点Cまで来たときに，それまでかべの東側に見えていた列車がかべによって完全に見えなくなりました。その6秒後に太郎君がD地点まで来たとき，かべの西側から列車の先頭が見えはじめました。次の問いに答えなさい。ただし，かべの厚さや列車のはばは考えないものとします。

(1) DMのきょりは何mですか。

(2) 列車の速さは時速何kmですか。

(奈良・東大寺学園中)

266 〈時計算②〉 頻出

2時から3時の間で，次のようになる時刻はそれぞれ2時何分ですか。

(1) 長針と短針が6時のめもりをはさんで左右対称の位置になる時刻

(2) 2時ちょうどから考えて，長針の動いた角度が，短針と12時のめもりの方向のなす角度の3倍になる時刻

(神奈川・慶應湘南藤沢中等部)

267 〈時計算③〉

1時間に3分ずつ進む時計があります。この時計をある日の午前0時に正しい時刻に合わせました。

(1) その日の午前6時10分に，この時計の示す時刻は午前何時何分ですか。

(2) その日の午前0時以後で，この時計の長針と短針のつくる角が5回目に90度になるときの正しい時刻は午前何時何分ですか。

(大阪・四天王寺中)

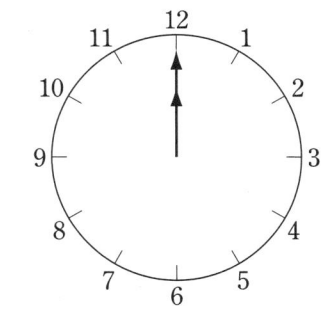

5 規則性などを利用して解く問題

難関校レベル

解答→別冊 p.159〜162

268 〈数の列 ①〉 頻出

ある規則にしたがって並べられた整数と分数

$$1, \frac{1}{2}, 1, \frac{1}{3}, \frac{2}{3}, 1, \frac{1}{4}, \frac{2}{4}, \frac{3}{4}, 1, \cdots$$

について，次の問いに答えなさい。

(1) はじめから数えて10個目の整数1は，何番目の数ですか。

(2) はじめから数えて50番目までの数の中で，分数 $\frac{1}{2}$ は何個ありますか。

(3) はじめから数えて45番目までの数をすべてたすと，いくつになりますか。

（東京・明治大付明治中）

269 〈数の列 ②〉 差が出る

2の倍数を次のように分け，グループを定めます。下の問いに答えなさい。

　　2 ｜ 4　6 ｜ 8　10　12 ｜ 14 ｜ 16　18 ｜ 20　22　24 ｜ …
　①番目　②番目　　③番目　　④番目　⑤番目　　⑥番目

(1) ⑩番目のグループの数の和を求めなさい。

(2) 2006は何番目のグループにふくまれていますか。

(3) グループにふくまれる数の和が246になるのは何番目のグループですか。

（埼玉・立教新座中）

270 〈三角形状に並べた数〉

右のように，ある規則にしたがって第1行，第2行，…の順に数が並んでいます。

このとき，次の問いに答えなさい。

(1) 60がはじめて現れるのは，第何行の左から何番目ですか。たとえば，12がはじめて現れるのは第4行の左から3番目です。

(2) 60は全部で何回現れますか。

(3) 20以下の数の中で，ちょうど2回現れる数をすべて答えなさい。

第1行　1
第2行　2, 4
第3行　3, 6, 9
第4行　4, 8, 12, 16
第5行　5, 10, 15, 20, 25
第6行　6, 12, …
　⋮　　…

（神奈川・サレジオ学院中）

271 〈同じ数を11個かけてできる数〉

下のような規則で，A，B，C，…を次々と決めていきます。
$8×8×8×8×8×8×8×8×8×8×8=A$
$A×A×A×A×A×A×A×A×A×A×A=B$
$B×B×B×B×B×B×B×B×B×B×B=C$
$\vdots$

このとき，次の問いに答えなさい。

(1) Aの一の位の数字を答えなさい。

(2) A，B，C，…，Pとするとき，16番目にくるPの一の位の数字を答えなさい。

(埼玉・栄東中)

272 〈規則にしたがって並べたカード〉

1からはじまる整数が1つずつ書かれたカードがあります。奇数が書かれたカードは赤色で，偶数が書かれたカードは白色です。それらのカードを，次の[きまり]にしたがって左から右に横1列に並べていきます。

[きまり]　となり合うカードは，右のカードの数が，すぐ左どなりのカードの数より1大きいか2大きくなるように並べます。

左はしに1が書かれたカードを置いて，[きまり]にしたがってカードを並べました。次の問いに答えなさい。

(1) 並べたカードはすべて赤色で，右はしのカードに書かれた数は21でした。並べたカードは何枚ですか。

(2) 並べたカードの色は，赤白白赤白白赤…赤と，赤色のカードの間に2枚の白色のカードがはいるように，規則的になっていました。
さらに，右はしの赤色のカードに書かれた数は161でした。

① 白色のカードのうち，左から31枚目の白色のカードに書かれた数は何ですか。

② 赤色のカードのうち，左から31枚目の赤色のカードに書かれた数は何ですか。

③ 並べたカードのうち，赤色のカードは何枚ですか。

④ 並べたカードに書かれた数の和はいくつになりますか。

(大阪・清風中)

273 〈円のまわりに並べたコイン〉 差が出る

コインを，表を上にして円のまわりに100個並べます。図1のように，1番，2番，3番，…と数えていき，7でわって1あまる数の番号のコインの表裏を逆にします。ただし，1は7でわって1あまる数とします。

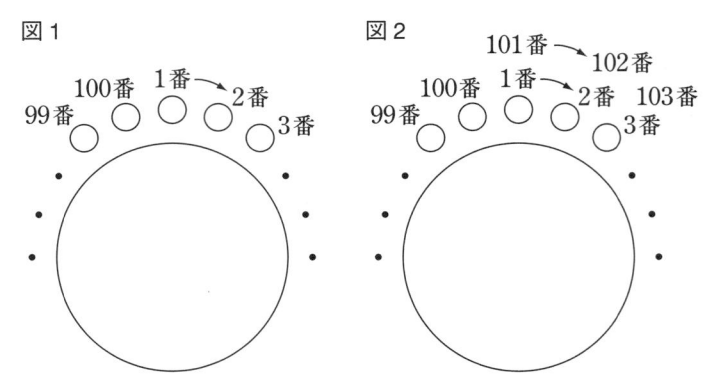

図1　　　　　　　　　　　　図2

(1) 1番から100番まで数えたとき，裏返したコインの個数を求めなさい。

(2) (1)のように，1番から100番まで1周数えたあと，図2のように，2周目からは1周目の1番，2番，…は101番，102番，…，同じようにして，3周目からは201番，202番，…，そして10周目の最後は1000番と数えます。
　1番から1000番まで数えたとき，表が上になっているコインの個数を求めなさい。

（東京・鷗友学園女子中）

274 〈論理に関する問題①〉 頻出

Aさん，Bさん，Cさん，Dさん，Eさんの5人がプレゼント交換をしました。それぞれが次のように言っています。

Aさん「5人とも自分のプレゼントは受け取らなかったよ。」
Dさん「私の受け取ったものはCのプレゼントではなかったよ。」
Eさん「私の受け取ったものもCのプレゼントではなかったよ。」
Cさん「私はAかDのプレゼントを受け取ったよ。」
Bさん「私はDかEのプレゼントを受け取ったよ。」
Aさん「5人とも自分がプレゼントをわたした相手から受け取ることはなかったよ。」

(1) Cさんのプレゼントを受け取ったのはだれですか。
(2) Dさんはだれのプレゼントを受け取りましたか。

（京都・同志社中）

超難関校レベル

解答→別冊 p.162〜168

275 〈分数の列〉

次のように分数がある規則にしたがって並んでいます。

$$\frac{1}{2}, \frac{4}{3}, \frac{5}{6}, \frac{8}{7}, \frac{9}{10}, \frac{12}{11}, \frac{13}{14}, \frac{16}{15}, \cdots$$

(1) 201番目の分数を求めなさい。

(2) $\frac{1089}{1090}$ は何番目ですか。

(3) 1000番目までの分数の中で，分母が5の倍数で分子が6の倍数である分数はいくつありますか。

(兵庫・神戸女学院中学部)

276 〈マスに並べた数〉 頻出

次の問いに答えなさい。

(1) 図1のように数を並べるとき，1段目の8列目にくる数を求めなさい。

(2) 図1のように数を並べるとき，123は何段目の何列目にありますか。

(3) 図2のように奇数を並べるとき，243は何段目の何列目にありますか。

(奈良・東大寺学園中)

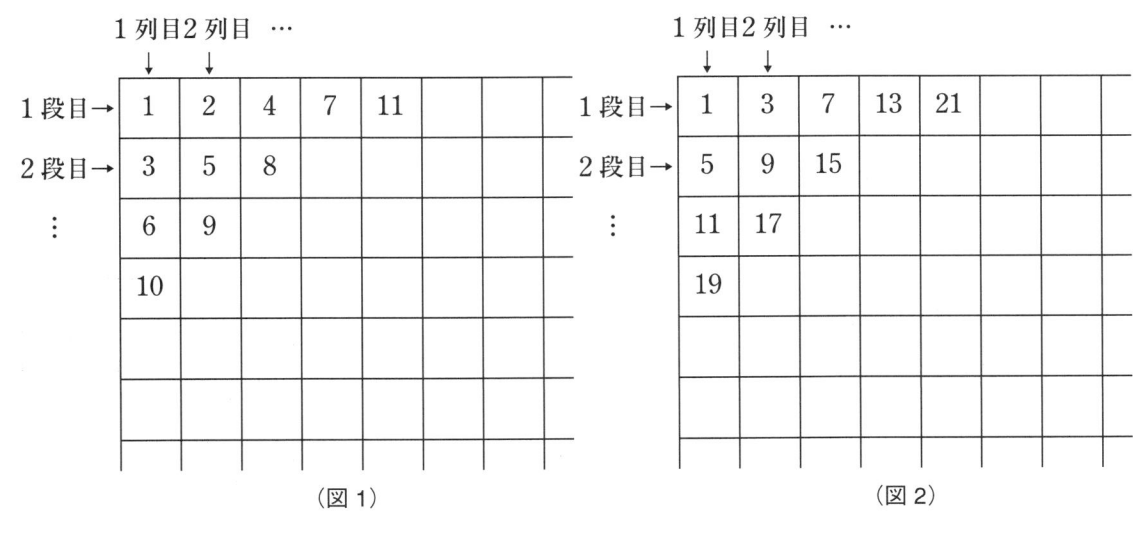

	1列目	2列目	…			
1段目→	1	2	4	7	11	
2段目→	3	5	8			
⋮	6	9				
	10					

（図1）

	1列目	2列目	…			
1段目→	1	3	7	13	21	
2段目→	5	9	15			
⋮	11	17				
	19					

（図2）

277 〈規則にしたがって並べかえられる数〉 差が出る

1から12までの数字が書かれた12枚のカードを，最初は下の図の1番のように並べ，その後は同じ規則にしたがって，2番，3番，4番，…と並べかえていきます。次の問いに答えなさい。

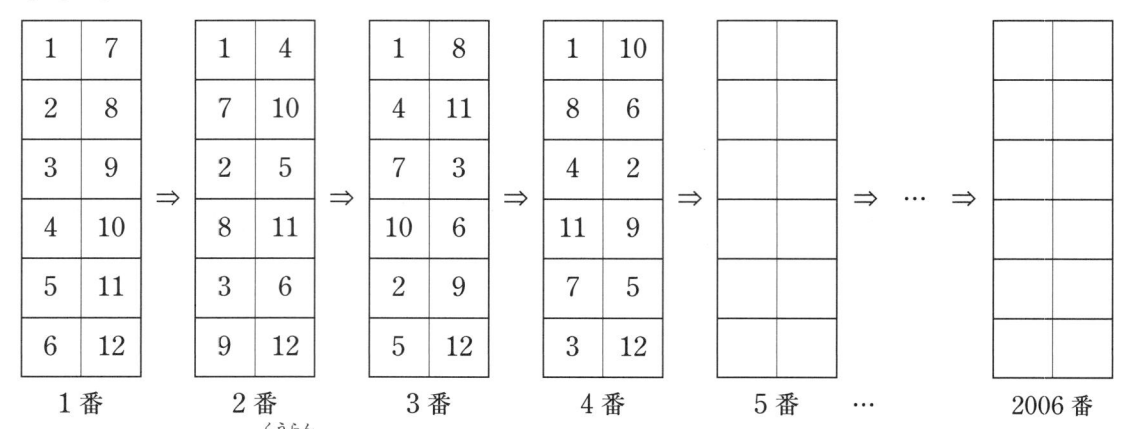

1	7
2	8
3	9
4	10
5	11
6	12

⇒

1	4
7	10
2	5
8	11
3	6
9	12

⇒

1	8
4	11
7	3
10	6
2	9
5	12

⇒

1	10
8	6
4	2
11	9
7	5
3	12

⇒ 5番 ⇒ … ⇒ 2006番

(1) 上の図の5番の空欄をうめなさい。

(2) 2番以後，はじめて1番と同じ並びになるのは□番です。□にあてはまる数を書きなさい。

(3) 上の図の2006番の空欄をうめなさい。

(兵庫・灘中)

278 〈らせん状に書きこまれる数〉 難問

右の図のようなマスに，0から整数を小さい順に
　　0, 1, 2, …, 26, 27, …
と時計の針の進む方向にうずを巻くように書きこんでいきます。

上下左右に斜めを加えた8つの方向を考えます。たとえば，0から上の方向に3マス進んだところに27があり，17から左上の方向に2マス進んだところに7がある，というように考えます。

	25	26	27		
	24	9 →	10 →	11 →	12
	23	8 ↑	1 →	2 ↓	13
	22	7 ↑	0	3 ↓	14
	21	6 ↑	5 ←	4 ←	15
	20	19	18	17	16

(1) 0から下に8マス進み，さらに右に8マス進んだところにある数は何ですか。

(2) 0から上に8マス進み，さらに左に8マス進んだところにある数は何ですか。

(3) 555から1マス進んだところにある数を上下左右4つの方向すべて書きなさい。

(東京・開成中)

279 〈ジュースの本数〉 頻出

あるジュースは1本100円で，空きびんを4本持っていくと，新しいジュースを1本もらうことができます。たとえば，700円あるとジュースを9本飲むことができます。

(1) 1900円では何本のジュースを飲むことができますか。
(2) いくらあればジュースを90本飲めますか。

（神奈川・慶應普通部）

280 〈貯金〉

太郎君は，空の貯金箱にお金をいれはじめました。

1日目は10円をいれ，2日目は20円をいれ，3日目は30円をいれ，…，と毎日10円ずつ金額を増やしながらお金をいれていきます。

このとき，次の問いに答えなさい。

(1) 貯金箱の中にはいっているお金の合計が，はじめて5000円をこえるのは，お金をいれはじめてから何日目ですか。
(2) 貯金箱の中のお金の合計が5000円をこえた翌日から，太郎君はお金をいれるのをやめました。そして，お金をいれるのをやめた日から50円を使い，その翌日は100円を使い，…，と，今度は毎日50円ずつ金額を増やしながらお金を使いはじめました。貯金箱の中のお金が1000円より少なくなるのは，お金をいれはじめた日から何日目になりますか。

（千葉・渋谷教育学園幕張中）

281 〈平行線上の移動〉

右の図のように1m間かくの平行な線があり，線には番号がついています。

いま，K君が①の線からスタートして

　①→②→①→②→③→②→①→②→③
　→④→③→②→①→…

という順番で，おのおのの線を1回ずつふみながら，線と垂直な方向に歩いていきます。このとき，次の□や○にあてはまる数を答えなさい。

(1) スタートしてから，はじめて⑥の線をふんで①の線にもどってきたとき，K君の歩いた道のりは□mです。
(2) スタートしてから70m歩いたとき，K君は○の線をふんでいます。
(3) スタートしてから5回目に⑩の線をふんだとき，K君の歩いた道のりは□mです。

（神奈川・慶應湘南藤沢中等部）

282 〈正多角形状に並べた石の並べかえ〉

正多角形の辺の上に石が並んでいます。どの辺にも等間かくに同じ個数の石が並んでいます。1つの辺に並んでいる石を残し，他の石を取り除き，残った石をたてに並べ1列目とします。次に，取り除いた石を2列目から1列目と同じ個数ずつ並べ，すべての石を並べて列をつくります。

最後の列の石の個数が1列目の石の個数より少ないとき，その個数を「は数」と表します。最後の列の石の個数が1列目の石の個数と同じとき，「は数」は0と表します。1つの辺に並んでいる石の個数は3個以上とします。

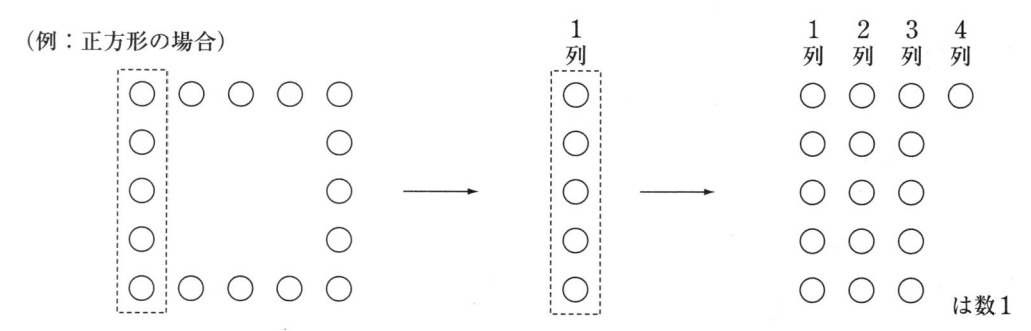

(例：正方形の場合)

(1) 次のアからウの □ に数字をいれなさい。

正五角形で石の総数が55個のとき，1つの辺に並んでいる石は ア 個です。上のようにたての列に並べると最後の列は イ 列目で，は数は ウ です。

(2) 正五角形の辺の上に石が並んでいます。列をつくった後の最後の列は4列目で，は数は3でした。石の総数を求めなさい。

(3) 正十二角形の辺の上に石が並んでいます。列をつくった後のは数は0でした。1つの辺に並んでいる石の個数として考えられるものをすべて求めなさい。

(東京・桜蔭中)

283 〈交点の個数〉 頻出

長方形の紙に，まっすぐな線を，重ならないように1本ずつかきます。たとえば，まっすぐな線3本を図1のようにかいたとき，交点の個数は3個です。

(1) まっすぐな線を4本かいたとき，交点はもっとも多くて何個できますか。

(2) まっすぐな線を何本かかいたとき，100個以上の交点ができました。かいた線の本数として，考えられるもののうち，もっとも少ない本数を答えなさい。

次に，図2のような，1回折り曲げた線を考えます。

長方形の紙に折り曲げた線を，1つずつ，重ならないようにかきます。2つの折り曲げた線でできるもっとも多い交点の個数は4個で，たとえば図3のようにかいた場合です。

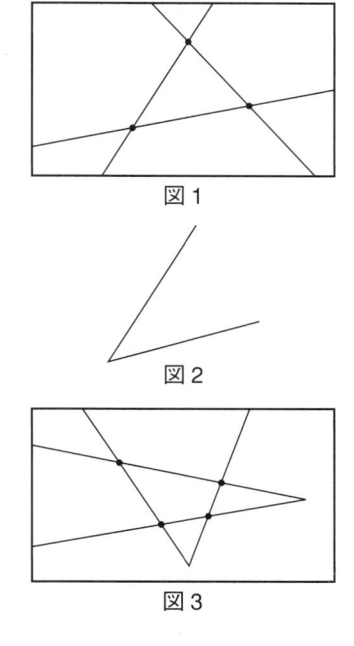

(3) 折り曲げた線をいくつかかいたとき，100個以上の交点ができました。折り曲げた線をいくつかきましたか。考えられるもののうち，もっとも少ない数を答えなさい。

(東京・筑波大附駒場中)

284 〈タイルの枚数〉

A，B2種類のタイルがあります。
このタイルを図のように並べていくことにします。

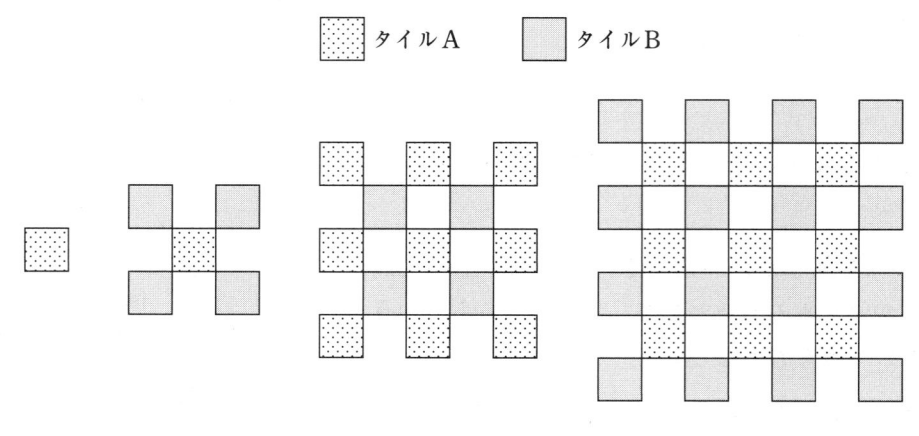

　　　タイルA　　　タイルB

1周　　2周　　3周　　4周

(1) 5周まで並べたときタイルA，タイルBはそれぞれ何枚ですか。

(2) タイルAとタイルBが90枚ずつあるとします。できるだけ多くのタイルを使って図のように並べると何周まで並べることができますか。またそのとき，あまったタイルはそれぞれ何枚ですか。

(3) 25周までタイルを並べました。このとき右の図のように4枚のタイルに囲まれている部分にタイルCをいれていきます。タイルCは何枚必要ですか。

　　タイルAまたはB

(4) タイルAとタイルBが同じ枚数ずつあるとします。できるだけ多くのタイルを使って，図のように並べると，タイルAのあまりが45枚，タイルBのあまりが14枚になりました。はじめにタイルAは何枚ありましたか。

（東京・桜蔭中）

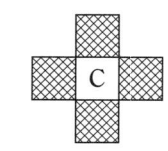

285 〈論理に関する問題②〉 頻出

A，B，C，D，Eの5人が1列に並んでいます。
● Aはいちばん前ではありません。
● EはAのすぐ後ろです。
● CとAの間には2人います。
● DはCのすぐ後ろです。

5人の並び方を前から順に書きなさい。

（神奈川・慶應普通部）

286 〈論理に関する問題 ③〉 新傾向 難問

次の □ にあてはまる文字や数をいれなさい。

A〜Hの8チームが，下のような組み合わせでサッカーの勝ちぬき戦をしました。表は，大会終りょう後の各チームの得点の合計と失点(対戦相手の得点)の合計を示しています。表の中で，数字がわからなくなってしまった部分は空らんになっています。すべての試合は1点以上の得点差がついて勝敗が決まり，引き分けはありませんでした。

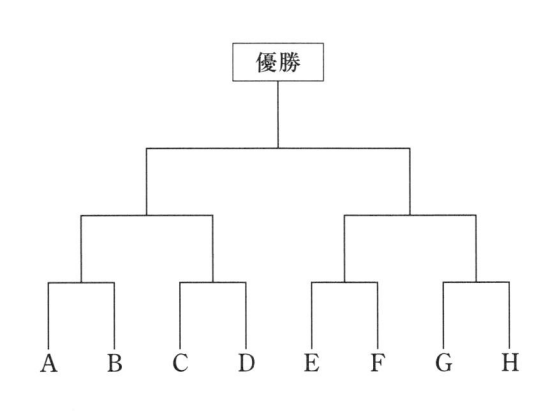

	得点の合計	失点の合計
A	0	2
B	4	
C	1	
D		6
E		1
F	5	4
G	3	3
H	2	

(1) 第1回戦で，Aチーム対Bチームの試合に勝ったのは □ チームで，Cチーム対Dチームの試合に勝ったのは □ チームです。

(2) 表の空らんのうち，Eチームの得点の合計は □ 点で，Hチームの失点の合計は □ 点です。

(3) 決勝戦では，□ チームが □ チームに勝って優勝しました。優勝したチームの決勝戦での得点は □ 点で，失点は □ 点です。

(東京・女子学院中)

第1回 中学入試予想テスト

時間60分
解答→別冊 p.169〜172

得点　　　点

1 （5点）

12.48 は小数部分の 0.48 を 26 倍するともとの小数になります。このように小数部分を 26 倍してもとの小数になるような小数は全部で何個ありますか。

2 （7点）

360 円の郵便料金を 50 円切手と 80 円切手でつくる方法は 50 円 4 枚と 80 円 2 枚の 1 通りだけです。50 円切手と 80 円切手がいずれもたくさんあるとき，10 の倍数で，つくり方が 1 通りしかない郵便料金は全部で何通りですか。ただし，どちらか 1 種類だけしか使わない場合もふくめるものとします。

3 （8点）

下りのエスカレータがあります。A 君がこのエスカレータの上を歩いて下ると 50 段下り，このエスカレータに逆らって歩いて上ると 75 段上ることになるといいます。A 君が止まっているこのエスカレータを上から下まで歩いて下るのに 12 秒かかるとすれば，A 君がこのエスカレータの上で歩かずに止まっていると，上から下まで降りるのに何秒かかることになりますか。

4 （10点）

円周上に円周を 10 等分する点をとり，これらの点から 4 点を選んで四角形をつくるとき，異なる形の四角形は何種類できますか。ただし，裏返したり回したりして重なるものは 1 種類として数えるものとします。

5 （10点）

時針，分針，秒針 3 本の針を持つ時計があり，長さ（回転の中心から針の先までの長さ）は順に 6cm，7cm，8cm です。0 時から 0 時 30 分までの 30 分間に，この時計の 3 本の針が合わせて奇数回通過した部分の面積は何 cm² ですか。円周率は 3.14 とします。

6 (10点)

太郎，次郎の2人がA地を同時に出発して，B地を経てC地に同時に着きました。太郎はAB間，BC間を順に時速5km，時速15kmで進み，次郎はAB間，BC間を順に時速6km，時速12kmで進みます。このときの，AB間とBC間の道のりの比を求めなさい。

7 (10×2＝20点)

右の図のような1辺の長さが6cmの正三角形ABCと，針金でつくった1辺の長さが6cmの正六角形のわくがあります。いま，正三角形ABCを平らな面に固定し，正三角形ABCが常に内側にあるように正六角形のわくを自由に動かします。このとき，次の問いに答えなさい。ただし，わくの太さは考えないものとし，わくは正三角形ABCの内部を通れないものとします。また，円周率は3.14とします。

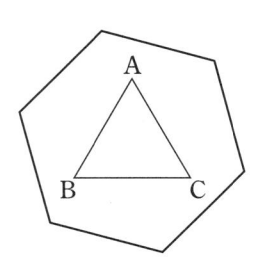

(1) このわくの動くことのできる部分を解答欄に斜線で示し，その外側のまわりの長さ（正三角形ABCの辺は除く）を求めなさい。点線は補助線として使用してかまいません。

(2) このわくの動くことのできる部分の面積を求めなさい。

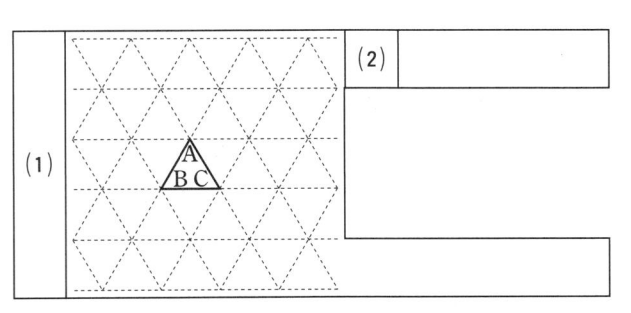

8 (10×3＝30点)

1辺10cmの立方体の内部の面がすべて鏡になっており，点Aから面CGHD内の点Pに向かって光線を発射します。また，面CGHD内の辺CDから$a$cm，辺DHから$b$cmの点を点P(a, b)と表すこととし，光線は面上では反射し，立方体内の頂点あるいは辺上で止まるものとします。このとき，次の問いに答えなさい。

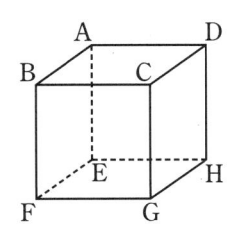

(1) 点P(3, 3)のとき，光線はどこで止まりますか。頂点の場合は「頂点A」，辺上の場合は「辺AB上のAから3cmの点」のように答えなさい。

(2) 点P(3, 4)のとき，光線はどこで止まりますか。

(3) 点Aから発せられた光線が7回反射して点Hで止まりました。このとき，点P(a, b)をすべて求めなさい。ただし，$a<b$とし，(1, 2)のように答えなさい。

第2回 中学入試予想テスト

時間60分
解答→別冊 p.173〜176

1 (5点)

午前9時から機械が休みなく一定の割合でつくる製品を，午前9時から15人で箱づめすると午後4時半にたまった製品がなくなり，16人で箱づめすると午後4時にたまった製品がなくなります。ただし，午前9時の段階ですでにいくらか箱づめすべき製品はたまっており，正午から1時間半，人は休むものとします。もし，20人で午前9時から休むことなく箱づめすると何時何分（24時制で答えなさい）にたまった製品がなくなりますか。

2 (5点)

0，A，B，C（ただしA，B，Cは0でない異なる1けたの整数）の4つの整数を使ってつくることのできるすべての3けたの整数の和が7728のとき，A，B，Cの和を求めなさい。

3 (6点)

4けたの整数ABCDの順番をいれかえて整数BADCにしたところ，順番をいれかえた整数はもとの整数より1746だけ大きくなった。このとき，4けたの整数ABCDとして考えられるもののうち，小さい方から10番目の数はいくつですか。

4 (6点)

3個のりんごと3個のかきを3枚の皿に分けてのせるとき，全部で何通りののせ方がありますか。ただし，どの皿にも少なくとも1個の果物はのせるものとし，りんごとかきと皿は，それぞれ区別がつかないものとします。

5 (7点)

ある容器を満たすのに，液体Aだけだと600g，液体Bだけだと400g必要です。液体A，Bの重さの割合を2:1にしてこの容器をみたすと，その中にはいっている液体の重さは液体A，Bを合わせて何gですか。

6 (7点)

右の図のような1辺1cmの立方体があり，点Pが頂点Aから毎秒1cmの速さで辺上を進み，頂点にきたときだけ進む方向を変えます。頂点や辺をくり返し通ってもよいものとすると，5秒後に点Pが頂点Bにいる点Pの進み方は全部で何通りありますか。

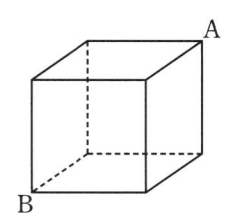

7 ((1) 7×2＝14点，(2)，(3) 10点　計34点)

図のような，ごばんの目のように走る道の交差点●に人が立っています。ここから東西南北いずれかの方向の交差点に1マス進むのに1分かかります。いま，●を出発して止まらずに歩き続けますが，交差点にくるたびに必ず直角に曲がらなければならず，交差点以外で方向を変えることはありません。同じ交差点や道は何度通ってもよいものとします。
このとき，次の問いに答えなさい。

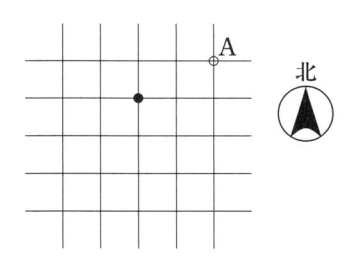

(1) 右上の図のような出発点から東に2マス，北に1マス進んだ点Aまで歩くと最短で何分かかりますか。また，出発点から西に3マス，南に5マス進んだ点Bまで歩くと最短で何分かかりますか。

(2) 最短で7分かかるような地点を○ですべて示しなさい。

(3) 12分後に最初の出発点にもどるような歩き方は何通りですか。

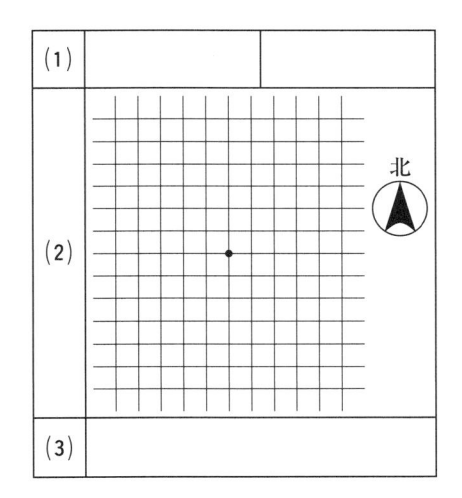

8 (10×3＝30点)

右の図は，正八面体Aの各頂点から合同な立体を切り取った残りの立体Bの展開図です。展開図は正六角形が8枚と正方形が6枚からできています。
このとき，次の問いに答えなさい。

(1) 立体Bの頂点，面，辺の数をそれぞれ求めなさい。

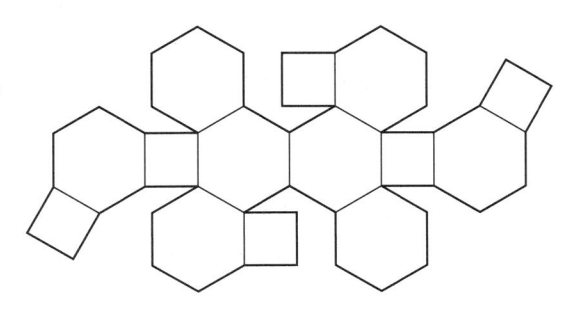

(2) 展開図中の正六角形1枚の面積は，正八面体Aの表面積の何倍ですか。

(3) 立体Bの体積は正八面体Aの体積の何倍ですか。

- ●執筆協力　入江　一郎，中村　友宏，川村　聡，伊東　敦
- ●デザイン　アトリエ・ウインクル
- ●図　　版　デザインスタジオ エキス

シグマベスト
特進クラスの算数
難関・超難関校対策問題集

本書の内容を無断で複写(コピー)・複製・転載することは，著作者および出版社の権利の侵害となり，著作権法違反となりますので，転載等を希望される場合は前もって小社あて許諾を求めてください。

Ⓒ BUN-EIDO　2009　　Printed in Japan

編　者	前田　卓郎
発行者	益井　英郎
印刷所	中村印刷株式会社
発行所	株式会社 文英堂

〒601-8121　京都市南区上鳥羽大物町28
〒162-0832　東京都新宿区岩戸町17
(代表)03-3269-4231

● 落丁・乱丁はおとりかえします。

ΣBEST
シグマベスト

特進クラスの算数
難関・超難関校対策問題集

解答集

● どんな問題でも必ず解けるくわしくてわかりやすい解き方。
● 問題を解くときの手がかりとなる 着眼 付き。

文英堂

1 整数と計算

難関校レベル　　　　　　　　　　　　　　　　　　　本冊 p.4〜5

1 本冊 p.4

(1) **9**

(2) ア **−** イ **÷** ウ **−**

(3) ア **+** イ **×** ウ **×**
（ア **+** イ **×** ウ **÷**
　ア **×** イ **−** ウ **×**
　ア **×** イ **−** ウ **÷**
　も可）

(4) ア **×** イ **×** ウ **+**
　○ **25**

着眼
いろいろためして，正解にたどりつこう。

解き方

(1) $4+3\times2-1=\mathbf{9}$

(2) 小数点以下が，.5 になっているので，イは **÷**
$4\boxed{\text{ア}}1.5\boxed{\text{ウ}}1=1.5$ となるので，アは **−**，ウは **−** となる。

(3) 4+6=10 となる場合と 12−2=10 となる場合があるので
　$4+3\times2\times1=10$，$4+3\times2\div1=10$，
　$4\times3-2\times1=10$，$4\times3-2\div1=10$
の 4 通りがある。

(4) たし算をするよりもかけ算をした方が数が大きくなるので，$4\times3\times2\times1=24$ の 24 がもっとも大きな数に思えるが，**1 をかけても数は変わらないので，最後は ×1 よりも +1 とした方が大きくなる。**
よって，$4\times3\times2+1=25$ の **25** がもっとも大きな数になる。

2 本冊 p.4

(1) ▲ **1**　◇ **2**

(2) ◎ **3**　○ **8**　▼ **7**
　△ **9**　□ **5**　▽ **4**

着眼
いちばん大きなけた，またはいちばん小さなけたから考えよう。

解き方

(1) ▲は 2 つの 3 けたの数の和の千の位の数なので　▲=**1**
また，(イ)の一の位に注目すると，◇−▲=▲ なので，◇=**2** となる。

(2) (ア)の一の位に注目すると　◎=◇+▲=2+1=**3**
また，(ア)，(イ)の十の位に注目すると，△+□ と △−□ の一の位が等しいので　□=**5**
さらに，△，▽ は 1，2，3，5，6 にはならないので
　(△，▽)=(4，9) または (9，4)
いずれの場合も (ア)，(イ) の百の位に注目するとよい。▼ より ○ の方が大きいので，○=**8**，▼=**7** となる。
このことから △=**9**，▽=**4** であることがわかる。

3 本冊 p.4

(1) **110**

(2) **1099**

着眼

ひっ算をかいて条件を整理しよう。

解き方

(1) AB.CD+DC.BA=□□□.00
となるので，A+D=10，B+C=9
とわかる。

$$\begin{array}{r} A\,B.C\,D \\ +\,D\,C.B\,A \\ \hline □□□.0\,0 \end{array}$$

AB.CD+DC.BA の小数部分の和は 1 なので
　　AB.CD+DC.BA=10×(A+D)+1×(B+C)+1
　　　　　　　　＝10×10+1×9+1
　　　　　　　　＝**110**

(2) ABC.DE+EDC.BA=□□□□.00
となるので，A+E=10，B+D=9
とわかる。

$$\begin{array}{r} A\,B\,C.D\,E \\ +\,E\,D\,C.B\,A \\ \hline □□□□.0\,0 \end{array}$$

C が 0〜4 のとき

C+C+1 はくり上がらないので，ABC.DE+EDC.BA=109□ となり，これに合う 7 の倍数は，1092 か 1099 となる。
しかし，一の位は C+C+1 の一の位の数なので必ず奇数になる。
このことから和は 1099 だけとわかる。

C が 5〜9 のとき

C+C+1 はくり上がるので，ABC.DE+EDC.BA=110□ となり，これに合う 7 の倍数は，1106 となる。
しかし，上と同じで一の位は必ず奇数になるから条件に合わない。
これらのことから和は **1099** だけとわかる。

4 本冊 p.5

(1) **12**

(2) **73，57，45，40**

着眼

(1) C−B が (C+D)−(B+D) と等しいことに着目しよう。

解き方

(1) 4 つの整数を小さい順に A，B，C，D とすると
　　C+D=130，B+D=118
C−B は (C+D)−(B+D) と等しいので
　　C−B=130−118=**12**

(2) B+C，A+D はそれぞれ 113 と 102 のいずれかになる。(1) で C−B が偶数となるので，B+C も偶数になる。
よって　B+C=102
また　A+D=113
　　B=(102−12)÷2=45
　　C=(102+12)÷2=57
　　D=130−57=73
　　A=113−73=40
とわかるので，大きい順に **73，57，45，40**

超難関校レベル

本冊 p.5〜6

5 本冊 p.5

7

着眼
各数字はそれぞれ同じ回数出てくる。

解き方
各数字はそれぞれ同じ回数出てくるので，平均を見れば，各位の数の平均がわかる。
平均が 555 ということから，**各位の数の平均が 5** とわかるので，□ にあてはまる数は 5×4−(1+3+9)=**7**

6 本冊 p.5

（例）

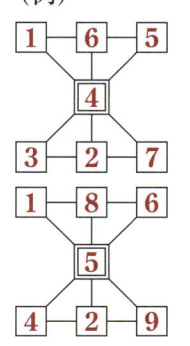

```
1─6─5
  ╲│╱
   4
  ╱│╲
3─2─7

1─8─6
  ╲│╱
   5
  ╱│╲
4─2─9
```

着眼
見当をつけてから調べよう。

解き方
中央の数は各組の 3 つの数の平均になり，中央の数以外の 6 つの数の平均にもなるので，中央の数は 4，5，6 とわかる。

① **中央の数が 4 の場合** （例）
中央の数をふくむ各組の 3 つの数のうち，残り 2 つの数の和は 4×2=8 となるので，(1 と 7，2 と 6，3 と 5) の組み合わせが考えられ，右のようになる。

```
1─6─5
  ╲│╱
   4
  ╱│╲
3─2─7
```

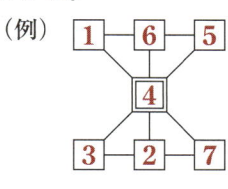

② **中央の数が 5 の場合** （例）
中央の数をふくむ各組の 3 つの数のうち，残り 2 つの数の和は 5×2=10 となるので，(1 と 9，2 と 8，4 と 6) の組み合わせが考えられ，右のようになる。
(2 と 8，3 と 7，4 と 6) の組み合わせでもよい。

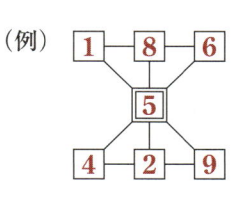

```
1─8─6
  ╲│╱
   5
  ╱│╲
4─2─9
```

③ **中央の数が 6 の場合** （例）
中央の数をふくむ各組の 3 つの数のうち，残り 2 つの数の和は 6×2=12 となるので，(3 と 9，4 と 8，5 と 7) の組み合わせが考えられ，右のようになる。

```
3─8─7
  ╲│╱
   6
  ╱│╲
5─4─9
```

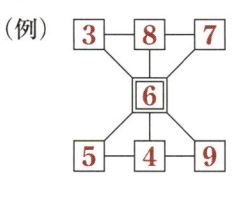

① のタイプ，② のタイプ，③ のタイプのうち異なるタイプの 2 つを選べばよい。

7 本冊 p.5

(1) **9，10，11，14，15，24，25**

(2) 順に，＋，＋，×，＋，＋，＋，＋，＋
または，×，＋，＋，×，＋，×，＋，＋

解き方
(1) □ に ＋ または × の記号をいれるので，式は 2×2×2=8 (通り) 考えられる。
1+2+3+4=10, 1+2+3×4=15, 1+2×3+4=11,
1×2+3+4=9,   1+2×3×4=25, 1×2+3×4=14,
1×2×3+4=10, 1×2×3×4=24
を小さい順に並べて
9，10，11，14，15，24，25

着眼
重複, もれがないようにていねいに書き出そう。

(2) □ に + または × の記号をいれるので, 式はそれぞれ
$2×2×2×2=16$ (通り)考えられる。
1, 2, 3, 4, 5 と 2, 3, 4, 5, 6 のそれぞれについて計算すると

1 + 2 + 3 + 4 + 5 = 15	2 + 3 + 4 + 5 + 6 = 20
1 + 2 + 3 + 4 × 5 = 26	2 + 3 + 4 + 5 × 6 = 39
1 + 2 + 3 × 4 + 5 = 20	2 + 3 + 4 × 5 + 6 = 31
1 + 2 + 3 × 4 × 5 = 63	2 + 3 + 4 × 5 × 6 = 125
1 + 2 × 3 + 4 + 5 = 16	2 + 3 × 4 + 5 + 6 = 25
1 + 2 × 3 + 4 × 5 = 27	2 + 3 × 4 + 5 × 6 = 44
1 + 2 × 3 × 4 + 5 = 30	2 + 3 × 4 × 5 + 6 = 68
1 + 2 × 3 × 4 × 5 = 121	2 + 3 × 4 × 5 × 6 = 362
1 × 2 + 3 + 4 + 5 = 14	2 × 3 + 4 + 5 + 6 = 21
1 × 2 + 3 + 4 × 5 = 25	2 × 3 + 4 + 5 × 6 = 40
1 × 2 + 3 × 4 + 5 = 19	2 × 3 + 4 × 5 + 6 = 32
1 × 2 + 3 × 4 × 5 = 62	2 × 3 + 4 × 5 × 6 = 126
1 × 2 × 3 + 4 + 5 = 15	2 × 3 × 4 + 5 + 6 = 35
1 × 2 × 3 + 4 × 5 = 26	2 × 3 × 4 + 5 × 6 = 54
1 × 2 × 3 × 4 + 5 = 29	2 × 3 × 4 × 5 + 6 = 126
1 × 2 × 3 × 4 × 5 = 120	2 × 3 × 4 × 5 × 6 = 720

答えが等しくなるのは, 1+2+3×4+5=2+3+4+5+6 と
1×2+3+4×5=2+3×4+5+6 の 2 通りとわかる。

---

8 本冊 p.6

(1) **5**
(2) **0, 2**
(3) **4**

着眼
〔A×A〕や〔A+A〕は, A が 1 けたの数と考えても結果は同じになる。

解き方
(1) 同じ数を 3 回かけて一の位が 5 になるのは, 一の位が 5 の数なので, 〔A〕=**5** とわかる。
(2) 〔A+A〕=〔A×2〕なので, A×2 と A×A の一の位が同じになるのは, A の一の位が 0 のときと 2 のときだけ。
このことから〔A〕=**0** または〔A〕=**2** とわかる。
(3) 〔A+A〕=〔A〕+〔A〕となるのは, A の一の位が 0〜4 のときで, 〔A+A+A〕=〔A〕+〔A〕+〔A〕となるのは, A の一の位が 0〜3 のとき。これらのことから, 条件に合うのは A の一の位が 4 のときとわかるので, 〔A〕=**4** となる。

9 本冊 *p.6*

(1) **256**

(2) 一の位 **3**
　　十の位 **4**

(3) **7**

着眼

(2), (3) ねばり強く書き出して規則を調べる。

解き方

(1) 2×2×2×2×2×2×2×2＝**256**

(2) 7を1回, 2回, 3回, …とかけていき, 十の位と一の位を調べていくと, **07, 49, 43, 01** のくり返しになる。
2007÷4＝501（セット）あまり3（番目）となるので, 一の位は **3**, 十の位は **4** とわかる。

(3) 5＊9は必ず5の倍数になる。
6を1回, 2回, 3回, …とかけていき, 十の位と一の位を調べていくと
　　06, 36, 16, 96, 76,
　　56, 36, 16, 96, 76,
　　56, 36, 16, 96, 76
　　　　　　⋮
となる。6をかけた回数が5の倍数のとき, 十の位は必ず **7** となる。

2 小数・分数の計算

難関校レベル　本冊 p.7～8

10 本冊 p.7
ア **2**　イ **3**
ウ **2**　エ **2**

着眼

$\dfrac{39}{17}=2\dfrac{5}{17}=2+\dfrac{5}{17}$
と見る。

解き方

$\dfrac{39}{17}=2+\dfrac{5}{17}=2+1\div\dfrac{17}{5}$

$\dfrac{17}{5}=3+\dfrac{2}{5}=3+1\div\dfrac{5}{2}$

$\dfrac{5}{2}=2+\dfrac{1}{2}=2+1\div 2$

よって　$\dfrac{39}{17}=$**2**$+1\div\{$**3**$+1\div($**2**$+1\div$**2**$)\}$

[参考]　この結果を

$$2+\cfrac{1}{3+\cfrac{1}{2+\cfrac{1}{2}}}$$

と表すこともある。

11 本冊 p.7
(1) **2**
(2) **3**

着眼

ア.7ア＝ア×1.01＋0.7
5.2イ＝5.2＋イ×0.01
イ.イイ＝イ×1.11

解き方

(1)　ア.7ア＝ア.0ア＋0.7＝ア×1.01＋0.7 より
　　ア×(3.14－1.01)－0.7＋8.43＝11.99
　　ア×2.13＝4.26
　　ア＝**2**

(2)　与式は以下のように変形される。
　　5.2＋イ×0.01＋イ×1.42－イ×1.11＋1.1＝イ×2.42
　　イ×0.32＋6.3＝イ×2.42
　　イ×2.1＝6.3
　　イ＝**3**

12 本冊 p.7
(1) **4995**
(2) **5000.0**

着眼

どのけたについても，1～9の数が1回ずつ現れる。

解き方

(1)　各位で1～9の数字が1回ずつ出てくる。
　　1＋2＋3＋…＋9＝45 なので
　　　45×(100＋10＋1)＝**4995**

(2)　各位で1～9の数字が1回ずつ出てくる。
　　1＋2＋3＋…＋9＝45 なので
　　　45×(100＋10＋1＋0.1＋0.01)
　　　＝45×111.11＝4999.95
　　よって　**5000.0**

13 本冊 p.7

16

着眼

与えられた数を素数の積で表し，1つ1つていねいに調べていく。

解き方

与えられた数を素数の積で表す。
$4=2×2$
$6=2×3$
$8=2×2×2$
$36=2×2×3×3$

B=4=2×2 としたとき

$$\frac{A}{3}×\frac{C}{2×2}$$

残りは　$2×3$,　$2×2×2$,　$2×2×3×3$

積を整数にするには，分子には2が2個以上と3が1個以上必要になる。そのためには，AとCに残りの3つの数をどのようにいれてもよい。

AとCのいれ方は　$3×2=$ **6**（通り）

B=6=2×3 としたとき

$$\frac{A}{3}×\frac{C}{2×3}$$

残りは　$2×2$,　$2×2×2$,　$2×2×3×3$

分子には2が1個以上と3が2個以上必要になる。そのためにはAとCのどちらか一方に$2×2×3×3$をいれる必要がある。他方には残りの2つの数のどちらをいれてもよい。

AとCのいれ方は　$2×2=$ **4**（通り）

B=8=2×2×2 としたとき

$$\frac{A}{3}×\frac{C}{2×2×2}$$

残りは　$2×2$,　$2×3$,　$2×2×3×3$

分子には2が3個以上と3が1個以上必要になる。そのためには，AとCに残りの3つの数をどのようにいれてもよい。AとCのいれ方は **6** 通り。

B=36=2×2×3×3 としたとき

$$\frac{A}{3}×\frac{C}{2×2×3×3}$$

残りは　$2×2$,　$2×3$,　$2×2×2$

分子には2が2個以上と3が3個以上必要になるが，残りの3つの数には3が1個しかないので，この場合は不適。

したがって，全部で　$6+4+6=$ **16**（通り）

14 本冊 p.7

(1) **162 個**

(2) $\dfrac{14}{243}$

着眼
分母は3をいくつかかけた数，分子は分母の数以下で3の倍数を除いた数になっている。

解き方

(1) 分母は3，3×3＝9，3×3×3＝27と3をかける回数を増やす規則の数列に，分子は1以上分母の数以下の整数で3の倍数を除いた整数の数列になっている。
243以下の整数で3の倍数を除いた整数の個数は
$$243-(243÷3)=162 \text{（個）}$$

(2) 分母が3の分数の個数は　3－(3÷3)＝2（個）
分母が9の分数の個数は　9－(9÷3)＝6（個）
分母が27の分数の個数は　27－(27÷3)＝18（個）
分母が81の分数の個数は　81－(81÷3)＝54（個）
90－(2+6+18+54)＝10（個）なので，90番目の分数は，分母が243の分数の10番目。

番目	①	②	×	③	④	×	…	⑨	⑩	×
分子	1	2	3	4	5	6	…	○	○	○
		(1)			(2)				(△)	

右図の　3×△
　　　　3×△－1

10÷2＝5 … （上の図の △）
10番目の分子は　3×5－1＝14
よって　$\dfrac{14}{243}$

15 本冊 p.8

(1) $\dfrac{161}{192}$, $\dfrac{163}{192}$, $\dfrac{167}{192}$

(2) **6 個**

(3) $\dfrac{91}{109}$, $\dfrac{93}{107}$

着眼

(1) $\dfrac{5}{6}=\dfrac{160}{192}$, $\dfrac{7}{8}=\dfrac{168}{192}$

(2) $\dfrac{5}{6}=\dfrac{420}{504}$, $\dfrac{7}{8}=\dfrac{420}{480}$

解き方

(1) $\dfrac{5}{6}=\dfrac{160}{192}$ より大きく，$\dfrac{7}{8}=\dfrac{168}{192}$ より小さい分数の範囲で約分できない分数は，$\dfrac{161}{192}$, $\dfrac{163}{192}$, $\dfrac{167}{192}$ の3個になる。

(2) $\dfrac{5}{6}=\dfrac{420}{504}$ より大きく，$\dfrac{7}{8}=\dfrac{420}{480}$ より小さい分数の範囲で約分できない分数を考える。420＝2×2×3×5×7より，分母は2でも3でも5でも7でもわり切れない数になる。
よって，$\dfrac{420}{481}$, $\dfrac{420}{487}$, $\dfrac{420}{491}$, $\dfrac{420}{493}$, $\dfrac{420}{499}$, $\dfrac{420}{503}$ の **6 個**。

(3) 200÷(5+6)＝18.18 … から，$\dfrac{5}{6}=\dfrac{18.18\cdots \times 5}{18.18\cdots \times 6}=\dfrac{90.9\cdots}{109.0\cdots}$

200÷(7+8)＝13.33 … から，$\dfrac{7}{8}=\dfrac{13.33\cdots \times 7}{13.33\cdots \times 8}=\dfrac{93.3\cdots}{106.6\cdots}$

よって，分母と分子の和が200で範囲にはいる分数は，$\dfrac{91}{109}$, $\dfrac{92}{108}$, $\dfrac{93}{107}$ の3個。

この中で約分できない分数は　$\dfrac{91}{109}$, $\dfrac{93}{107}$

16 本冊 p.8

(1) $\dfrac{19}{28}$

(2) $\dfrac{A}{C}+\dfrac{B}{D}$

理由は**解き方**参照

(3) A **5**,B **6**,C **7**,D **8**

着眼

4つの数から2つの分数の和をつくるとき,大きな数を分母に使う。あとは1つ1つの場合を調べ,規則を見つけていく。

解き方

(1) 分母に 4, 7 を,分子に 1, 3 を使ったときに和が小さくなる。
2 通り考えられるので,実際に計算して比べてみると

$$\dfrac{1}{4}+\dfrac{3}{7}=\dfrac{19}{28}$$

$$\dfrac{3}{4}+\dfrac{1}{7}=\dfrac{25}{28}$$

よって [1, 3, 4, 7]=$\dfrac{19}{28}$

(2) 分母に C, D を,分子に A, B を使ったときに和が小さくなる。

$$\dfrac{A}{C}+\dfrac{B}{D} \quad \cdots ①$$

$$\dfrac{B}{C}+\dfrac{A}{D} \quad \cdots ②$$

① と ② を比べると,

① は ② より $\dfrac{1}{C}$ が A と B の差の分だけ小さく,

① は ② より $\dfrac{1}{D}$ が A と B の差の分だけ大きい。

C と D では D の方が大きいので,$\dfrac{1}{C}$ と $\dfrac{1}{D}$ では,$\dfrac{1}{D}$ の方が小さい。

A と B の差は同じ値で,$\dfrac{1}{C}$ と $\dfrac{1}{D}$ では,$\dfrac{1}{D}$ の方が小さいので,

$\dfrac{A}{C}+\dfrac{B}{D}$ の方が小さいとわかる。

(3) $\dfrac{A}{C}+\dfrac{B}{D}$ をなるべく大きくするためには,分子 A と B はなるべく大きい方がよいので,**B=C−1,A=C−2** と決まる。

D=8 のとき

C に 7 をいれる場合と C に 6 をいれる場合を比べてみると,

$\dfrac{5}{7}+\dfrac{6}{8}$ と $\dfrac{4}{6}+\dfrac{5}{8}$ では,$\dfrac{5}{7}+\dfrac{6}{8}$ の方が大きい。

D=7 のとき

つくることのできる最大の数は,D=8 のときと同様に考えて $\dfrac{4}{6}+\dfrac{5}{7}$ とわかる。

$\dfrac{5}{7}+\dfrac{6}{8}$ と $\dfrac{4}{6}+\dfrac{5}{7}$ では,$\dfrac{5}{7}+\dfrac{6}{8}$ の方が大きい。

これによって,D を小さくすると [A, B, C, D] の値が小さくなることがわかる。

よって,最大になるのは
A=**5**,B=**6**,C=**7**,D=**8**

17 本冊 p.8

(1) ア **3**　イ **6**
(2) ウ **4**　エ **7**
　　オ **42**
(3) カ **43**　キ **1806**
(4) ク **10**　ケ **91**
　　コ **8190**

着眼
(4) P, Q はなるべく小さくなるように考える。

解き方

(1) A=3 として考えてみる。
$$\frac{1}{2}-\frac{1}{3}=\frac{1}{6}$$
したがって　ア **3**, イ **6**

(2) $\frac{1}{6}=\frac{1}{C}+\frac{1}{D}$

C=7 のとき　$\frac{1}{D}=\frac{1}{6}-\frac{1}{7}=\frac{1}{42}$

C=8 のとき　$\frac{1}{D}=\frac{1}{6}-\frac{1}{8}=\frac{1}{24}$

C=9 のとき　$\frac{1}{D}=\frac{1}{6}-\frac{1}{9}=\frac{1}{18}$

C=10 のとき　$\frac{1}{D}=\frac{1}{6}-\frac{1}{10}=\frac{1}{15}$

C=11 のとき　$\frac{1}{D}=\frac{1}{6}-\frac{1}{11}=\frac{5}{66}$ …不適

C=12 のとき　$\frac{1}{D}=\frac{1}{6}-\frac{1}{12}=\frac{1}{12}$ …C=D より不適

よって, 4 通り。
したがって　ウ **4**, エ **7**, オ **42**

(3) $\frac{1}{42}=\frac{1}{E}+\frac{1}{F}$

E=43 と考えてみる。
$$\frac{1}{42}-\frac{1}{43}=\frac{1}{1806}$$
したがって　カ **43**, キ **1806**

(4) $\frac{13}{36}=\frac{1}{4}+\frac{1}{P}+\frac{1}{Q}+\frac{1}{R}$

より　$\frac{1}{P}+\frac{1}{Q}+\frac{1}{R}=\frac{13}{36}-\frac{1}{4}=\frac{1}{9}$

R を大きくするため, P, Q はなるべく小さな数から考える。
P=10 と考えてみる。
$$\frac{1}{Q}+\frac{1}{R}=\frac{1}{9}-\frac{1}{10}=\frac{1}{90}$$
Q=91 と考えてみる。
$$\frac{1}{R}=\frac{1}{90}-\frac{1}{91}=\frac{1}{8190}<\frac{1}{5000}$$
より　P=10, Q=91, R=8190
したがって　ク **10**, ケ **91**, コ **8190**

超難関校レベル

18 本冊 p.9

① $\dfrac{99}{70}$

② 6

着眼
結果をていねいに書き出し，規則を見つける。

解き方

①

	1回	2回	3回	4回	5回
B	2	$\dfrac{5}{2}$	$\dfrac{12}{5}$	$\dfrac{29}{12}$	$\dfrac{70}{29}$
C		$\dfrac{1}{2}$	$\dfrac{2}{5}$	$\dfrac{5}{12}$	$\dfrac{12}{29}$	$\dfrac{29}{70}$
A	1	$\dfrac{3}{2}$	$\dfrac{7}{5}$	$\dfrac{17}{12}$	$\dfrac{41}{29}$	$\dfrac{99}{70}$

② 連続する3回分のAの分母を順番に x，y，z とすると
$z = y \times 2 + x$
よって

操作回数	1	2	3	4	5	6	7	8	9	10	11
Aの分母	2	5	12	29	70	169	408	985	2378	5741	13860

したがって，あと **6** 回。

19 本冊 p.9

(1) ① 1
　　② 2

(2) 4

(3) 490

(4) 10

着眼
記号の中を帯分数か小数で表し，その整数部分だけを取り出して計算すればよい。

解き方

(1) ① $\left[\dfrac{2007}{2006}\right] + \left[\dfrac{2006}{2007}\right] = \left[1\dfrac{1}{2006}\right] + \left[\dfrac{2006}{2007}\right] = 1 + 0 = \mathbf{1}$

② $\left[\dfrac{2007}{2006} + \dfrac{2006}{2007}\right] = \left[1 + \dfrac{1}{2006} + 1 - \dfrac{1}{2007}\right] = \left[2 + \dfrac{1}{2006} - \dfrac{1}{2007}\right]$
$= \left[2 + \dfrac{1}{2006} \times \dfrac{1}{2007}\right] = \mathbf{2}$

(2) $\left[\dfrac{2}{5}\right] + \left[\dfrac{4}{5}\right] + \left[\dfrac{6}{5}\right] + \left[\dfrac{8}{5}\right] + \left[\dfrac{10}{5}\right] = 0 + 0 + 1 + 1 + 2 = \mathbf{4}$

(3) 問題文の式は

$[0.4] + [0.8] + [1.2] + [1.6]$
$+ [2.0] + [2.4] + [2.8] + [3.2] + [3.6]$
$+ [4.0] + [4.4] + [4.8] + [5.2] + [5.6]$
$\vdots$
$+ [18.0] + [18.4] + [18.8] + [19.2] + [19.6] + [20.0]$

$=\quad 0 + 0 + 1 + 1$
$+ 2 + 2 + 2 + 3 + 3$
$+ 4 + 4 + 4 + 5 + 5$
$\vdots$
$+ 18 + 18 + 18 + 19 + 19 + 20$

$= (2 + 4 + \cdots + 18) \times 3 + (1 + 3 + 5 + \cdots + 19) \times 2 + 20$
$= (2 + 18) \times 9 \div 2 \times 3 + (1 + 19) \times 10 \div 2 \times 2 + 20$
$= 270 + 200 + 20$
$= \mathbf{490}$

(4) (3)と同様に考えると
 20−19+19−18+18
 −18+17−17+16−16
 +16−15+15−14+14
   ⋮
 − 2+ 1− 1+ 0− 0
=20−18+16−14+12−10+8−6+4−2
=**10**

20 　本冊 p.9

(1) **52**

(2) **22**

着眼

　7でわった商を四捨五入したものが1になる数，2になる数，…
　8でわった商を四捨五入したものが1になる数，2になる数，…
と順に調べていく。

解き方

(1) 7でわったときの商を整数で求めたときのあまりが
　　0, 1, 2, 3のとき，商の小数第1位は切り捨て
　　4, 5, 6のとき，商の小数第1位は切り上げ
となる。つまり，7でわったときの商の小数第1位を四捨五入した数が等しくなるような数は7個(切り上げた3個と切り捨てた4個)ずつある。

8でわったときの商を整数で求めたときのあまりが
　　0, 1, 2, 3のとき，商の小数第1位は切り捨て
　　4, 5, 6, 7のとき，商の小数第1位は切り上げ
となる。つまり，8でわったときの商の小数第1位を四捨五入した数が等しくなるような数は8個(切り上げた4個と切り捨てた4個)ずつある。

そこで，四捨五入後の商が1, 2, 3, … の場合について調べると，次の表のようになる。

四捨五入後の商	1	2	3	4	5	6	7	8
A÷7のA	10	11〜17	18〜24	25〜31	32〜38	39〜45	46〜52	53〜59
A÷8のA	10, 11	12〜19	20〜27	28〜35	36〜43	44〜51	52〜59	60〜67
共通する数	10	12〜17	20〜24	28〜31	36〜38	44, 45	52	なし

よって，最大の数は **52**

(2) (1)の表より
　　1+6+5+4+3+2+1=**22** (個)

3 整数の性質

難関校レベル　　　　　　　　　　　　　　　　　　　　本冊 p.10〜16

21 本冊 p.10

(1) **29 点**
(2) **81 点**
(3) **4 通り**
(4) **12 通り**

着眼
得点を 3 でわったあまりに着目して考える。

解き方

(1)　　10÷3＝3 あまり 1　白色
　　　17÷3＝5 あまり 2　青色
　　　22÷3＝7 あまり 1　白色
　よって　(22−10)＋17＝**29**（点）

(2) **最高得点**
　　　30÷3＝10 あまり 0　赤色
　　　29÷3＝9 あまり 2　青色
　　　28÷3＝9 あまり 1　白色
　よって　30＋29＋28＝**87**（点）

最低得点
　最低得点をとるには，3 のカードによる 3 点と，同じ色のカードの差の最小点である 3 点をたせばよい。たとえば
　　　3÷3＝1 あまり 0　赤色
　　　4÷3＝1 あまり 1　白色
　　　7÷3＝1 あまり 1　白色
　よって　3＋(7−4)＝**6**（点）

最高得点と最低得点の差は　87−6＝**81**（点）

(3)　53÷3＝17 あまり 2
　得点のあまりのみを計算して，あまり 2 をつくることを考える。
3 枚のカードに書かれた数の和を得点とする場合
　　赤色＋白色＋青色 … 0＋1＋2＝3　赤色 3 枚 … 0×3＝0
　　白色 3 枚 … 1×3＝3　　　　　青色 3 枚 … 2×3＝6
和はすべて 3 の倍数になり，2 はつくれない。
同じ色のカードに書かれた数の差ともう 1 枚のカードに書かれた数の和を得点とする場合
　　赤色−赤色＋青色 … 0−0＋2＝2
　　白色−白色＋青色 … 1−1＋2＝2
のときにあまり 2 をつくることができる。
3 でわって 2 あまる数は，大きい方から順に 29，26，23，…
残り 2 枚の差は 30 以上にはならないので 23 以下の数は不適。
3 でわって 2 あまる数は 29，26 になる。
53−29＝24 のとき，残り 2 枚の差が 24 になるのは，
27−3＝24，28−4＝24，30−6＝24 の 3 通り。53−26＝27 のとき，残り 2 枚の差が 27 になるのは，30−3＝27 の 1 通り。
よって，全部で　3＋1＝**4**（通り）

(4) 2枚が同じ色で，もう1枚が異なる色の最大は56なので，78は3枚のカードに書かれた数の和を得点とした場合とわかる。

赤色	3	6	9	12	15	18	21	24	27	30
白色	4	7	10	13	16	19	22	25	28	
青色	5	8	11	14	17	20	23	26	29	

上の表をもとに書き上げていくと
　　30+29+19，30+28+20，30+27+21，30+26+22，
　　30+25+23，29+28+21，29+27+22，29+26+23，
　　29+25+24，28+27+23，28+26+24，27+26+25
よって，全部で **12通り**。

22　本冊 p.10

(1) **26個**
(2) **14573**
(3) **32**

着眼
(3) (1)の結果から，わる数は34以下とわかる。あとは1つ1つ調べていく。

解き方
(1) 7でわると4あまる数を書き出すと
　　4，11，18，25，32，…
このうち，5でわると3あまる最小の数は18
求める数は，18+35×□ と表すことができる。
　　　　　　　　└7と5の最小公倍数
　　(100−18)÷35=2 あまり 12
　　(1000−18)÷35=28 あまり 2
よって　(28+1)−(2+1)=**26(個)**

(2) 18+35×3=123，18+35×28=998 より
　　(123+998)×26÷2=**14573**

(3) 35でわると18あまる数が26個あるので，わる数は34以下と見当をつけて調べ上げる。
　　(100−19)÷34=2 あまり 13，(1000−19)÷34=28 あまり 29 より
　　　(28+1)−(2+1)=26（個）
　　(100−19)÷33=2 あまり 15，(1000−19)÷33=29 あまり 24 より
　　　(29+1)−(2+1)=27（個）
　　(100−19)÷32=2 あまり 17，(1000−19)÷32=30 あまり 21 より
　　　(30+1)−(2+1)=28（個）
　　(100−19)÷31=2 あまり 19，(1000−19)÷31=31 あまり 20 より
　　　(31+1)−(2+1)=29（個）
よって　**32**

[別解] (1000−100+1)÷28=32 あまり 5 より，わる数は32であると見当をつけ，条件に合うか確認していく。
　32×□+19 の □ にあてはまる数は
　(100−19)÷32=2 あまり 17，(1000−19)÷32=30 あまり 21 より，(30+1)−(2+1)=28（個）となり，条件に合う。
よって　**32**

23 本冊 p.11

(1) **91 回**
(2) **7**
(3) **60**
(4) **90 枚**

着眼
(4) カードが表か裏かどうかは，そのカードに書かれた数が平方数かどうかで決まる。

解き方

(1) 36 の約数は，1，2，3，4，6，9，12，18，36 の 9 個。
よって 99−(9−1)=**91（回）**

(2) 100÷2=50，100−50=50 ←2の倍数でないカードの枚数
100÷3=33 あまり 1，100−33=67 ←3の倍数でないカードの枚数
123−(50+67)=6
4 の倍数でないカードは，順に 1，2，3，5，6，**7**

(3) 2 の倍数でないカードをひっくり返す→2 の倍数が残る。
3 の倍数でないカードをひっくり返す→2 と 3 の公倍数が残る。
4 の倍数でないカードをひっくり返す→3 と 4 の公倍数が残る。
5 の倍数でないカードをひっくり返す→3 と 4 と 5 の公倍数が残る。
6 の倍数でないカードをひっくり返す→3 と 4 と 5 の公倍数が残る。
7 の倍数でないカードをひっくり返す→3 と 4 と 5 と 7 の公倍数が残る。

3 と 4 と 5 と 7 の公倍数は 420 で 100 を超えるので，カードの中にはない。
よって，最後になるカードは 3 と 4 と 5 の公倍数で **60**

(4) 表になっているのは，偶数回ひっくり返されたカード。
99 回−(約数の個数−1)=偶数
になればよい。
よって，約数の個数が偶数個であればよい。
約数の個数が奇数個になるのは**平方数**なので，偶数個になるのは，平方数以外の数。平方数は，1 から 100 までには，1×1 から 10×10 までの 10 個ある。
100−10=90 より，表のカードの枚数は **90 枚**。

24 本冊 p.11

(1) **6**
(2) **18**
(3) **26 個**
(4) **10, 15, 42, 50, 66, 70, 75, 78**

着眼
(3)，(4) 条件から範囲をしぼりこむ。

解き方

(1) 84 と 120 の最大公約数は 12
12 の約数は，1，2，3，4，6，12 の 6 個。
よって 《84，120》=**6**

(2) 1050 と 1500 の最大公約数は 150
150 の約数は，
1，2，3，5，6，10，15，25，30，50，75，150 の 12 個。
352 と 896 の最大公約数は 32
32 の約数は，1，2，4，8，16，32 の 6 個。
よって 《1050，1500》+《352，896》=12+6=**18**

(3) 30との最大公約数が1になればよい。2でも3でも5でもわり切れない数なので
1, 7, 11, 13, 17, 19, 23, 29, 31, 37, 41, 43, 47, 49, 53, 59, 61, 67, 71, 73, 77, 79, 83, 89, 91, 97
よって，**26個**。

(4) 180の約数は，1, 2, 3, 4, 5, 6, 9, 10, 12, 15, 18, 20, 30, 36, 45, 60, 90, 180
このうち約数の個数が4個になるのは，6, 10, 15

180とyの最大公約数が6のとき

$$6\,)\underline{\;y\quad 180\;}$$
$$\quad\triangle\quad 30$$

yは2けたなので，△にはいる数は2以上16以下で30と1以外の公約数をもたない数。
△=7, 11, 13より y=**42, 66, 78**

180とyの最大公約数が10のとき

$$10\,)\underline{\;y\quad 180\;}$$
$$\quad\triangle\quad 18$$

yは2けたなので，△にはいる数は1以上9以下で18と1以外の公約数をもたない数。
△=1, 5, 7より y=**10, 50, 70**

180とyの最大公約数が15のとき

$$15\,)\underline{\;y\quad 180\;}$$
$$\quad\triangle\quad 12$$

yは2けたなので，△にはいる数は1以上6以下で12と1以外の公約数をもたない数。
△=1, 5より y=**15, 75**

よって，全部で **10, 15, 42, 50, 66, 70, 75, 78**

---

25 本冊 p.11

(1) ① **4通り**
    ② **42個**
(2) たて **48cm**
    横 **96cm**

【着眼】
正方形の1辺の長さは，もとの長方形のたての長さと横の長さの公約数になる。

【解き方】
(1) ① 36と42の公約数は，最大公約数6の約数。これは1, 2, 3, 6の4個あるので，**4通り**。
    ② (36÷6)×(42÷6)=**42（個）**
(2) 72=(たてに並ぶ正方形の個数)×(横に並ぶ正方形の個数) である。
    72=1×72=2×36=3×24=4×18=6×12=8×9
このうち，周の長さが2番目に短くなるのは，6×12のとき。
たて 8×6=**48 (cm)**，横 8×12=**96 (cm)**

26 本冊 p.12

(1) **(27，50)，(25，27)，(25，54)**

(2) **864**

着眼

(1) $x \times y$
$= [x \times y] \times 3 \times 3 \times 5$
これと，x，y に共通な約数は 1 以外にないということから場合分けをし，調べていく。

解き方

(1) $45 = 3 \times 3 \times 5$

$x \times y = [x \times y] \times 3 \times 3 \times 5 = [x] \times [y] \times 3 \times 3 \times 5$

x と y は共通な約数が 1 しかないので，次の場合がある。

(ア) $\begin{cases} x = [x] \times 3 \times 3 \\ y = [y] \times 5 \end{cases}$ (イ) $\begin{cases} x = [x] \times 5 \\ y = [y] \times 3 \times 3 \end{cases}$

(ウ) $\begin{cases} x = [x] \times 3 \times 3 \times 5 \\ y = [y] \end{cases}$ (エ) $\begin{cases} x = [x] \\ y = [y] \times 3 \times 3 \times 5 \end{cases}$

(ア)のとき

x，y はそれぞれ 3，5 を約数にもつから，$[x]$，$[y]$ はそれぞれ 3，5 で 1 回だけわり切れる。よって

$x = a \times 3 \times 3 \times 3$，$y = b \times 5 \times 5$

（a，b はともに 3，5 ではなく，公約数は 1 だけ）

と表される。

$x < y$ であり，x，y はともに 2 けたの数なので

$(x, y) = (27, 50)$

(イ)のとき

x，y はそれぞれ 5，3 を約数にもつから，$[x]$，$[y]$ はそれぞれ 5，3 で 1 回だけわり切れる。よって

$x = a \times 5 \times 5$，$y = b \times 3 \times 3 \times 3$

と表される。

$x < y$ であり，x，y はともに 2 けたの数なので

$(x, y) = (25, 27), (25, 54)$

(ウ)のとき

$x = [x] \times 3 \times 3 \times 5$ であり，x は 3，5 を約数にもつから，$[x]$ は 3，5 で 1 回だけわり切れる。よって

$x = a \times 3 \times 3 \times 5 \times 3 \times 5 = a \times 675$

と表され，x が 3 けた以上になるので不適。

(エ)のとき

(ウ)と同様にすると，y が 3 けたになるので不適。

以上から $(x, y) = $ **(27，50)，(25，27)，(25，54)**

(2) $x \times y = [x \times y] \times A = [x] \times [y] \times A$ より

$$A = \frac{x \times y}{[x] \times [y]} = \frac{x}{[x]} \times \frac{y}{[y]}$$

$\dfrac{x}{[x]}$，$\dfrac{y}{[y]}$ を大きくしたいので，$[x]$，$[y]$ はなるべく小さな素数 1 種類で表されるようにする。$[x] = 2$，$[y] = 3$ のとき

$$\frac{x}{[x]} = \frac{2 \times 2 \times 2 \times 2 \times 2}{2} = \frac{64}{2} = 32$$

$$\frac{y}{[y]} = \frac{3 \times 3 \times 3 \times 3}{3} = \frac{81}{3} = 27$$

よって $A = 32 \times 27 = $ **864**

27 本冊 p.12

(1) ア **9** イ **1** ウ **3**
　　エ **9**
　　（イとウは順不同）
(2) **45**
(3) **24**

着眼
(3) あまりがすべて等しいので，差をとればわる数の倍数になる。

解き方
(1) 75−66=**9** …ア
　9の約数は　1，3，9
　そのうちあまりが出ないのは　**1，3** …イ，ウ
　よって　**9** …エ
(2) 975−750=225
　225の約数は　1，3，5，9，15，25，45，75，225
　このうち，975と750をわってあまりが出る2けたの数は **45** のみ。
(3) 228−180=48，180−108=72
　48と72の最大公約数は　24
　24の約数は　1，2，3，4，6，8，12，24
　このうち，108，180，228をわってあまりが出る2けたの数は
　24 のみ。

28 本冊 p.13

(1) **3012**
(2) **1338**

着眼
4でわったあまりは0，1，2，3の4種類のみ。

解き方
(1) 【1】=1，【2】=2，【3】=3，【4】=0
　以降1，2，3，0のくり返しになる。
　　2007÷4=501 あまり3
　よって　(1+2+3+0)×501+1+2+3=**3012**
(2) 2007÷(1+2+3+0)=334 あまり3　　3=1+2
　よって　4×334+2=**1338**

29 本冊 p.13

**19+20+21，
10+11+12+13+14，
4+5+6+7+8+9+10+11**

着眼
連続した奇数個の整数の平均は整数に，連続した偶数個の整数の平均は整数+0.5になる。

解き方
　連続した奇数個の和で表せるとき…表した数の平均は整数
　連続した偶数個の和で表せるとき…表した数の平均は整数+0.5
このことから順に調べていくと，次のようになる。
　　60÷2=30　　　　×
　　60÷3=20　　　　○　19，20，21
　　60÷4=15　　　　×
　　60÷5=12　　　　○　10，11，12，13，14
　　60÷6=10　　　　×
　　60÷7=8.5…　　 ×
　　60÷8=7.5　　　 ○　4，5，6，7，8，9，10，11
　　60÷9=6.6…　　 ×
　　60÷10=6　　　　×
　　60÷11=5.4…　　×
　　60÷12=5　　　　×
これ以上多くの個数で表すと，最小の数が0未満になる。
よって　**19+20+21，10+11+12+13+14，
　　　　4+5+6+7+8+9+10+11**

本冊 p.13〜14 の答え ─ 19

30 本冊 p.13
(1) **55**
(2) **13 と 14**

着眼
表のように書き出して規則を見つける。

解き方
(1) 8 に注目して数を書き出し，「8 と 9 でつくり出される整数」を消していくと，次のようになる。

```
1   9  17  25  33  41  49  57  …     (＊)で 8 を 1 つ 9 におきかえる
2  10  18  26  34  42  50  58  …     (＊)で 8 を 2 つ
3  11  19  27  35  43  51  59  …          9 におきかえる
4  12  20  28  36  44  52  60  …
5  13  21  29  37  45  53  61  …
6  14  22  30  38  46  54  62  …
7  15  23  31  39  47  55  63  …
8  16  24  32  40  48  56  64  …
```
↑ 8 の倍数(＊)

よって **55**

(2) 8 と 9 でつくり出せない数は 7+6+5+4+3+2+1=28（個）
78=12+11+…+2+1 より，2 つの整数は **13 と 14**

31 本冊 p.13
(1) ②，③，④
理由は**解き方参照**
(2) ①，⑥
理由は**解き方参照**

着眼
得点が整数になることに注意する。

解き方
(1) ②，③，④
理由：5 倍したときに整数にならないから。
(2) ①，⑥
理由：平均点の範囲は
(60+60+60+60+95)÷5=67（点以上）
(60+95+95+95+95)÷5=88（点以下）
であり，この範囲にはいっていないので，5 回の平均点として考えられないから。

32 本冊 p.14
A 君 **4 点**
B 君 **8 点**
C 君 **7 点**
D 君 **5 点**
E 君 **9 点**

着眼
①，②より，
A<C<B<E と
E−B=B−C がわかる。

解き方
①，②より，A<C<B<E でかつ，「C と B の差」と「B と E の差」が等しい。…⑤
③，④，⑤より，最高点は E で 9 点，最低点は A で 4 点。
全員の平均点が 6.6 より，D は 5 点か 6 点
B が 8 点の場合
C は，8−(9−8)=7（点）
D は，6.6×5−(9+8+7+4)=5（点）で条件に合う。
B が 7 点の場合
C は，7−(9−7)=5（点）
D は，6.6×5−(9+7+5+4)=8（点）で条件に合わない。
B を 6 点以下にすると C が 3 点以下になり，条件に合わない。
よって，A 君 **4 点**，B 君 **8 点**，C 君 **7 点**，D 君 **5 点**，E 君 **9 点**。

33 本冊 p.14

(1) $\dfrac{13}{15}$ 倍

(2) **342** 個

(3) **161** 個

着眼
おはじきの個数は整数になることに注意する。

解き方

(1) A君とB君のはじめのおはじきの個数をそれぞれ，35，22 とすると，操作(Ⅰ)の後のB君のおはじきは，$22 \times \left(1\dfrac{7}{33} - 1\right) = \dfrac{14}{3}$ 増えて，A君のおはじきは，$\dfrac{14}{3}$ 減る。

よって $\left(35 - \dfrac{14}{3}\right) \div 35 = \dfrac{13}{15}$（倍）

(2) B君の増えたおはじきは整数だから，B君のおはじきの個数は33の倍数。B君のはじめのおはじきは，22と33の公倍数なので，66の倍数になる。

B君のはじめのおはじきを66個とすると，A君のおはじきは
$66 \div 22 \times 35 = 105$（個）

A君とB君のおはじきの合計で，もっとも少ない個数は
$66 + 105 = 171$（個）

2番目に少ないものは $171 \times 2 = $ **342**（個）

(3) B君がはじめに持っていたおはじきの個数は
$66 \times 4 = 264$（個），$66 \times 5 = 330$（個），$66 \times 6 = 396$（個）

操作(Ⅱ)の交換のときB君がA君にわたした青いおはじきの個数は，それぞれ
$264 - 122 = 142$（個），$330 - 122 = 208$（個），
$396 - 122 = 274$（個）

A君とB君は7：4の個数比で交換しているから，B君がわたしたおはじきの個数は4の倍数である。よって，208個。
B君がはじめに持っていたおはじきの個数は，330個。
よって，交換後にA君の持つ赤のおはじきの個数は
$330 \times \dfrac{35}{22} - 208 \times \dfrac{7}{4} = $ **161**（個）

34 本冊 p.14

300 円

着眼
A君の所持金を1としてB君，C君，D君の所持金を表していく。

解き方

A君の所持金を1とすると
　B君の所持金は　1.5
　C君の所持金は　0.6
　D君の所持金は　$0.6 \times 2 = 1.2$

となる。

また，4人の所持金の合計は，1000円未満で，10円硬貨が6枚あるので，160円，260円，360円，…，860円，960円のうちのいずれか。

このうち，$1 + 1.5 + 0.6 + 1.2 = 4.3$ でわり切れるのは860円のみ。
よって，A君の所持金は　$860 \div 4.3 = 200$（円）
したがって，B君の所持金は　$200 \times 1.5 = $ **300**（円）

35 本冊 p.15

順に，**3**，**20**

着眼

B の人数を ① 人として A，C，D，E の人数を表していく。

解き方

B の人数を ① 人とすると
　A の人数は ⑫ 人
　C の人数は ⑭−3（人）
　D の人数は ⑭−3−5（人）
　E の人数は ⑫+1（人）
5 つのグループの合計は　⑥.2−10（人）
　(100+10)÷6.2＝17.7…
　(200+10)÷6.2＝33.8…
であるから，B の人数は 18 人以上，33 人以下。
　また，各グループの人数は整数でなければならないので，B の人数は 5 の倍数。
よって，B の人数は 20 人，25 人，30 人の **3** 通り。
もっとも少ないのは **20** 人。

36 本冊 p.15

(1) ①　赤球 **2** 個
　　　　白球 **3** 個
　　　　黒球 **3** 個
　　②　**19** 個，**11** 回目
(2) ①　**5** 回
　　②　**59** 回
(3) 赤球 **1** 個と白球 **13** 個，赤球 **4** 個と白球 **5** 個

着眼

(3) 赤 1 個がなくなるまでに 8 回，白 1 個がなくなるまでに 3 回の操作が必要になる。

解き方

(1) ①

	赤	白	黒
はじめ	3	2	0
1 回目	2	4	1
2 回目	2	3	3

よって　赤球 **2** 個，白球 **3** 個，黒球 **3** 個

② 黒球以外を取り出せば袋の中の球の数が増える。まず赤球を取り出していき，なくなったら白球を取り出していく。

	赤	白	黒
はじめ	3	2	0
3 回目	0	8	3
11 回目	0	0	19

よって　**19** 個，**11** 回目

(2) ① 白を 5 回取り出し，0 個にすればよい。よって，**5** 回。
②

	赤	白	黒
はじめ	6	5	7
5 回目	1	15	12
19 回目	1	1	40
58 回目	1	1	1

次にどの色を取っても 2 色になる。よって，**59** 回。

(3) 赤が1個あると，袋から球がなくなるまでに

	赤	白	黒
操作前	1	0	0
1回目	0	2	1
3回目	0	0	5
8回目	0	0	0

で8回の操作が必要になる。

白が1個あると，袋から球がなくなるまでに

	赤	白	黒
操作前	0	1	0
1回目	0	0	2
3回目	0	0	0

で3回の操作が必要になる。

はじめの赤の個数を □ 個，白の個数を △ 個とすると
　　$8×□+3×△+3=50$

□	0	1	2	3	4	5	…
3×△	47	39	31	23	15	7	×
△	×	13	×	×	5	×	×

これを満たすのは　$(□, △)=(1, 13), (4, 5)$

よって　赤球 **1** 個と白球 **13** 個，赤球 **4** 個と白球 **5** 個。

37　本冊 p.16

(1)　A **16** 個　B **12** 個
　　C **26** 個
(2)　**23, 24**
(3)　**104** 個
(4)　N **12** 個
　　もっとも小さい数 **171**
　　もっとも大きい数 **188**

着眼

12 を 1 セットとして考える。

解き方

(1)　3と4の最小公倍数の12を1セットとして考える。

	1	2	3	4	5	6	7	8	9	10	11	12
A			①			②			③			④
B				①				②				③
C	①	②			③		④			⑤	⑥	

1セットの中のA，B，Cの個数は　A 4個，B 3個，C 6個。
$50÷12=4$（セット）あまり2であるから
　　A：$4×4+0=$ **16**（個）
　　B：$3×4+0=$ **12**（個）
　　C：$6×4+2=$ **26**（個）

(2)　$12÷6=2$（セット）
　2セット目の最後は　$12×2=24$
　3セット目の最初の数でCは1個増える。
　よって，Cが12となるNは
　　　23, 24

(3) 1から24までのNに対応するCを調べると，次のようになる。

1セット目

N	1	2	3	④	5	⑥	7	⑧	9	⑩	11	⑫
C	1	2	2	②	3	③	4	④	4	⑤	6	⑥

2セット目

N	13	14	15	⑯	17	⑱	19	⑳	21	㉒	23	㉔
C	7	8	8	⑧	9	⑨	10	⑩	10	⑪	12	⑫

1セット目も2セット目もおなじ位置でNがCの2倍になっているので，1セットに5個あるとわかる。
250÷12＝20（セット）あまり10であるから
　5×20＋4＝**104**（個）

(4) (1)より，AとBの差は1セットの最後で1であり，1セットで2以上差がつくことはない。よって，差が15になるのは15セット目以降になる。
14セット目までに，Aは4×14＝56（個），Bは3×14＝42（個）あるから，15セット目，16セット目のN，A，B，AとBの差は次のようになる。

15セット目

N	169	170	171	172	173	174	175	176	177	178	179	180
A	56	56	57	57	57	58	58	58	59	59	59	60
B	42	42	42	43	43	43	43	44	44	44	44	45
差	14	14	⑮	14	14	⑮	⑮	14	⑮	⑮	⑮	⑮

16セット目

N	181	182	183	184	185	186	187	188	189	190	191	192
A	60	60	61	61	61	62	62	62	63	63	63	64
B	45	45	45	46	46	46	46	47	47	47	47	48
差	⑮	⑮	16	⑮	⑮	16	16	⑮	16	16	16	16

Nは**12**個，もっとも小さい数は**171**，もっとも大きい数は**188**

38 本冊 p.16

(1) **162**
(2) **111，112，169，170**
(3) **5通り**

着眼
(3) z は270の約数になる。

解き方
(1) 51＋54＋57＝**162**
(2) 連続する10個の整数を並べた場合，4の倍数の現れ方は次のア～エの4つのパターンがある。（○が4の倍数を表す。）

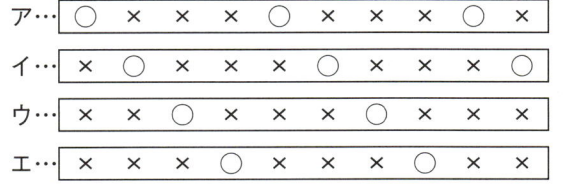

ア… | ○ | × | × | × | ○ | × | × | × | ○ | × |
イ… | × | ○ | × | × | × | ○ | × | × | × | ○ |
ウ… | × | × | ○ | × | × | × | ○ | × | × | × |
エ… | × | × | × | ○ | × | × | × | ○ | × | × |

アとイの場合，いちばん小さい4の倍数を□とすると，
□＋(□＋4)＋(□＋8)＝348 より　□＝112
このとき　x＝112，111
ウとエの場合，いちばん小さい4の倍数を□とすると，
□＋(□＋4)＝348 より　□＝172
このとき　x＝170，169
よって　**111，112，169，170**

(3) 270＝2×3×3×3×5 なので，
　　z として考えられる数は　1，2，3，5

$z=1$ のとき

　1 の倍数の現れ方

　　□○○○○○○○○○○□

　いちばん小さい数を □ とすると，
　　□＋(□＋1)＋(□＋2)＋…＋(□＋9)＝□×10＋45＝270 より
　　　□＝22.5
　このとき，y が整数とならないので不適。

$z=2$ のとき

　2 の倍数の現れ方

　　□○×○×○×○×○×□
　　□×○×○×○×○×○□

　いちばん小さい 2 の倍数を □ とすると，
　　□＋(□＋2)＋…＋(□＋8)＝□×5＋20＝270 より　□＝50
　このとき　$y=49$，50

$z=3$ のとき

　3 の倍数の現れ方

　　ア…□○××○××○××○□
　　イ…□×○××○××○××□
　　ウ…□××○××○××○×□

　いちばん小さい 3 の倍数を □ とすると，

　アの場合
　　□＋(□＋3)＋(□＋6)＋(□＋9)＝□×4＋18＝270 より　□＝63
　　このとき　$y=63$

　イとウの場合
　　□＋(□＋3)＋(□＋6)＝□×3＋9＝270 より　□＝87
　　このとき　$y=85$，86

$z=5$ のとき

　5 の倍数の現れ方

　　□○××××○××××□
　　□×○××××○×××□
　　□××○××××○××□
　　□×××○××××○×□
　　□××××○××××○□

　いちばん小さい 5 の倍数を □ とすると，
　　□＋(□＋5)＝270 より　□＝132.5
　このとき，y が整数とならないので不適。

よって，[49，2]，[50，2]，[63，3]，[85，3]，[86，3]の **5 通り**。

超難関校レベル

本冊 p.16〜19

39 本冊 p.16

(1) **500 個**
(2) ① **8**
　　② **6**

着眼

　素因数 5 が何個ふくまれるかを調べる。

解き方

(1) 0 が並ぶ個数は，10 でわり切れる回数と等しい。
　10＝2×5 であるから，2 でわり切れる回数と 5 でわり切れる回数を調べ，少ない方を求める。
　5 でわり切れる回数の方が少ないので，5 でわり切れる回数を求めていく。
　1 から 2007 の中の 5 の倍数の個数は
　　2007÷5＝401 あまり 2 より，401 個。
　25 の倍数の個数は
　　401÷5＝80 あまり 1 より，80 個。
　125 の倍数の個数は
　　80÷5＝16 あまり 0 より，16 個。
　625 の倍数の個数は
　　16÷5＝3 あまり 1 より，3 個。
　よって　401＋80＋16＋3＝**500**（個）

(2) ①　1×**2**×3×4×**5**×6×7×8×9×**10**
　　　＝1×3×4×6×7×8×9×**10**×**10**
　　1×3×4×6×7×8×9 の 一の位を求めればよいので　**8**

　② 121×122×123×124×**125**×126×127×**128**×129×**130**
　　＝121×122×123×124×(**5×5×5**)×126×127
　　　×(**16×2×2×2**)×129×(**13×10**)
　　＝121×122×123×124×126×127×**16**×129×**13**
　　　×(**10×10×10×10**)
　一の位に注目して，1×2×3×4×6×7×6×9×3 の 一の位を求めればよいので　**6**

40 本冊 p.17

20000007

着眼

　81 の倍数は 9 でわった商がさらに 9 でわり切れる。

解き方

　27＝3×3×3，81＝3×3×3×3 より，9（3×3）でわった商が 3 でわり切れるが 9 でわり切れないものを求める。

	÷3	÷9
207÷9＝23	×	×
2007÷9＝223	×	×
20007÷9＝2223	○	○
200007÷9＝22223	×	×
2000007÷9＝222223	×	×
20000007÷9＝2222223	○	×

よって　**20000007**

41 本冊 p.17

645312

着眼

大きなけたから順に調べ上げる。

解き方

上の位から大きい数を順に使っていく。
600000 は 64 の倍数。
① 50000 は 64 でわって 16 あまる数
  4000 は 64 でわって 32 あまる数
  1, 2, 3 を使って 64 でわって 16 あまる数はつくれない。
  同様に 3000, 2000, 1000 について調べていくと, 1, 2, 3, 4 を使って 64 でわって 48 あまる数はつくれないことがわかる。
② 40000 は 64 の倍数。
  5000 は 64 でわって 8 あまる数
  1, 2, 3 を使って 64 でわって 56 あまる数をつくる → 312
  よって, もっとも大きい数は **645312**

42 本冊 p.17

(1) a=「a」 … **6**
    a<「a」 … **12**
(2) **96**

着眼

(2) 大きな数から順に調べていけばよい。

解き方

(1) 「1」=0, 「2」=1, 「3」=1, 「4」=1+2=3, 「5」=1,
    「6」=1+2+3=6, 「7」=1, 「8」=1+2+4=7, 「9」=1+3=4,
    「10」=1+2+5=8, 「11」=1, 「12」=1+2+3+4+6=16,
    「13」=1, 「14」=1+2+7=10, 「15」=1+3+5=9
  a と「a」が等しくなるような整数 a は **6**
  a より「a」の方が大きくなるような整数 a は **12**

(2) 「99」=1+3+9+11+33=57
    「98」=1+2+7+14+49=73
    「97」=1
    「96」=1+2+3+4+6+8+12+16+24+32+48=156
  よって **96**

43 本冊 p.17

(1) **72 個**
(2) **12 個**
(3) **30 個**
(4) **22 個**

着眼

(1) 4 個で 1 セット。
(2) 8 個で 1 セット。
(3) 16 個で 1 セット。
(4) 36 個で 1 セット。9 の倍数をふくむ。

解き方

4 の倍数になるかどうかは 4 組ごとの周期性を調べる。同様に, 8 の倍数, 16 の倍数は, それぞれ 8 組ごと, 16 組ごとの周期性を調べる。

	4 の倍数	8 の倍数	16 の倍数
1×2×3	×	×	×
2×3×4	○	○	×
3×4×5	○	×	×
4×5×6	○	○	×
5×6×7	×	×	×
6×7×8	○	○	○
7×8×9	○	○	×
8×9×10	○	○	○
9×10×11	×	×	×

10×11×12	○	○	×
11×12×13	○	×	×
12×13×14	○	○	×
13×14×15	×	×	×
14×15×16	○	○	○
15×16×17	○	○	○
16×17×18	○	○	○
⋮		⋮	

(1) 整数の積 4 個 1 セットで 1 周期になる。
　　97÷4＝24（セット）あまり 1 より
　　　3×24＋0＝**72**（個）

(2) 整数の積 8 個 1 セットで 1 周期になる。
　　97÷8＝12（セット）あまり 1 より
　　　1×12＋0＝**12**（個）

(3) 整数の積 16 個 1 セットで 1 周期になる。
　　97÷16＝6（セット）あまり 1 より
　　　5×6＋0＝**30**（個）

(4) 36 の倍数になるかどうかは 36 組ごとの周期性を調べる。
　　連続する 3 個の整数の中に 3 の倍数は 1 つしかないので，
　　36＝2×2×3×3 の 3×3 の部分は 9 の倍数からなることがわかる。
　　よって，9 の倍数をふくむ組を第 36 組まで調べればよい。

7×8×9	○
8×9×10	○
9×10×11	×
16×17×18	○
17×18×19	×
18×19×20	○
25×26×27	×
26×27×28	○
27×28×29	○
34×35×36	○
35×36×37	○
36×37×38	○

　　36 個 1 セットの中に 9 個ある。
　　97÷36＝2（セット）あまり 25 より
　　　9×2＋4＝**22**（個）

44 本冊 p.18

(1) **6個**
(2) **18cm**
(3) **45cm**

着眼

(2), (3) たて×横＝面積 で成立するものをすべて調べ上げる。

解き方

(1) 36÷20＝1 あまり 16 　←1辺 20cm の正方形が 1 個
　　20÷16＝1 あまり 4 　　←1辺 16cm の正方形が 1 個
　　16÷4＝4 　　　　　　　←1辺 4cm の正方形が 4 個
　　よって　1＋1＋4＝**6（個）**

(2) 面積が 90cm² の長方形のたての長さ×横の長さと正方形の個数は次のようになる。ただし，たての長さ＜横の長さとする。

たて×横	正方形の個数
1×90	90÷1＝90（個）
2×45	45÷2＝22 あまり 1 2÷1＝2　　　　　　22＋2＝24（個）
3×30	30÷3＝10（個）
5×18	18÷5＝3 あまり 3 5÷3＝1 あまり 2 3÷2＝1 あまり 1 2÷1＝2　　　　　　3＋1＋1＋2＝**7**（個）
6×15	15÷6＝2 あまり 3 6÷3＝2　　　　　　2＋2＝4（個）
9×10	10÷9＝1 あまり 1 9÷1＝9　　　　　　1＋9＝10（個）

5（cm）×18（cm）のとき。よって　**18cm**

(3)

たて×横	正方形の個数
1×450	450÷1＝450（個）
2×225	225÷2＝112 あまり 1 2÷1＝2　　　　　　112＋2＝114（個）
3×150	150÷3＝50（個）
5×90	90÷5＝18（個）
6×75	75÷6＝12 あまり 3 6÷3＝2　　　　　　12＋2＝14（個）
9×50	50÷9＝5 あまり 5 9÷5＝1 あまり 4 5÷4＝1 あまり 1 4÷1＝4　　　　　　5＋1＋1＋4＝11（個）
10×45	45÷10＝4 あまり 5 10÷5＝2　　　　　　4＋2＝**6**（個）
15×30	30÷15＝2（個）
18×25	25÷18＝1 あまり 7 18÷7＝2 あまり 4 7÷4＝1 あまり 3 4÷3＝1 あまり 1 3÷1＝3　　　　　　1＋2＋1＋1＋3＝8（個）

2 番目に少なくなるのは，10（cm）×45（cm）のとき。
よって　**45cm**

45 本冊 p.18

(1) **3**
(2) **18**
(3) **4860, 6804**

着眼

(3) $<x, 2>=2$, $<x, 3>=5$ より, x を素因数分解すると, 2 がちょうど 2 個, 3 がちょうど 5 個ふくまれる。

解き方

(1) $360=2\times2\times2\times3\times3\times5$ より, 2 で 3 回わり切れる。
よって $<360, 2>=$ **3**

(2) $3888=2\times2\times2\times2\times3\times3\times3\times3$
$3240=2\times2\times2\times3\times3\times3\times3\times5$
両方を 2 回わり切ることのできる最大の数は
$2\times3\times3=$ **18**

(3) $<x, 2>=2$ より $x=2\times2\times\square$
$<x, 3>=5$ より $x=3\times3\times3\times3\times3\times\triangle$
よって $x=2\times2\times3\times3\times3\times3\times3\times\bigcirc=972\times\bigcirc$
$1000\div972=1$ あまり 28
$10000\div972=10$ あまり 280
$\bigcirc$ は 2 以上 10 以下の 2 の倍数でも 3 の倍数でもない数, すなわち 5 と 7 なので
$x=972\times5=$ **4860**
$x=972\times7=$ **6804**

46 本冊 p.18

(1) **81 個**
(2) **3533**
(3) **9 個**
(4) **36 個**

着眼

倍数判定法を使う。

解き方

(1) 各位に 3 通りずつの数字を並べるので
$3\times3\times3\times3=$ **81（個）**

(2) $2\square\square\square\cdots3\times3\times3=27$（個）⎫
$32\square\square\cdots3\times3=9$（個）⎬ 45 個
$33\square\square\cdots3\times3=9$（個）⎭
50 番目は 3355 の次から 50－45＝5（番目）
よって 3522, 3523, 3525, 3532, **3533**

(3) 下 3 けたが 8 の倍数になればよい。一の位は 3 や 5 にはならないので
$\triangle232\cdots3$ 個 ⎫
$\triangle352\cdots3$ 個 ⎬ 9 個
$\triangle552\cdots3$ 個 ⎭
よって, **9 個**。

(4) 5 で 1 回わり切れる数：$\square\square35\cdots9$ 個
$55\cdots9$ 個
5 で 2 回わり切れる数：$\square\square25\cdots9$ 個
5 で 3 回わり切れる数：なし
5 でわり切れる回数は $9+9+2\times9=36$（回）
2 でわり切れる数は $3\times3\times3=27$（個）あり, そのうち 9 個は 8 でわり切れるから, 2 では少なくとも $3\times9+(27-9)=45$（回）わり切れる。
よって, 0 の並ぶ個数は **36 個**。

47 本冊 p.19

(1) **6**

(2) **672，581，490**

着眼

ひっ算を使って条件を整理する。

解き方

(1) ①と②より，B は C より 261＋333＝594 大きい。
B を ○△□ とすると，C は □△○ となる。(○＞□)

```
   ○△□
 − □△○
 ─────
   5 9 4
```

1□−○＝4 になるのは，(○，□)＝(9，3)，(8，2)，(7，1) の 3 通り。
いずれも B の百の位の数と一の位の数の差は，**6** となる。

(2) **B＝9△3 のとき**
B は 903 以上 993 以下なので，A は
903−261＝642 (以上)
993−261＝732 (以下)
642 以上 732 以下の 7 の倍数で一の位の数が 2 になるのは
7×90＋7×6＝**672**

```
   9△3
 −□□2
 ─────
  2 6 1
```

B＝8△2 のとき
802−261＝541
892−261＝631
541 以上 631 以下の 7 の倍数で一の位の数が 1 になるのは
7×80＋7×3＝**581**

```
   8△2
 −□□1
 ─────
  2 6 1
```

B＝7△1 のとき
701−261＝440
791−261＝530
440 以上 530 以下の 7 の倍数で一の位の数が 0 になるのは
7×70＝**490**

```
   7△1
 −□□0
 ─────
  2 6 1
```

よって **672，581，490**

48 本冊 p.19

43 人

着眼

22575＝3×5×5×7×43 から，あてはまる人数を考える。

解き方

50 人の団体として入場するとき，50×(1−0.3)＝35 より，35 人分の料金になるので，クラスの人数は 36 人以上 49 人以下になる。

カレーライスを食べたときの料金が 22575 円なので，クラスの人数は 22575 の約数。

22575＝3×5×5×7×43 より，22575 の約数の中で，36 以上 49 以下の範囲にはいっている数は 43

よって，**43 人**。

4 数と計算の発展

難関校レベル
本冊 p.20～21

49 本冊 p.20

(1) △
    ＊

(2) **13, 17, 19, 22, 23**

(3) **14 個**

(4) **37 個**

着眼

(4) 5 の倍数，25 の倍数，125 の倍数の個数を調べる。

解き方

表より，│＝1，○＝2，△＝3，○/○＝2×2＝4，＊＝5，
○/△＝2×3＝6，…

のように，記号はある素因数を表し，整数を**素因数分解したときの積の形**を，それぞれの記号を使ってたてに表しているということがわかる。

(1) 15＝3×5 より △
                   ＊

(2) 7 より大きく 25 以下の数で，素数，または 11 以上の素数と 2 以上の数の積で表される数。
    13, 17, 19, 22, 23 の 5 個。

(3) 7 の倍数に □ が使われる。
    100÷7＝14 あまり 2 より，**14 個**。

(4) ＊が 1 個以上使われているのは，5 の倍数。150÷5＝**30**（個）
    ＊が 2 個以上使われているのは，25 の倍数。150÷25＝**6**（個）
    ＊が 3 個以上使われているのは，125 の倍数。
    150÷125＝1 あまり 25 より，**1** 個。
    以上より　30＋6＋1＝**37**（個）

50 本冊 p.20

(1) **4**

(2) A **5**　B **81**

(3) **(エ), (ア), (ウ), (イ)**

着眼

(3) かけあわせる個数を同じにして，大小を比較する。

解き方

(1) 2×2×2×2×2×2＝(2×2)×(2×2)×(2×2)
    ＝4×4×4 より　**4**

(2) 3×3×3×3×3×3×3×3×3×3×3×3×3×3×3
    ＝(3×3×3)×(3×3×3)×(3×3×3)×(3×3×3)×(3×3×3)
    ＝27×27×27×27×27
    より，A は　**5**

    $\overbrace{3×\cdots×3}^{8032個}$　　　□ が 2008 個
    ＝($\boxed{3×3×\cdots×3}$)×($\boxed{3×3×\cdots×3}$)×…×($\boxed{3×3×\cdots×3}$)
    8032÷2008＝4 より，（ ）の中は，3 が 4 個ずつかけあわされていることがわかる。
    よって，B は　3×3×3×3＝**81**

(3) $10040=\mathbf{2008}\times 5$, $8032=\mathbf{2008}\times 4$, $6024=\mathbf{2008}\times 3$, $4016=\mathbf{2008}\times 2$ であることに注目する。

(ア) $\overbrace{2\times\cdots\times 2}^{10040\text{ 個}}$　　　$\boxed{}$ が 2008 個
$=(\boxed{2\times 2\times 2\times 2\times 2})\times(\boxed{2\times 2\times 2\times 2\times 2})\times\cdots\times(\boxed{2\times 2\times 2\times 2\times 2})$
$=\overbrace{32\times\cdots\times 32}^{2008\text{ 個}}$

(イ) $\overbrace{3\times\cdots\times 3}^{8032\text{ 個}}$　　　$\boxed{}$ が 2008 個
$=(\boxed{3\times 3\times 3\times 3})\times(\boxed{3\times 3\times 3\times 3})\times\cdots\times(\boxed{3\times 3\times 3\times 3})$
$=\overbrace{81\times\cdots\times 81}^{2008\text{ 個}}$

(ウ) $\overbrace{4\times\cdots\times 4}^{6024\text{ 個}}$　　　$\boxed{}$ が 2008 個
$=(\boxed{4\times 4\times 4})\times(\boxed{4\times 4\times 4})\times\cdots\times(\boxed{4\times 4\times 4})$
$=\overbrace{64\times\cdots\times 64}^{2008\text{ 個}}$

(エ) $\overbrace{5\times\cdots\times 5}^{4016\text{ 個}}$　　　$\boxed{}$ が 2008 個
$=(\boxed{5\times 5})\times(\boxed{5\times 5})\times\cdots\times(\boxed{5\times 5})$
$=\overbrace{25\times\cdots\times 25}^{2008\text{ 個}}$

$25<32<64<81$ だから　(エ),(ア),(ウ),(イ)

51　本冊 p.21

(1) ㋐ **25**　　㋑ **88**
(2) **313**
(3) A 君：**209 枚目**
　　B 君：**82 枚目**

着眼

(1) A 君が出したカードは公差 2 の等差数列。B 君が出したカードは公差 5 の等差数列。
(2) 2 と 5 の最小公倍数である 10 を公差とする等差数列。

解き方

(1) A 君が出したカードは，7 からはじまり，2 ずつ増える等差数列。
　　㋐　$7+2\times(10-1)=\mathbf{25}$
B 君が出したカードは，18 からはじまり，5 ずつ増える等差数列。
　　㋑　$18+5\times(15-1)=\mathbf{88}$

(2) A 君：$\boxed{7}$ $\boxed{9}$ $\boxed{11}$ $\boxed{13}$ $\boxed{15}$ $\boxed{17}$ $\boxed{19}$ $\boxed{21}$ $\boxed{23}$ …
　　B 君：$\boxed{18}$ $\boxed{23}$ …
となるので，はじめて出る同じ数字のカードは　$\boxed{23}$
A 君が出したカードは 2 ずつ，B 君が出したカードは 5 ずつ増えるので，以降は 2 と 5 の最小公倍数である 10 ずつ増えたときに，2 人の出したカードの数字が同じになる。
同じ数字のカード：$\boxed{23}$ $\boxed{33}$ $\boxed{43}$ …
これは，23 からはじまり，10 ずつ増える等差数列だから
　　$23+10\times(30-1)=\mathbf{313}$

(3) A 君：$(423-7)\div 2+1=\mathbf{209}$（枚目）
　　B 君：$(423-18)\div 5+1=\mathbf{82}$（枚目）

52 本冊 p.21

(1) **LXXXVI**
(2) **CMXCIX**
(3) **3964**
(4) **193**

着眼

たとえば，1478 は
1000 → M
400 → CD
70 → LXX
8 → VIII
を組み合わせて，
1478 → MCDLXXVIII
となるように，けたごとに分けて考えればよい。

解き方

(1) 80 → LXXX
　　6 → VI
　より　86 → **LXXXVI**

(2) 900 → CM
　　90 → XC
　　9 → IX
　より　999 → **CMXCIX**

(3) MMVIII は $\underset{2000}{MM}\ \underset{8}{VIII}$
のように分けることができ　2008
MCMLVI は $\underset{1000}{M}\ \underset{900}{CM}\ \underset{50}{L}\ \underset{6}{VI}$
のように分けることができ　1956
よって　MMVIII＋MCMLVI＝2008＋1956＝**3964**

(4) (3)より，MMVIII は　2008
MDCCCXV は $\underset{1000}{M}\ \underset{800}{DCCC}\ \underset{10}{X}\ \underset{5}{V}$
のように分けることができ　1815
よって　MMVIII－MDCCCXV＝2008－1815＝**193**

超難関校レベル　本冊 p.22〜24

53　本冊 p.22

(1) **26**
(2) **120**
(3) **2048**

着眼

(3) □回戦が決勝となるトーナメントの N を用いると，(□＋1)回戦が決勝となるトーナメントの N は
　　N×2＋(□＋1)
と表される。

解き方

(1) 1 回戦は　16÷2＝8（試合）　← ①
　　2 回戦は　　8÷2＝4（試合）　← ②
　　3 回戦は　　4÷2＝2（試合）　← ③
　　4 回戦は　　2÷2＝1（試合）　← ④
　　N＝1×8＋2×4＋3×2＋4×1＝**26**

(2) 6 回戦が 1 試合　← ⑥
　なので
　　5 回戦は　1×2＝2（試合）　← ⑤
　　4 回戦は　2×2＝4（試合）　← ④
　　3 回戦は　4×2＝8（試合）　← ③
　　2 回戦は　8×2＝16（試合）　← ②
　　1 回戦は　16×2＝32（試合）　← ①
　　N＝1×32＋2×16＋3×8＋4×4＋5×2＋6×1＝**120**

(3) □回戦が決勝となるトーナメントでのチーム数は

$$\underbrace{2\times2\times2\times\cdots\times2}_{\text{□個}}$$

となる。
また，□回戦が決勝となるトーナメントでのNから，
(□+1)回戦が決勝となるトーナメントでのNを考える。
□回戦のトーナメントを勝ち上がってきた2チームが決勝となる
(□+1)回戦を行うので，Nは

　　N×2+(□+1)

となる。このことから，決勝までの回戦数(□)，チーム数，Nを表にすると，次のようになる。

□	6	7	8	9	10	11	12
チーム数	64	128	256	512	1024	2048	4096
N	120	247	502	1013	2036	4083	8178

上のようになるので，N=4083のときのチーム数は **2048**

---

54 本冊 p.22

(1) **438番目**
(2) **1215**
(3) **1215**

【着眼】
6種類の数字を使って数をつくっているので，この数列は，6進法で表した数を小さい順に並べたものになる。

【解き方】
6種類の数字を使って数をつくっているので，**6進法**を利用して考える。ただし，通常の**6進法**と使っている数字がちがうので

```
        0  1  2  3  4  5
        ↕  ↕  ↕  ↕  ↕  ↕
 この数列 0  1  2  3  5  7
```

のように対応させて考えていく。

(1) この数列の2007は，通常の6進法では　2005
これを10進法に直すと
　　(6×6×6)×2+1×5=437
1番目に0があるので　437+1=**438（番目）**

(2) 1けた　0，5　　　　→2個
　　2けた　□0，□5　　→□は0以外の5通りなので
　　　　　　　　　　　　　　5×2=10（個）
　　3けた　□△0，□△5→□が0以外の5通り，
　　　　　　　　　　　　△は6通りなので　5×6×2=60（個）
　　あと　100-(2+10+60)=28（個）
　　4けた　10□△→□は6通り，△は0，5の2通りなので
　　　　　　　　　　　6×2=12（個）←いちばん大きい数は84番目
　　　　　　　　11□△→12個　←いちばん大きい数は96番目
　　　　　　　1200，1205，1210，**1215**

(3)

使われる数字	0	1	2	3	5	7
3でわったあまり	0	1	2	0	2	1

3でわったあまりが0，1，2となる数がそれぞれ同じ個数ずつ使われているので，あるけた数に限定すれば，全体の3個に1個は3の倍数となる。

1けた：6個　　　　　　　　→3の倍数は　6÷3＝2（個）
2けた：5×6＝30（個）　　　→3の倍数は　30÷3＝10（個）
3けた：5×6×6＝180（個）　→3の倍数は　180÷3＝60（個）
あと　100－(2＋10＋60)＝28（個）
4けた：10□□→6×6＝36（個）→3の倍数は　36÷3＝12（個）
　　　　11□□→6×6＝36（個）→3の倍数は　36÷3＝12（個）
1200，1203，1212，**1215**

---

55 本冊 *p.23*

(1) もっとも多い枚数
　　64 枚
　　もっとも少ない枚数
　　13 枚
(2) **2 枚，4 枚，5 枚，7 枚，8 枚，10 枚**
(3) **669 個**

着眼
書き出して規則性を見つける。
(3) 3の倍数はつくれない。

解き方

(1) もっとも多い枚数　　　$1 \xrightarrow{B} 4 \xrightarrow{A} 8 \xrightarrow{A} 16 \xrightarrow{A} 32 \xrightarrow{A}$ **64 枚**

　　もっとも少ない枚数　$1 \xrightarrow{A} 2 \xrightarrow{A} 4 \xrightarrow{B} 7 \xrightarrow{B} 10 \xrightarrow{B}$ **13 枚**

(2) 2以上10以下の数をすべて調べればよい。

2 枚　　$1 \xrightarrow{A} 2$

3 枚　　×

4 枚　　$1 \xrightarrow{B} 4$ など

5 枚　　$1 \xrightarrow{A} 2 \xrightarrow{B} 5$

6 枚　　×

7 枚　　$1 \xrightarrow{B} 4 \xrightarrow{B} 7$ など

8 枚　　$1 \xrightarrow{A} 2 \xrightarrow{B} 5 \xrightarrow{B} 8$ など

9 枚　　×

10 枚　$1 \xrightarrow{B} 4 \xrightarrow{B} 7 \xrightarrow{B} 10$ など

よって　**2枚，4枚，5枚，7枚，8枚，10枚**

(3) 1枚，2枚にはすることが可能なので，これにBをくり返せば，3でわって1または2あまる数はすべてつくることができる。
また，3でわって1または2あまる数は，2倍しても3をたしても3の倍数になることはないので，枚数を3の倍数にすることはできない。
よって，2以上2008以下の数のうち3の倍数の個数を調べればよい。
2008÷3＝669 あまり1 より，**669個**。

56 本冊 p.23

(1) $\dfrac{2}{9}$

(2)
○○○○○○○|○○
○
○○○|○○
○
○○
○○○|○○○○
○
○○
○○○○
○
○○○○

(3) $\dfrac{1}{2}, \dfrac{2}{3}, \dfrac{6}{7}$

着眼

○ が横に並ぶとたし算，たてに並ぶとかけ算，| はわり算を表す。

解き方

○○　　　は　6+6=12
○
○　　　は　6×6=36
○
○
○○　　は　6×6+6=42
○
○○
○○○　は　6×6×6+6×6+6=258
○|○　　　は　6÷6=1
○○|○　　は　(6+6)÷6=2

のように，○ が横に並ぶとたし算，たてに並ぶとかけ算，| はわり算を表していることがわかる。

(1) $\begin{array}{c}○\\○○○\end{array}\bigg|\begin{array}{c}○\\○\\○○\end{array}$ は $(6×6+6+6)÷(6×6×6)=48÷216=\dfrac{2}{9}$

(2) 分子と分母がともに 6 の倍数で，約分すると 3 になるような分数を考えると

$\dfrac{18}{6}, \dfrac{36}{12}, \dfrac{54}{18}, \dfrac{72}{24}, \dfrac{90}{30}, \dfrac{108}{36}, \cdots$

これらのうち，○ 8 個と | 1 個で表されるものを考える。

$\dfrac{18}{6}$ × $\dfrac{36}{12}$ ○○○○○○○|○○

$\dfrac{54}{18}$ ○○○○|○○○ $\dfrac{72}{24}$ ○○|○○○○

$\dfrac{90}{30}$ × $\dfrac{108}{36}$ ○○○|○○○

(3) (○1個)と(○4個)に分けるタイプ

○1 個でつくることのできる数は，6 のみ。

○4 個でつくることのできる数は
　○○○○　　6+6+6+6=24
　○
　○○○　　6×6+6+6=48　　　○○
　　　　　　　　　　　　　　　○○　6×6+6×6=72
　○
　○
　○○　　　6×6×6+6=222　　○
　　　　　　　　　　　　　　　○　6×6×6×6=1296
　　　　　　　　　　　　　　　○

の 5 通り。6 とこれら 5 通りの数を組み合わせて，$\dfrac{1}{3}$ と 1 の間の数をつくることはできない。

(○2個)と(○3個)に分けるタイプ
○2個でつくることのできる数は
　　○○　　6+6=12
　　○
　　○　　　6×6=36
の2通り。
○3個でつくることのできる数は
　　○○○　6+6+6=18
　　○
　　○○　　6×6+6=42
　　○
　　○
　　○　　　6×6×6=216
の3通り。これらを組み合わせ，$\frac{1}{3}$ と 1 の間の数をつくると

$\frac{12}{18}=\frac{\bm{2}}{\bm{3}}$，$\frac{36}{42}=\frac{\bm{6}}{\bm{7}}$，$\frac{18}{36}=\frac{\bm{1}}{\bm{2}}$

57　本冊 p.24

(1)　$\left\langle\frac{17}{37}\right\rangle=\dfrac{\bm{459}}{\bm{1000}}$

　　$\dfrac{17}{37}-\left\langle\dfrac{17}{37}\right\rangle=\dfrac{\bm{17}}{\bm{37000}}$

(2)　□=**7** のとき
　　　$\left\langle\dfrac{3}{□}\right\rangle=\bm{0.428571}$
　　□=**13** のとき
　　　$\left\langle\dfrac{3}{□}\right\rangle=\bm{0.230769}$
　　□=**21** のとき
　　　$\left\langle\dfrac{3}{□}\right\rangle=\bm{0.142857}$

着眼
(2)　条件をみたすのは，3÷□ の商が小数第1位からはじまる6けたごとの循環小数になる場合。

解き方
(1)　$\dfrac{17}{37}=0.459459459\cdots$ だから

　　$\left\langle\dfrac{17}{37}\right\rangle=0.459=\dfrac{\bm{459}}{\bm{1000}}$

　よって　$\dfrac{17}{37}-\left\langle\dfrac{17}{37}\right\rangle=\dfrac{17}{37}-\dfrac{459}{1000}=\dfrac{\bm{17}}{\bm{37000}}$

(2)　(1) より

　　$\dfrac{17}{37}-\left\langle\dfrac{17}{37}\right\rangle=\dfrac{17}{37000}=\dfrac{17}{37}\times\dfrac{1}{1000}$

　となることから

　　$\dfrac{3}{□}-\left\langle\dfrac{3}{□}\right\rangle=\dfrac{3}{□}\times\dfrac{1}{1000000}$

　となるのは，3÷□ の商が，小数第1位からはじまる6けたごとの循環小数になる場合であることがわかる。□は4以上30以下の整数だから，4から順に調べていくと，**7**，**13**，**21** が条件にあてはまる。

　　$3\div 7=0.428571428571\cdots \to \bm{0.428571}$
　　$3\div 13=0.230769230769\cdots \to \bm{0.230769}$
　　$3\div 21=0.142857142857\cdots \to \bm{0.142857}$

58 本冊 p.24

(1) **(0, 1, 2, 1, 1, 2)**
(2) **150**
(3) **$a=1$, $b=15$**

着眼

(3) 条件から $2006 \div C$ の商は 16 になる。これから C は 119 以上 125 以下になることがわかる。

解き方

(1) $39 \div 54 = \boxed{0}$ あまり 39
　　$54 \div 39 = \boxed{1}$ あまり 15
　　$39 \div 15 = \boxed{2}$ あまり 9
　　$15 \div 9 = \boxed{1}$ あまり 6
　　$9 \div 6 = \boxed{1}$ あまり 3
　　$6 \div 3 = \boxed{2}$ あまり 0

よって $\left\{\dfrac{39}{54}\right\} = $ **(0, 1, 2, 1, 1, 2)**

(2) 　$192 \div A = 1$ あまり B
　　　$A \div B = 3$ あまり C
　　　$B \div C = 1$ あまり D
　　　$C \div D = 1$ あまり E
　　　$D \div E = 3$ あまり 0

となる。E=①とすると
　　　D=①×3=③
　　　C=③×1+①=④
　　　B=④×1+③=⑦
　　　A=⑦×3+④=㉕
　　　192=㉕×1+⑦=㉜

よって，①=192÷32=6 だから
　　　A=6×25=**150**

(3) 　$C \div 2006 = 0$ あまり C
　　$2006 \div C = 16$ あまり E

となる。また
　　$2006 \div 17 = 118$
　　$2006 \div 16 = 125$ あまり 6

より，C は 119 以上 125 以下の整数とわかる。
また，C+D=2006 なので，D は
　　$2006 - 125 = 1881$（以上）
　　$2006 - 119 = 1887$（以下）

D=1881 とすると
　　$1881 \div 2006 = 0$ あまり 1881
　　$2006 \div 1881 = 1$ あまり 125
　　$1881 \div 125 = 15$ あまり 6

D=1887 とすると
　　$1887 \div 2006 = 0$ あまり 1887
　　$2006 \div 1887 = 1$ あまり 119
　　$1887 \div 119 = 15$ あまり 102

となり，いずれにしても **$a=1$, $b=15$** となる。

1 図形と長さ

難関校レベル

本冊 p.25 ～ 27

59 本冊 p.25

(1) **2 回転**
(2) （図：時計の針が右下を指す）

着眼

円が転がる問題は，接していく長さに注目して考えるとよい。転がり方が，直線上でない場合，公式による求め方も知っておくと，簡単に考えられる。回転数は（転がる円の中心の移動きょり）÷（転がる円の円周）となる。

円周率は，最後の答えを出す直前までは π という文字を使って計算を進め，最後に円周率の値をもどすようにしよう。

解き方

(1) 右の図のように円周を 4 等分し，ア，イ，ウ，エとすると，① から ② の状態になるとき弧エウの部分と円周の一部が接するので，矢印の向きは下向きになり，円は $\frac{1}{2}$ 回転する。

$\frac{1}{4}$ 周で $\frac{1}{2}$ 回転するので，1 周すると **2 回転**する。

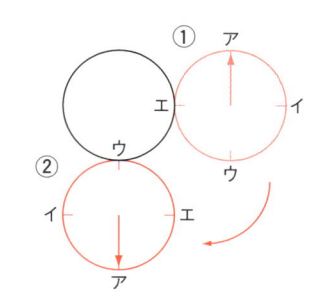

(2) (1)と同様に考えることもできるが，転がる円が何回転するかは計算で求めることができる。

転がる円の回転数
　＝（転がる円の中心の移動きょり）÷（転がる円の円周）

それぞれの円の半径を 1 とすると，
転がる円の中心の移動きょりは

$$2 \times 2 \times \pi \times \left(\frac{120}{360} + \frac{180}{360}\right) \times 2$$
$$= 6\frac{2}{3} \times \pi$$

転がる円の円周は
　$1 \times 2 \times \pi = 2 \times \pi$

よって
$$\left(6\frac{2}{3} \times \pi\right) \div (2 \times \pi) = 3\frac{1}{3} \text{（回転）}$$

矢印は上向きなので，その状態から右まわりに $3\frac{1}{3}$ 回転させるとよい。

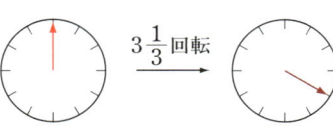

60 本冊 p.25

(1) **B が 4m² 大きい**
(2) **18m**

着眼
はば 4m の道路を 2m ずつに分けて移動させて考えるのがポイントとなる。この考え方を使う問題はよく出題されるので，注意が必要である。

解き方

(1) 上の図のように考えると，影の部分が面積の差となる。
$2×2=$ **4 (m²)**

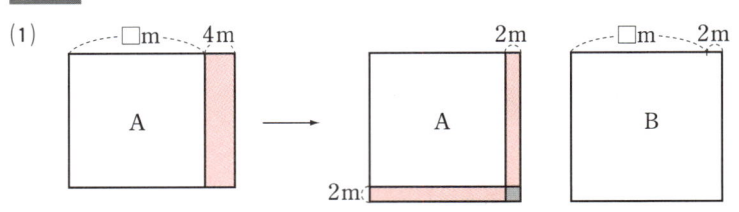

(2) B の面積は $396+4=400$ (m²)
$400=20×20$ より，(□+2)m は 20m
よって，土地 A の 1 辺の長さは $20-2=$ **18 (m)**

61 本冊 p.26

(1) [図]
(2) **21.1cm**

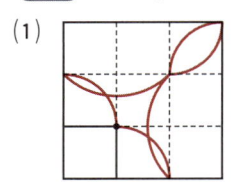

着眼
転がったあと，頂点 P がどこに移動するかを考える。回転の中心をまちがえないようにしよう。

解き方

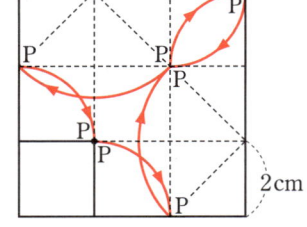

(1) 回転の中心と半径に注意しながら，頂点 P の描く線をかいていくと，右の図のようになる。

(2) 1 辺が 2cm の正方形の対角線の長さは $1.4×2=2.8$ (cm)
よって，P が描く線の長さは
$2×2×3.1×\frac{90}{360}×4+2.8×2×3.1×\frac{90}{360}×2$
$=6.8×3.1=21.08$ (cm) → **21.1cm**

62 本冊 p.26

(1) **3.3cm**
(2) **19cm**
(3) **2.4cm**

着眼
いろいろな大きさの正方形の 1 辺の長さの関係をしっかりとつかむこと。
2 つの正方形の 1 辺の長さで，残りすべての正方形の 1 辺の長さを表す。

解き方

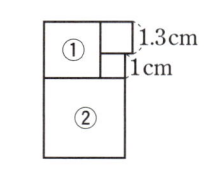

(1) ①の 1 辺の長さ $1+1.3=2.3$ (cm)
②の 1 辺の長さ $2.3+1=$ **3.3 (cm)**

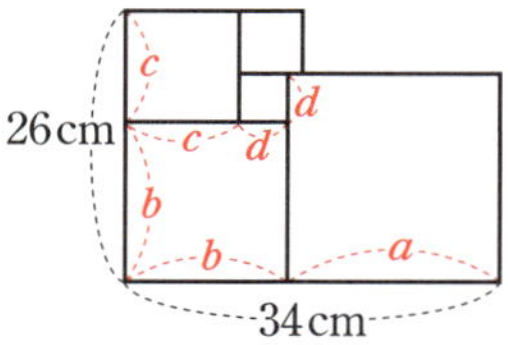

(2) 右の図のように 1 辺の長さをそれぞれ a，b，c，d とする。
$a+b=34$，$b+c=26$
$a=b+d$，$b=c+d$
よって $a+b=(b+d)+(c+d)$
$a+b=34$，$b+c=26$ であるから $34=26+d×2$
よって $d=(34-26)÷2=4$ (cm)
a，b の和が 34，差が 4 なので $a=(34+4)÷2=$ **19 (cm)**

(3) いちばん小さい正方形の 1 辺の長さを x, 2 番目に小さい正方形の 1 辺の長さを y とする。

また，右の図のように，正方形をア，イ，ウ，エ，オとし，それぞれの正方形の 1 辺の長さを |ア|, |イ|, |ウ|, |エ|, |オ|とすると。

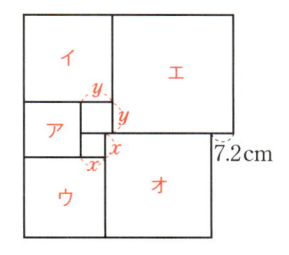

|ア|$=x+y$
|イ|$=$|ア|$+y=x+y+y$
|ウ|$=$|ア|$+x=x+y+x$
|エ|$=$|イ|$+y=x+y+y+y$
|オ|$=$|ウ|$+x=x+y+x+x$

よって
　|イ|$+$|エ|$=(x+y+y)+(x+y+y+y)=x×2+y×5$
　|ウ|$+$|オ|$=(x+y+x)+(x+y+x+x)=x×5+y×2$

(|イ|$+$|エ|)と(|ウ|$+$|オ|)のちがいは
　$y×3-x×3=(y-x)×3$
よって　$y-x=7.2÷3=$ **2.4 (cm)**

63 本冊 p.27

(1) **12cm**
(2) 辺 AB **4cm**
　　辺 CD **3cm**

着眼

(2) 6 つの角が等しい六角形は辺を延長することにより，三角形をつくることができる。その三角形が，正三角形であることを利用して，いろいろな辺の長さを求めていこう。

解き方

(1) 右の図のように区切ると，2 つの正三角形の重なっている部分は正六角形であることがわかる。正六角形の 1 辺の長さは，正三角形 ABC の 1 辺の長さの $\frac{1}{3}$ 倍なので

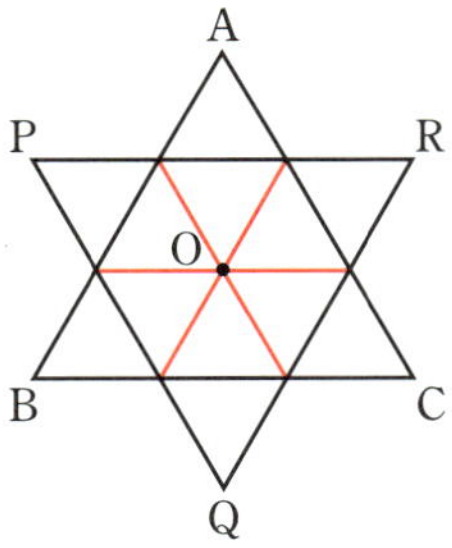

$6×\frac{1}{3}×6=$ **12 (cm)**

(2) 6 つの角がすべて等しいので，1 つの角の大きさは
$180°×(6-2)÷6=120°$
辺を延長し，図のように三角形 PQR をつくると，角 P, Q, R の大きさは 60° なので，三角形 PQR と三角形 ⑦, ⑦, ⑨ は，正三角形になる。 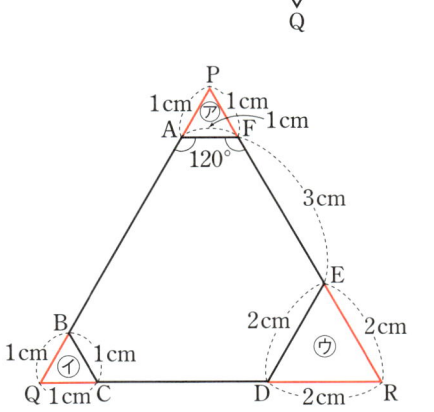
RP$=$PQ$=$QR$=2+3+1=6$ (cm) なので
　AB$=6-(1+1)=$ **4 (cm)**
　CD$=6-(1+2)=$ **3 (cm)**

超難関校レベル

64 本冊 p.27
(1) **3.6 cm**
(2) **12 cm**

着眼
(1) 三角形 BHP，三角形 CKQ を移動させ，長方形をつくる。
(2) 直角三角形に内接（内側にぴったりはいっている）する円の半径を求め，相似を使う。

解き方
(1) 次の図のように，三角形 BHP，三角形 CKQ を移動させて長方形をつくる。

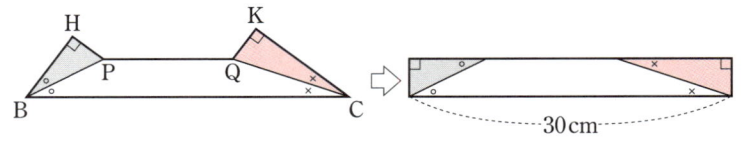

長方形の面積を考えると $18 \times 24 \div 2 \div 2 = 30 \times PH$
よって PH = **3.6 (cm)**

(2) BP の延長と CQ の延長が交わる点を O とし，O から三角形 ABC の 3 辺 AB，AC，BC にそれぞれ垂直な線分 OG，OI，OJ をひく。三角形 OBG と三角形 OBJ，三角形 OCJ と三角形 OCI はそれぞれ合同なので，OG＝OI＝OJ となり，次の図のように三角形 ABC の中にぴったりはいる円がかける。

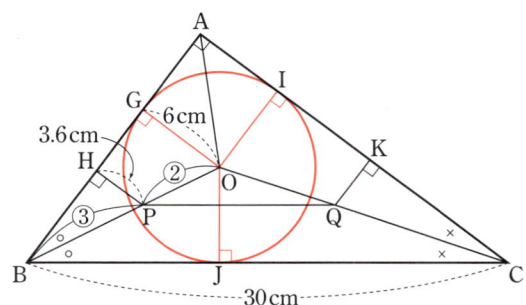

三角形 ABC の面積を考えると
$AB \times OG \div 2 + AC \times OI \div 2 + BC \times OJ \div 2 = AB \times AC \div 2$
OG＝OI＝OJ より $36 \times OG = 216$
よって OG ＝ 6 (cm)
PH：OG ＝ 3.6：6 ＝ 3：5 より BP：PO ＝ 3：2
よって $PQ = 30 \times \dfrac{2}{3+2} =$ **12 (cm)**

［別解］ 3 辺の比が 3：4：5 の直角三角形の中にぴったりはいる円をかくと，下の左の図のように線分の比がわかる。

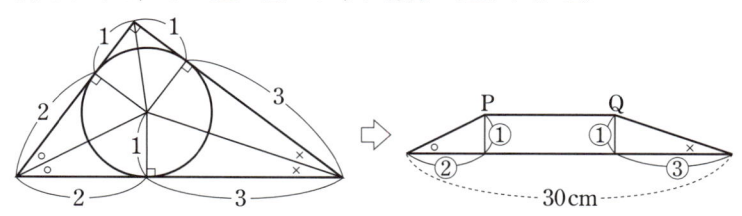

上の右の図から
$PQ = 30 - ⑤$
$= 30 - 3.6 \times 5 =$ **12 (cm)**

本冊 *p.28* の答え —— 43

65 本冊 *p.28*

80cm

着眼

AB の長さ 8cm が，何の長さにあたるかを考える。

解き方

中央の部分に注目すると，間隔と，もっとも短い1辺の長さが等しい。AB の長さは，間隔7つ分ともっとも短い1辺の長さ1つ分。
間隔1つ分の長さは　8÷(7+1)=1 (cm)
よって　(1+2+3+4+5+6+7+8)×2+8=**80 (cm)**

66 本冊 *p.28*

たて　**57.6cm**
横　　**59.4cm**

着眼

最小の正方形の1辺の長さを使って，いろいろな大きさの正方形の1辺の長さを表していく。

解き方

右の図のように，ア，イ，ウ，エとし，最小の正方形の1辺の長さを ① とする。
正方形アの1辺の長さを |ア| のように表すと
　　|B|=|ア|+①,　|イ|=|ア|+②,
　　|ウ|=|ア|+③
■ の1辺の長さは
　　|ウ|+|イ|−(|ア|+|B|)=②+③−①=④
よって　|エ|=|ア|+⑦,　|A|=|ア|+⑪
|A|−|B| を考えると
　　⑩=32.4−14.4=18 (cm)　①=1.8(cm)
よって　|ア|=14.4−1.8=12.6 (cm)
たての長さは
　　|エ|+|A|=(|ア|+⑦)+(|ア|+⑪)
　　　　　　=12.6×2+1.8×18
　　　　　　=**57.6 (cm)**
横の長さは
　　|イ|+|ウ|+|エ|=(|ア|+②)+(|ア|+③)+(|ア|+⑦)
　　　　　　　　=12.6×3+1.8×12
　　　　　　　　=**59.4 (cm)**

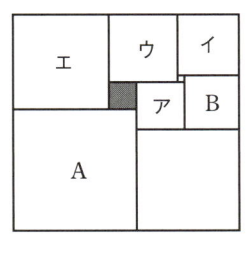

2 面 積

難関校レベル　本冊 p.29 〜 35

67 本冊 p.29

(1) **37cm²**

(2) ① $2\dfrac{4}{7}$ **cm**

　　② **7.5cm**

着眼

三角形の高さの比は，面積の比÷底辺の比で求まる。

三角形 ABP の面積は EP×DC÷2 で求められる。

解き方

(1) DP＝9－4
　　　＝5 (cm)
　　(6＋10)×9÷2－6×5÷2－10×4÷2
　＝72－15－20
　＝**37 (cm²)**

(2) ①

	三角形 ADP	三角形 BCP
面積	3 ：	2
底辺　AD：BC＝	6 ：	10
高さ　DP：CP＝	3÷6 ：	2÷10　＝5：2

よって　$9 \times \dfrac{2}{5+2} = \dfrac{18}{7} = 2\dfrac{4}{7}$ **(cm)**

② 右の図のように，P から AD と平行な直線をひき，AB と交わる点を E とする。
EP×9÷2＝30 (cm²) なので
$EP = \dfrac{60}{9} = \dfrac{20}{3} = 6\dfrac{2}{3}$ (cm)

$DP:CP = \left(6\dfrac{2}{3} - 6\right) : \left(10 - 6\dfrac{2}{3}\right)$
　　　　　＝1：5

より　$9 \times \dfrac{5}{1+5} = $ **7.5 (cm)**

［別解］ 辺 BC 上に点 Q を QC＝6cm となるようにとる。
　　三角形 BPQ
　＝台形 ABCD－三角形 ABP
　　－(三角形 ADP＋三角形 QCP)
　＝72－30－6×9÷2＝15
また，BQ＝10－6＝4 (cm) より
　　三角形 BPQ＝BQ×CP÷2＝4×PC÷2＝2×CP
よって　2×CP＝15　　CP＝**7.5 (cm)**

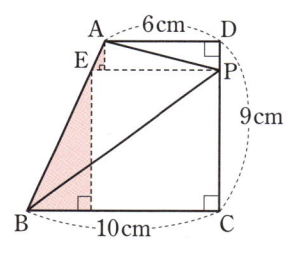

68 本冊 p.29

(1) (ア) **2cm**
　　(イ) $2\dfrac{8}{15}$ **cm²**

(2) **37.5 秒後**

着眼

2 点が重なる場所は必ず CG 上なので，CG 上にいる時間の表をかいて考える。重なる場所や時間は，ダイヤグラムで求めることもできる。求める状態の図をていねいにかいて考えることが重要である。

解き方

(1) (ア) 点 P，Q が重なるのは，必ず CG 上なので，点 P，Q が CG 上にくる時間を調べる。

| P | 4〜7 | 20〜23 | 36〜39 | 52〜55 | … |
| Q | 6〜9 | 18〜21 | 30〜33 | 42〜45 | 54〜57 | … |

ダイヤグラムをかいて考える。
$7-6=1$，$9-4=5$ より
$$CR=3\times\dfrac{5}{1+5}=2.5\,(\text{cm})$$
$23-18=5$，$21-20=1$ より
$$CS=3\times\dfrac{1}{1+5}=0.5\,(\text{cm})$$
よって　$2.5-0.5=$ **2 (cm)**

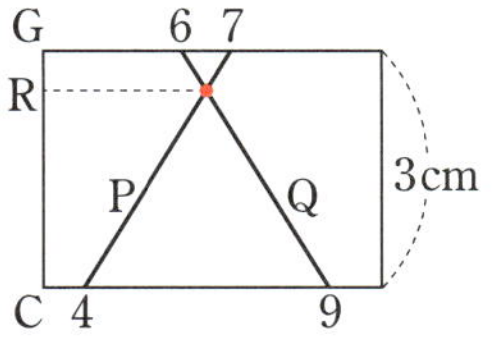

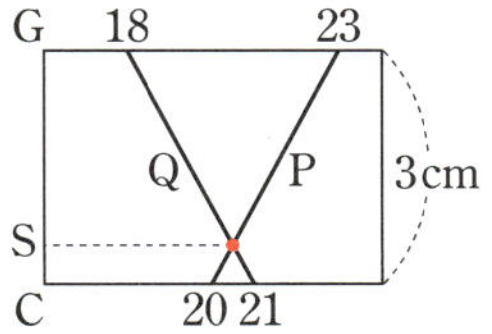

(イ) 右下の図のように H，I をとる。RS を底辺とすると
三角形 HSR の高さは
$$4\times\dfrac{2}{4+2}=\dfrac{4}{3}\,(\text{cm})$$
三角形 IRS の高さは
$$3\times\dfrac{2}{2+3}=\dfrac{6}{5}\,(\text{cm})$$ 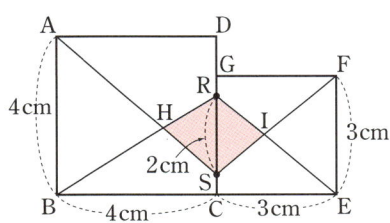
よって　$2\times\dfrac{4}{3}\div2+2\times\dfrac{6}{5}\div2=\dfrac{38}{15}=$ **$2\dfrac{8}{15}$ (cm²)**

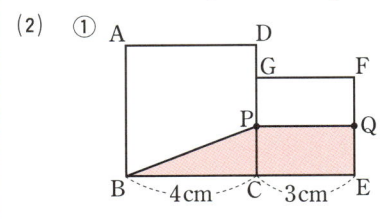

(2) 条件をみたす PQ の位置は，①，② の場合が考えられる。
台形 GBEF の面積は　$(3+7)\times3\div2=15\,(\text{cm}^2)$ となるので，
台形 PBEQ の面積は　$15\div2=7.5\,(\text{cm}^2)$

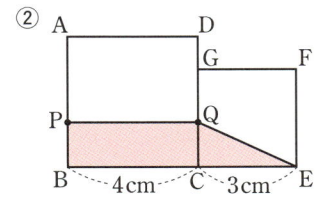

① のとき　$CP=EQ=7.5\times2\div(3+7)=1.5\,(\text{cm})$

| CP=1.5 になるのは | 5.5 | 21.5 | 37.5 | … |
| EQ=1.5 になるのは | 1.5 | 13.5 | 25.5 | 37.5 | … |

よって，37.5 秒後。

② のとき　$PB=QC=7.5\times2\div(4+7)=1\dfrac{4}{11}\,(\text{cm})$

| PB=$1\dfrac{4}{11}$ になるのは | $14\dfrac{7}{11}$ | $30\dfrac{7}{11}$ | $46\dfrac{7}{11}$ | … |
| QC=$1\dfrac{4}{11}$ になるのは | $7\dfrac{7}{11}$ | $19\dfrac{7}{11}$ | $31\dfrac{7}{11}$ | $43\dfrac{7}{11}$ | … |

となり，37.5 秒より前で同じにはならない。
よって，**37.5 秒後**。

46 —— 本冊 p.29〜30 の答え

69 本冊 p.29

(1) **12cm²**

(2) **$11\dfrac{1}{4}$ cm²**

(3) **$3\dfrac{9}{37}$ cm**

着眼

直角三角形の内側に正方形や長方形をかくと，もとの直角三角形と相似な三角形ができる。相似な図形は辺の長さの比が等しいことを利用し，それぞれの長さを求めていく。

解き方

(1) 長方形 PQRS は右の図のようになる。

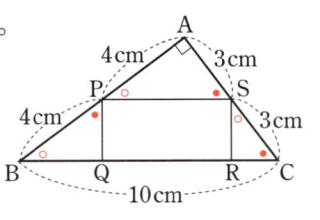

$$PQ = 4 \times \dfrac{6}{10} = 2.4 \text{ (cm)}$$

$$PS = 4 \times \dfrac{10}{8} = 5 \text{ (cm)}$$

よって　$2.4 \times 5 =$ **12 (cm²)**

(2) 長方形 PQRS は右の図のようになる。

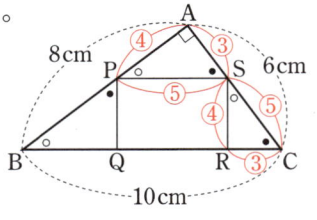

AS = ③ cm とおくと

⑧ = 6 (cm)

⑤ = $6 \times \dfrac{5}{8} = \dfrac{15}{4}$ (cm)

④ = $6 \times \dfrac{4}{8} = 3$ (cm)

よって　$\dfrac{15}{4} \times 3 =$ **$11\dfrac{1}{4}$ (cm²)**

(3) 長方形 PQRS は右の図のようになる。

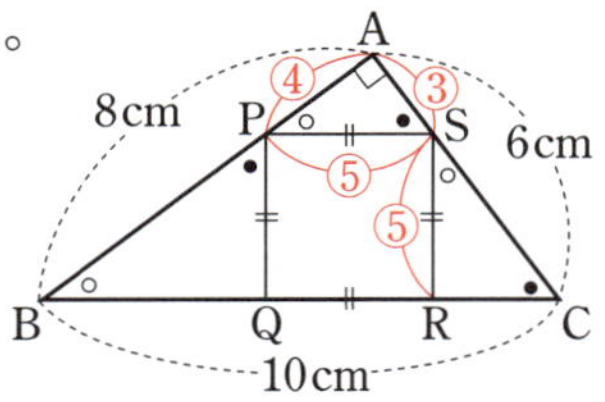

AS = ③ cm とおくと

SC = ⑤ × $\dfrac{5}{4}$ = ㉕/4

③ + ㉕/4 = 6 (cm)

これより　① = $6 \div \left(3 + \dfrac{25}{4}\right) = \dfrac{24}{37}$

よって　PQ = ⑤ = $\dfrac{24}{37} \times 5 =$ **$3\dfrac{9}{37}$ (cm)**

70 本冊 p.30

(1) **21.925cm²**

(2) **15.5 秒後**

着眼

図形の内側を円が移動し，通過する部分を考える場合，角の部分で円が通過した場所に注意する。

解き方

(1) $1 \times 9.5 = 9.5$ (cm) なので，9.5cm 移動した図をかくと，右のようになる。

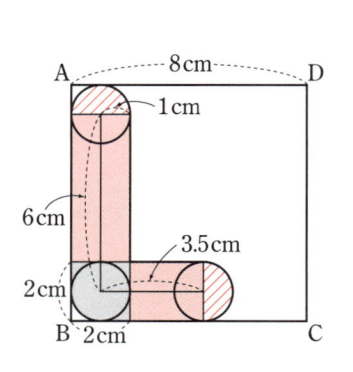

色の部分の面積は

$$2 \times (6 - 1 + 3.5 - 1) = 15 \text{ (cm}^2)$$

影の部分の面積は

$$2 \times 2 - \left(1 \times 1 - 1 \times 1 \times 3.14 \times \dfrac{1}{4}\right)$$

$$= 3.785 \text{ (cm}^2)$$

斜線部分の面積は

$$1 \times 1 \times 3.14 \times \dfrac{1}{2} \times 2 = 3.14 \text{ (cm}^2)$$

よって　$15 + 3.785 + 3.14 =$ **21.925 (cm²)**

本冊 *p.30* の答え —— **47**

(2) 右の図の状態のとき，円が通過する部分の面積が 33.71cm² であるとする。色の部分の面積は
$$33.71-(3.785\times2+3.14)$$
$$=23\,(\text{cm}^2)$$
円の中心が移動する長さのうち，色の部分は　$23\div2=11.5\,(\text{cm})$
よって　$6-1+6-2+\square-1=11.5\,(\text{cm})$
ゆえに　$\square=3.5\,(\text{cm})$
よって　$(6+6+3.5)\div1=$ **15.5（秒後）**

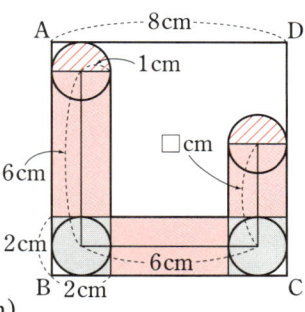

---

71 本冊 *p.30*

(1) **3 : 1**
(2) **30cm²**
(3) **39cm²**

着眼

底辺の比
＝ 面積の比 ÷ 高さの比
高さの比
＝ 面積の比 ÷ 底辺の比
面積の比
＝ 底辺の比 × 高さの比
で求められる。それぞれの三角形の高さの比は，DC の部分の長さで考えてよいことに注目しよう。

解き方

(1)

	三角形 ABE	三角形 FEC
面積	81 :	12
高さ　DC : FC =	9 :	4
底辺　BE : EC =	9 :	3　**= 3 : 1**

(2) $AD=\boxed{1}$ とおくと　$BC=\boxed{2}$　$EC=\boxed{2}\times\dfrac{1}{3+1}=\boxed{0.5}$

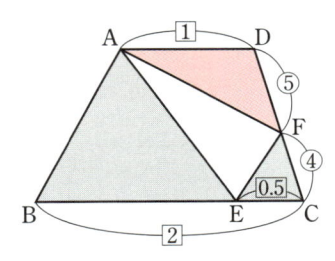

	三角形 AFD	三角形 FEC
底辺　AD : EC =	1 :	0.5
高さ　DF : FC =	5 :	4
面積	5 :	2

よって　三角形 $AFD = 12\times\dfrac{5}{2}=$ **30 (cm²)**

(3) 三角形 $ABC = 81\times\dfrac{3+1}{3}=108\,(\text{cm}^2)$

台形 $ABCD = 108\times\dfrac{1+2}{2}=162\,(\text{cm}^2)$

よって　三角形 $AEF = 162-(81+30+12)=$ **39 (cm²)**

72 本冊 p.30

(1) **100cm²**

(2) ① **140cm²**
    ② **245cm²**

着眼

重なっている部分の面積が正方形 A,B のそれぞれ何倍であるかを考える。正方形 A,B の面積の比を求め，差が 35cm² であることからそれぞれの正方形の面積がわかる。

解き方

(1) （正方形 A の面積）×$\frac{2}{5}$＝40 (cm²)

正方形 A の面積は　$40÷\frac{2}{5}=40×\frac{5}{2}=$ **100 (cm²)**

(2) ① 重なっている部分の面積を ① cm² とすると

正方形 A の面積は　$①÷\frac{2}{5}=①×\frac{5}{2}=\left(\frac{5}{2}\right)$ (cm²)

正方形 B の面積は　$①÷\frac{1}{2}=①×2=②$ (cm²)

この差 $\left(\frac{5}{2}\right)-②=\left(\frac{1}{2}\right)$ (cm²) が 35cm² なので　①＝35×2＝70 (cm²)

正方形 B の面積は　70×2＝**140 (cm²)**

② 太い線で囲まれた図形の面積は，正方形 A と正方形 B の面積の和から，重なっている部分の面積をひく。

$\left(\frac{5}{2}\right)+②-①=\left(\frac{7}{2}\right)=70×\frac{7}{2}=$ **245 (cm²)**

73 本冊 p.31

(1) **49：16**

(2) **32：455**

(3) **28：37**

着眼

辺の長さを求めるとき，相似な図形をつくって考えるとよい。

解き方

(1) P から AB に平行な直線をひき，AQ との交点を S とする。

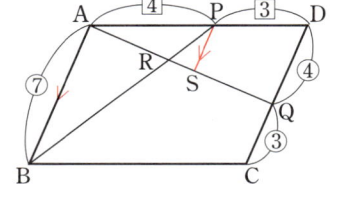

DQ＝④ とすると

$PS=④×\frac{4}{4+3}=\left(\frac{16}{7}\right)$

$BR:RP=AB:PS=⑦:\left(\frac{16}{7}\right)$

　　　＝**49：16**

(2) 平行四辺形 ABCD の面積を 1 とすると

三角形 $ABP=\frac{1}{2}×\frac{4}{4+3}=\frac{2}{7}$

三角形 $ARP=\frac{2}{7}×\frac{16}{49+16}=\frac{32}{455}$

よって　$\frac{32}{455}:1=$ **32：455**

(3) Q から BC に平行な直線をひき，BP との交点を T，AB との交点を U とする。

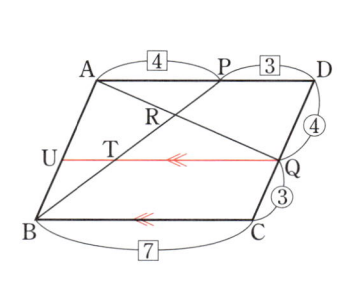

AP＝④ とすると

$UT=④×\frac{3}{3+4}=\left(\frac{12}{7}\right)$

より　$TQ=⑦-\left(\frac{12}{7}\right)=\left(\frac{37}{7}\right)$

よって　$AR:RQ=AP:TQ=④:\left(\frac{37}{7}\right)=$ **28：37**

本冊 p.31 の答え —— 49

[別解] 平行四辺形 ABCD の面積を1とすると

$$三角形 AQP = 1 \times \frac{1}{2} \times \frac{4}{3+4} \times \frac{4}{3+4} = \frac{8}{49}$$

(2)より，三角形 ARP = $\frac{32}{455}$ なので

$$AR : AQ = \frac{32}{455} : \frac{8}{49} = 28 : 65$$

よって　AR：RQ＝28：(65−28)＝**28：37**

74　本冊 p.31

(1)　**5：3**
(2)　**5：8**

着眼

長方形の面積を1とおいて，面積を求める。

解き方

(1) 右の図で，長方形 DEFG の面積を1とする。

三角形 AEF ＝ $\frac{1}{4}$ なので

$$ⓐ = \frac{1}{4} \times \frac{1}{1+2} = \frac{1}{12}$$

三角形 GEF ＝ $\frac{1}{2}$ なので

$$三角形 REF = \frac{1}{2} \times \frac{3}{3+2} = \frac{3}{10}$$

三角形 QEF ＝ $\frac{1}{4}$ なので　ⓘ ＝ $\frac{3}{10} - \frac{1}{4} = \frac{1}{20}$

よって　ⓐ：ⓘ ＝ $\frac{1}{12} : \frac{1}{20}$ ＝**5：3**

(2) 三角形 RFG ＝ 三角形 GEF − 三角形 REF ＝ $\frac{1}{2} - \frac{3}{10} = \frac{1}{5}$

より　ⓒ ＝ $\frac{1}{5} \times \frac{2}{3} = \frac{2}{15}$

よって　ⓐ：ⓒ ＝ $\frac{1}{12} : \frac{2}{15}$ ＝**5：8**

75　本冊 p.31

72cm²

着眼

直角二等辺三角形は，同じ大きさの直角二等辺三角形2つができるように分けられる。

解き方

右の図のように A，B，C，D，E，F をとる。E から AB に垂直な直線をひき，AB との交点を G とすると，各部分の長さは図のようになる。

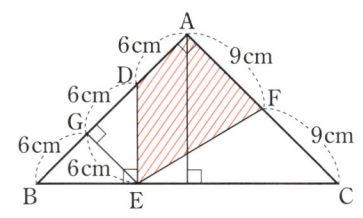

斜線部分 ＝ 台形 AGEF − 三角形 DEG
　　　　＝ (6＋9)×(6＋6)÷2−6×6÷2
　　　　＝ 90−18＝**72 (cm²)**

76 本冊 p.32

(1) **167.5cm²**
(2) **100.48cm**

着眼
回転した角度を，ていねいに求めよう。

解き方

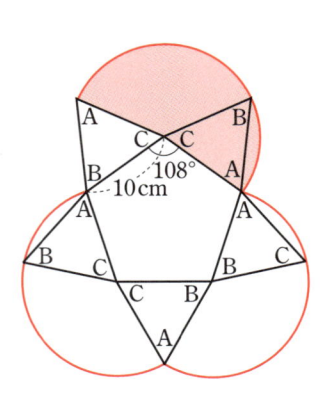

(1) 辺 AC が回転した角度は
$$360° - (60° + 108°) = 192°$$
よって面積は
$$10 \times 10 \times 3.14 \times \frac{192}{360}$$
$$= 167.466 \cdots (\text{cm}^2)$$
小数第 2 位を四捨五入して **167.5cm²**

(2) 右の図の色の線の長さを求める。
$$10 \times 2 \times 3.14 \times \frac{192}{360} \times 3$$
$$= \mathbf{100.48\,(cm)}$$

77 本冊 p.32

(1) $1\dfrac{7}{9}$ 倍
(2) $1\dfrac{13}{27}$ 倍

着眼
1 回の操作で，周囲の長さは $\dfrac{4}{3}$ 倍に変化することも見ぬいておこう。

解き方

図Ⅰの 1 辺の長さを 9 とする。また，3 種類の正三角形の面積を，小さい方から順に ㋐，㋑，㋒ とする。

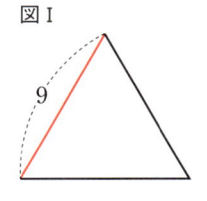

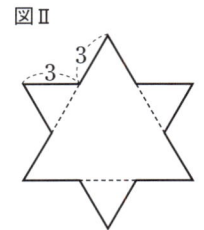

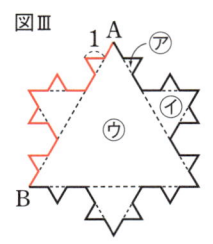

(1) 図Ⅲのいちばん小さい正三角形の 1 辺の長さは $9 \times \dfrac{1}{3} \times \dfrac{1}{3} = 1$

図Ⅲの色の線の長さは $1 \times 4 \times 4 = 16$

よって $16 \div 9 = 1\dfrac{7}{9}$ (倍)

(2) ㋐ : ㋑ : ㋒ = (1×1) : (3×3) : (9×9) = 1 : 9 : 81

㋐ の面積を 1 とすると，図Ⅲの図形の面積は
$$1 \times 12 + 9 \times 3 + 81 \times 1 = 120$$

よって $120 \div 81 = 1\dfrac{13}{27}$ (倍)

本冊 p.32～33 の答え —— 51

78 本冊 p.32
(1) **3 : 1**
(2) **8cm²**

着眼
相似から辺の長さの比を求め，区切り面積で考える。

解き方

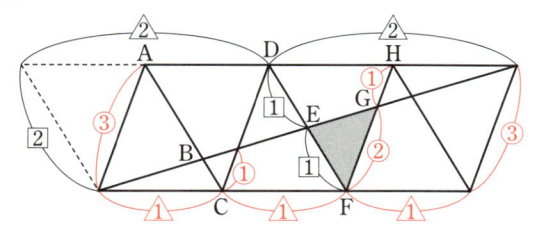

(1) 図より　AB : BC = **3 : 1**
(2) DE : EF = 1 : 1，HG : GF = 1 : 2
三角形 EFG の面積は三角形 DFH の面積の
$$\frac{1}{1+1} \times \frac{2}{1+2} = \frac{1}{3}（倍）$$
よって　$24 \times \frac{1}{3} = $ **8 (cm²)**

79 本冊 p.33
(1) $4\frac{1}{6}$ **cm²**
(2) **12.825cm²**

着眼
(2) 円の中心から，直径に対して直角に直線をひくと，直角二等辺三角形ができる。

解き方

(1) 相似な三角形に着目し，辺の比を使う。 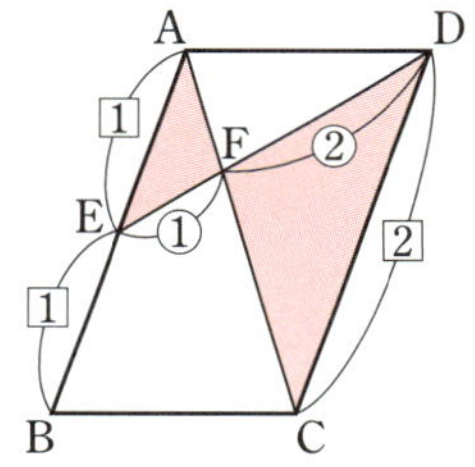
三角形 $AED = 50 \times \frac{1}{2} \times \frac{1}{2} = \frac{25}{2}$ (cm²)
三角形 $AEF = \frac{25}{2} \times \frac{1}{1+2} = \frac{25}{6}$
　　　　$= 4\frac{1}{6}$ **(cm²)**

(2) 図の影の部分の面積は 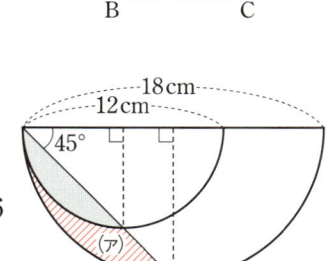
$6 \times 6 \times 3.14 \times \frac{1}{4} - 6 \times 6 \div 2$
$= 10.26$ (cm²)
(ア)…$9 \times 9 \times 3.14 \times \frac{1}{4} - 9 \times 9 \div 2 - 10.26$
$= $ **12.825 (cm²)**

80 本冊 p.33
(1) **45cm²**
(2) **60cm²**

着眼
面積を区切って考えていくと，辺の比から求めていくことができる。

解き方

(1) 右の図から，区切り面積を考えると
$135 \times \frac{2}{2+1} \times \frac{1}{1+1} = $ **45 (cm²)**

(2) 三角形 BPR と三角形 CQR の面積を ① cm² とすると，三角形 APR は ② cm²，三角形 ARQ は ① cm² となる。
②+①=③ cm² が 45cm² にあたるので
　　①=45÷3=15 (cm²)
よって　135-(45+15+15)= **60 (cm²)**

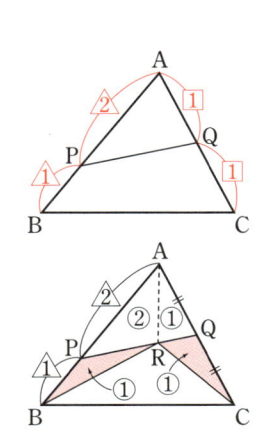

81 本冊 p.33

(1) **2cm**

(2) **3.75cm**

(3) **16 : 8 : 6 : 5**

着眼

高さが等しい三角形の面積の比は，底辺の比と等しい。注目する部分のみかき出して考えると，わかりやすい。

解き方

(1) 1つの三角形の面積を1とすると，下の右の図のように BE : EC = 5 : 1 とわかる。

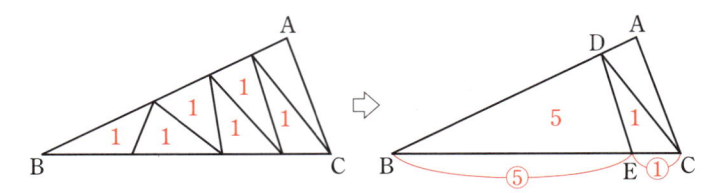

よって　$EC = 12 \times \dfrac{1}{5+1} = \mathbf{2\,(cm)}$

(2) $BG = (12-2) \times \dfrac{3}{3+1} = 7.5\,(cm)$

BI : IG = 1 : 1 なので

$BI = 7.5 \times \dfrac{1}{1+1} = \mathbf{3.75\,(cm)}$

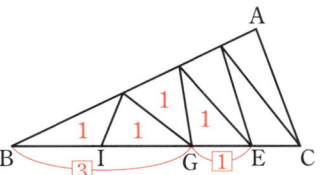

(3) 同様の考え方で，次のようにわかる。

AD : DB = 1 : 6,　DF : FB = 1 : 4,　FH : HB = 1 : 2

AB の長さを 1 とすると

$AD = \dfrac{1}{1+6} = \dfrac{1}{7}$

$DF = \left(1 - \dfrac{1}{7}\right) \times \dfrac{1}{1+4} = \dfrac{6}{35}$

$FH = \left(1 - \dfrac{1}{7} - \dfrac{6}{35}\right) \times \dfrac{1}{1+2} = \dfrac{8}{35}$

$HB = 1 - \dfrac{1}{7} - \dfrac{6}{35} - \dfrac{8}{35} = \dfrac{16}{35}$

よって　$BH : HF : FD : DA = \dfrac{16}{35} : \dfrac{8}{35} : \dfrac{6}{35} : \dfrac{1}{7} = \mathbf{16 : 8 : 6 : 5}$

82 本冊 p.34

3 : 10

着眼

辺の比を求めるときは，辺を延長して相似を利用することも考える。

解き方

AF の延長と BC の延長が交わる点を H とすると

AG : GH = 1 : (2+2) = 1 : 4

AF : FH = 1 : 1

よって　AG : GF : FH = 2 : 3 : 5

平行四辺形 ABCD の面積を1とすると

三角形 $BCF = 1 \times \dfrac{1}{2} \times \dfrac{1}{2} = \dfrac{1}{4}$

三角形 $EFG = 1 \times \dfrac{1}{2} \times \dfrac{1}{2} \times \dfrac{1}{1+1} \times \dfrac{3}{2+3} = \dfrac{3}{40}$

よって　$\dfrac{3}{40} : \dfrac{1}{4} = \mathbf{3 : 10}$

本冊 p.34 の答え —— 53

83 本冊 p.34

(1) **12**
(2) **24**

着眼

(1) 延長して相似をつくる方法（83の方法）と，内部に直線をひいて相似をつくる方法の2通りともできるようにしておこう。

解き方

(1) K から BC に平行な直線をひき，AL との交点を Q とする。BL＝6cm なので KQ＝3cm 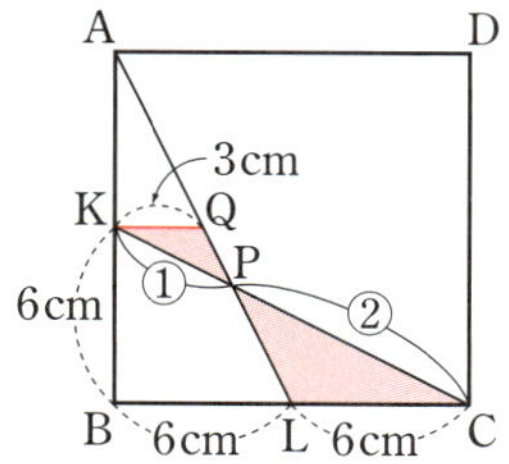
よって KP：PC＝3：6＝1：2
三角形 KBC＝12×6÷2＝36（cm²）なので
$36 \times \dfrac{6}{6+6} \times \dfrac{2}{1+2} = \mathbf{12}$（cm²）

(2) KM と NL を直線で結び，左上の部分に注目する。 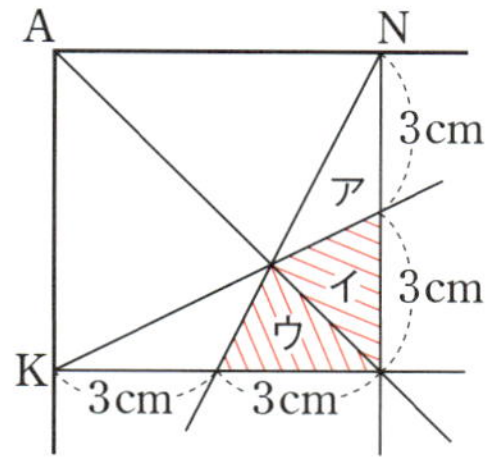
右の図のようにア，イ，ウとおくと
　ア：イ＝3：3＝1：1
イとウは対称なので　イ：ウ＝1：1
よって　ア：イ：ウ＝1：1：1
また，ア＋イ＋ウ＝3×6÷2＝9（cm²）なので
　イ＋ウ＝$9 \times \dfrac{2}{3} = 6$（cm²）
斜線部分はこれが4つ分なので　6×4＝**24**（cm²）

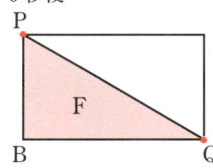

84 本冊 p.34

(1) **P の方が速い**
　　理由は**解き方参照**
(2) **4：3**
(3) **48cm²**
(4) **$1\dfrac{5}{7}$秒後，$5\dfrac{1}{7}$秒後**
(5) **$3\dfrac{3}{7}$秒後，$6\dfrac{6}{7}$秒後**

着眼

面積は，上底と下底の長さの和に比例する。それぞれの秒数後の状態を図にかいて考えるとよい。点の移動については，進んだきょりの和や，差に注目することが多い。

解き方

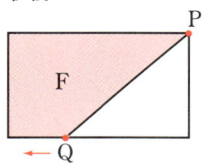

(1) 3秒後は，0秒後より面積が増えているので，上の図のようになり，**P の方が速い。**

(2) 横の長さを動くのに，点 P，Q はそれぞれ3秒，4秒かかっているので P，Q の速さの比は　**4：3**

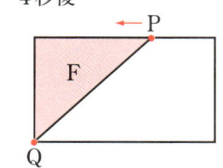

(3) 点 P と点 Q の速さの比が4：3なので，4秒後の点 P，Q の位置は次のようになる。

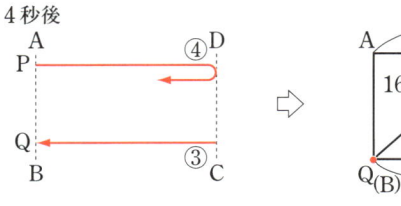

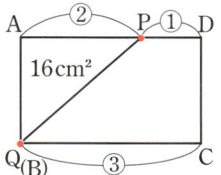

長方形の面積は　$16 \times \dfrac{2+1}{2} \times 2 = \mathbf{48}$ **(cm²)**

(4) 図形 F が長方形になるのは，PQ が AB と平行になるとき。
横の長さを 12cm とすると，点 P，点 Q の速さは
P…12÷3＝4（cm／秒）
Q…12÷4＝3（cm／秒）
P，Q の進んだきょりの和を考え，何秒後かを求める。

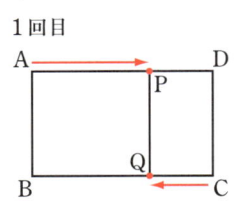

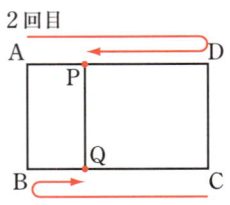

1回目　　2回目

1回目は　12÷(4+3)＝$1\frac{5}{7}$（秒後）

2回目は　12×3÷(4+3)＝$5\frac{1}{7}$（秒後）

3回目は　12×5÷(4+3)＝$8\frac{4}{7}$（秒後）となり不適。

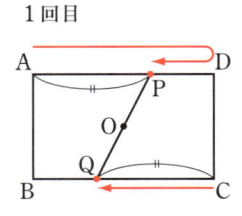

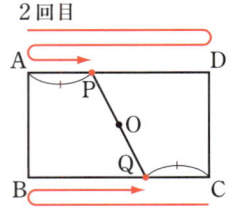

(5) 1回目　　2回目

1回目は　12×2÷(4+3)＝$3\frac{3}{7}$（秒後）

2回目は　12×4÷(4+3)＝$6\frac{6}{7}$（秒後）

3回目は　12×6÷(4+3)＝$10\frac{2}{7}$（秒後）となり不適。

85 本冊 p.35

(1) **10cm²**
(2) ① **6cm**
    ② **13cm²**
    ③ **6.5cm²**

【着眼】
三角形は，3つの角度が等しければ，相似となる。さらに，対応する辺の長さが等しければ，1：1の相似，つまり合同となる。

【解き方】
(1) 三角形 ABP と三角形 PCD は合同なので　BC＝2＋4＝6（cm）
よって　(2＋4)×6÷2－2×4÷2×2
　　　　＝**10（cm²）**

(2) ① 四角形 PERQ が正方形となるように点 E をとる。また，E と Q，E と R を線で結び，E から AB に垂直な線分 EF をひくと，右の図のようになる。四角形 AFEQ に注目すると，(1)と同じようになる。
よって，三角形 APQ と三角形 FEP は合同なので　FE＝3cm，PE＝EC
よって　AD＝BC＝FE×2＝**6（cm）**

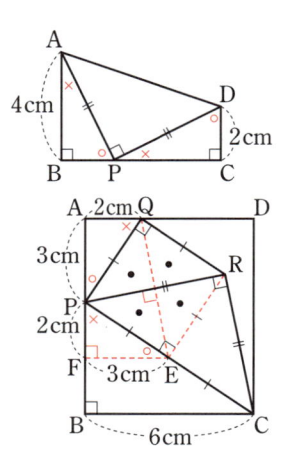

本冊 p.35 の答え — 55

② 三角形 QPE の面積は
 $(2+3)×(3+2)÷2−2×3÷2×2=6.5$ (cm²)
 図の・はすべて面積が等しいので 三角形 RPE=6.5cm²
 よって 三角形 PRC=6.5×2=**13 (cm²)**
③ QE と RC はどちらも PR に直角に交わるので平行になる。
 よって，三角形 ERC と三角形 QRC は，底辺を RC と考えると高さが同じとなり面積は等しい。よって，三角形 QRC の面積は，**6.5cm²** となる。

86 本冊 p.35
(1) **200 倍**
(2) **150cm²**

着眼
正三角形の半分の形であることから，30°，60°，90°の直角三角形のもっとも長い辺ともっとも短い辺の長さの比は，2：1 となる。

解き方
(1) 右の図のように考えると，影の部分の1つは1辺10cmの正三角形の半分になる。
1辺の長さ1cmの正三角形の面積を1とすると，1辺の長さ10cmの正三角形の面積は，10×10=100 となる。
影の部分の面積は 100÷2×4=200 となり 200÷1=**200（倍）**

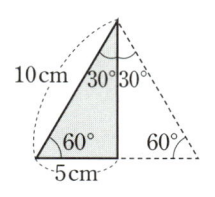

(2) 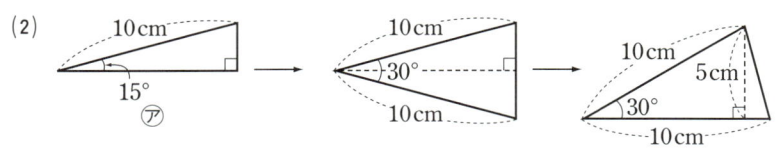 上の図のように考えると，⑦の面積は 10×5÷2÷2=12.5 (cm²)
よって 10×10+12.5×4=**150 (cm²)**

87 本冊 p.35
(1) **3cm²**
(2) **5：2，4.8cm²**
(3) **31.2cm²**

着眼
高さが等しい場合，三角形の面積の比と底辺の比は等しくなる。また，等しい比のものどうしをたしたり，ひいたりしても，比は変わらない。

解き方
(1) 右の図から $9×\dfrac{1}{3}=$**3 (cm²)**

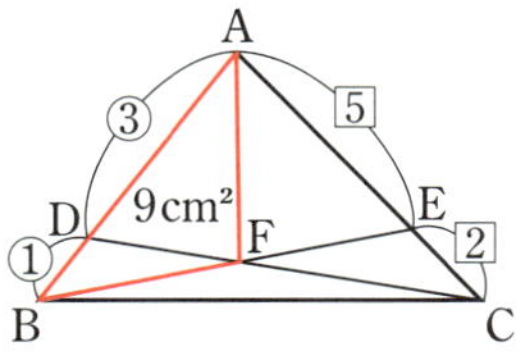

(2) 右の図から ア：イ=**5：2**
アの面積が 9+3=12 (cm²) なので，
イの面積は $12×\dfrac{2}{5}=$**4.8 (cm²)**

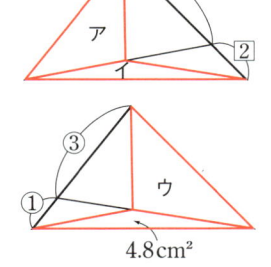

(3) ウの面積は $4.8×\dfrac{3}{1}=14.4$ (cm²)
よって，三角形ABCの面積は
12+4.8+14.4=**31.2 (cm²)**

超難関校レベル

88 本冊 p.36

(1) ① $1\dfrac{1}{3}$ cm
　　② 1 : 3
(2) 71.5 cm²

着眼

(1)② 底辺が同じ三角形で面積が等しい場合，残りの頂点は底辺と平行な直線上にある。

解き方

(1) ① 三角形 PDA＋三角形 PBC
　＝(2＋5)×4÷2－8＝6 (cm²)
　A から BC に垂直な直線をひき，BC との交点を R とする。 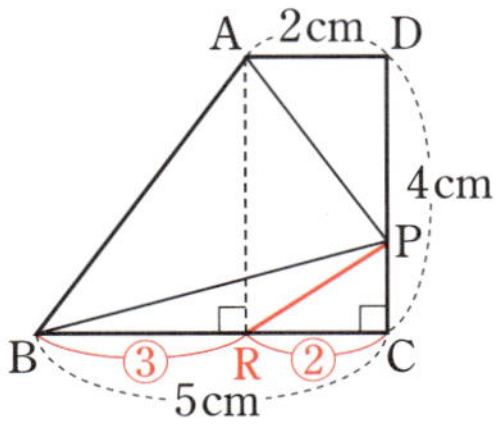
　　三角形 PDA＋三角形 PRC
　＝4×2÷2＝4 (cm²)
　よって　三角形 PBR＝6－4＝2 (cm²)
　BR：RC＝3：2 だから　三角形 PRC＝2×$\dfrac{2}{3}$＝$\dfrac{4}{3}$ (cm²)
　よって　CP＝$\dfrac{4}{3}$×2÷2＝$\dfrac{4}{3}$＝**$1\dfrac{1}{3}$ (cm)**

② 三角形 ABP と三角形 ABQ の面積は等しい。AB を底辺と考えると，それぞれの三角形の高さは等しくなるので AB と PQ は平行。 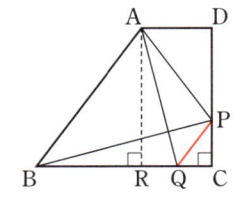
　AB と PQ が平行なので，三角形 ABR と三角形 PQC は相似。
　よって　PQ：AB＝PC：AR＝$1\dfrac{1}{3}$：4＝**1：3**

(2) S＝T なので
　S＋斜線部分＝T＋斜線部分
　S＋斜線部分
　＝$\left(10×10×3.14×\dfrac{1}{4}－10×10÷2\right)×2$
　＝57 (cm²)
　T＋斜線部分も 57 cm² となる。
　右の図の色の部分の面積は
　10×10÷2＋10×10×3.14×$\dfrac{1}{4}$＝128.5 (cm²)
　よって
　三角形 OBF＝128.5－57＝**71.5 (cm²)**

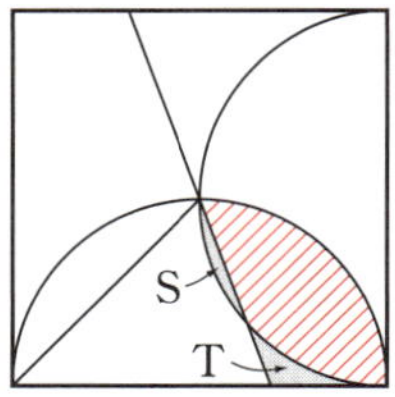

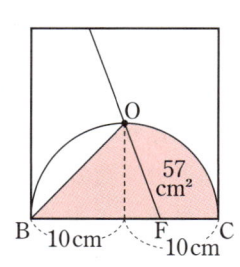

89 本冊 p.36

(1) **4 : 9**

(2) **7.85cm²**

着眼

円内の面積は，おうぎ形と三角形に分けて，求める部分を図形の式で表すとわかりやすい。

解き方

(1) 三角形 EOF と三角形 COD は合同だから，斜線部分 ECDF とおうぎ形 ODF の面積は等しい。

よって，求める面積の比はおうぎ形 ODF とおうぎ形 OAB の面積の比に等しく，これは中心角の比に等しい。よって

$$(90-25\times2) : 90 = 4 : 9$$

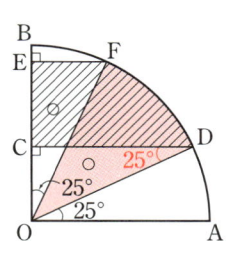

(2) 図形の式で考える。

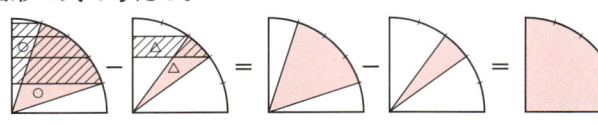

よって $5\times5\times3.14\times\dfrac{1}{4}\times\dfrac{2}{5}=$ **7.85 (cm²)**

90 本冊 p.36

(1) **14cm²**

(2) **10.5cm²**

(3) **17.5cm²**

(4) **10cm²**

着眼

正六角形の区切り方で，以下のタイプは覚えておこう。

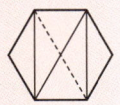

解き方

求める部分の面積が正六角形の面積の何倍になっているかを考える。

(1) 等積変形すると，右の図のようになる。

影の部分の面積は，正六角形の面積の

$$\dfrac{1}{2}-\dfrac{1}{6}=\dfrac{1}{3} \text{ (倍)}$$

よって $42\times\dfrac{1}{3}=$ **14 (cm²)**

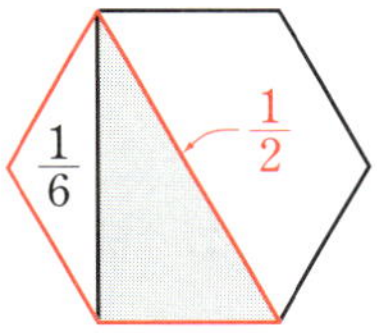

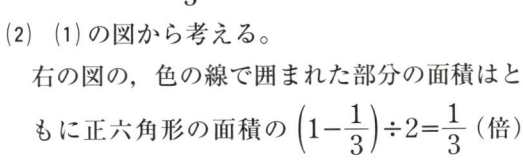

(2) (1)の図から考える。

右の図の，色の線で囲まれた部分の面積はともに正六角形の面積の $\left(1-\dfrac{1}{3}\right)\div2=\dfrac{1}{3}$ (倍)

なので，影の部分の面積は

$$\dfrac{1}{3}-\dfrac{1}{6}\times\dfrac{1}{2}=\dfrac{1}{4} \text{ (倍)}$$

よって $42\times\dfrac{1}{4}=$ **10.5 (cm²)**

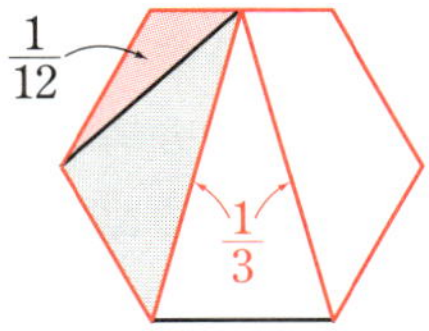

(3) 右の図より，影の部分の面積は正六角形の面積の

$$1-\dfrac{1}{3}-\dfrac{1}{12}-\dfrac{1}{6}=\dfrac{5}{12} \text{ (倍)}$$

よって $42\times\dfrac{5}{12}=$ **17.5 (cm²)**

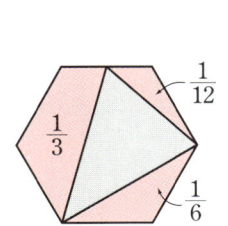

(4) 右の図のように，線を延長して考える。

色の線の相似な三角形を考えると，相似比は $(2+0.5):1=5:2$

(1)を利用すると，影の部分の面積は，正六角形の面積の

$$\frac{1}{3} \times \frac{5}{5+2} = \frac{5}{21} \text{ (倍)}$$

よって $42 \times \dfrac{5}{21} = $ **10 (cm²)**

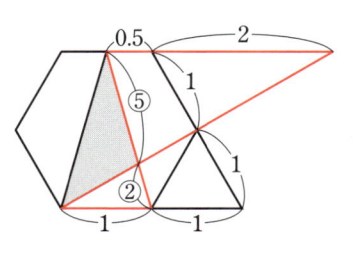

91 本冊 p.37

(1) **30cm²**

(2) **5:4**

(3) HJ:JF=**3:2**
 （四角形 HJGD）
 ：（四角形 JFCG）
 =**11:9**

着眼

(1), (2) 補助線をひくことによって相似をつくり，辺の長さの比を求めていく。

(3) 高さが等しい三角形の面積の比は，底辺の比と等しくなる。

解き方

(1) E から BC に平行な線をひき，FH との交点を P とする。

右の図より，EP=5cm となるから
 $5 \times 12 \div 2 = $ **30 (cm²)**

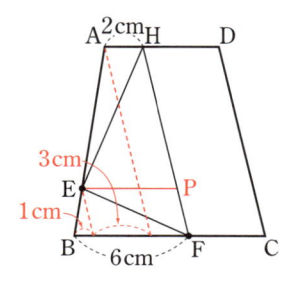

(2) G から BC に平行な線をひき，FH との交点を Q とする。

GQ=4cm になるから，色の部分の相似な三角形を考えると
 EI:IG=EP:GQ=**5:4**

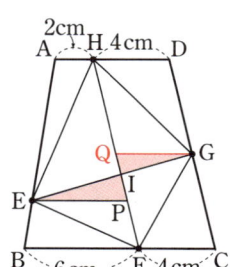

(3) 三角形 EJH $=27-2 \times 9 \div 2$
 $=18$ (cm²)   ← $12 \times \dfrac{3}{3+1}$

三角形 EFJ=30−18=12 (cm²)

よって HJ:JF=18:12=**3:2**

四角形 HFCD は平行四辺形。

 HJ:JF=3:2   DG:GC=1:1

四角形 HJGD と四角形 JFCG の面積の比は

$$\left(\frac{3}{5}+\frac{1}{2}\right):\left(\frac{2}{5}+\frac{1}{2}\right)=\frac{11}{10}:\frac{9}{10}=\mathbf{11:9}$$

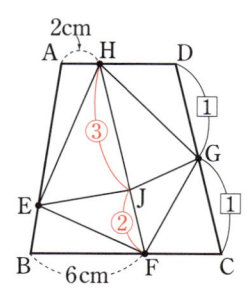

92 本冊 p.37

(1)

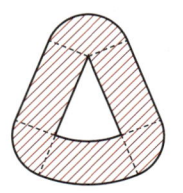

(2) **34.84cm²**

着眼

通過した部分を，長方形，おうぎ形，（おうぎ形－おうぎ形）に分けて考える。

解き方

(1) 円が通過したのは右の図の色の部分。

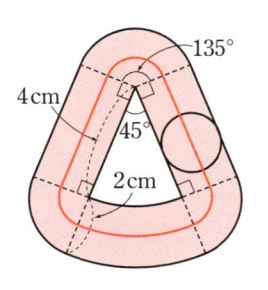

(2) 長方形の部分の面積は
$$4 \times 2 \times 2 = 16 \ (cm^2)$$
半径 2cm のおうぎ形の部分の面積は
$$2 \times 2 \times \pi \times \frac{360-45}{360} = \frac{7}{2} \times \pi \ (cm^2)$$
4＋2＝6 (cm) より，残りの部分の面積は
$$(6 \times 6 - 4 \times 4) \times \pi \times \frac{45}{360} = \frac{5}{2} \times \pi \ (cm^2)$$
よって $16 + \frac{7}{2} \times \pi + \frac{5}{2} \times \pi = 16 + 6 \times 3.14 = $ **34.84 (cm²)**

[別解] 円の通過面積
　　＝転がる円の中心の移動きょり×転がる円の直径
　転がる円の中心の移動きょり
　　＝図形の周りの長さ＋転がる円の円周
この関係を用いると，次のように求められる。
$$\left(4 \times 2 \times \pi \times \frac{45}{360} + 4 + 4 + 1 \times 2 \times \pi\right) \times 2$$
$$= 6 \times \pi + 16 = \textbf{34.84 (cm}^2\textbf{)}$$

93 本冊 p.37

210m²

着眼

「解き方」の図の，色のついた三角形を切りはなして組み合わせることで，正方形の面積の 2 倍になることが視覚的にもわかる。

解き方

右の図の色のついた三角形の面積は，斜線部分の正方形の面積の
$$1 \times 4 \div 2 = 2 \ (倍)$$
斜線部分の面積を ① とすると
$$①\times 9 + ②\times 4 = ⑰ = 3570 \ (m^2)$$
よって ①＝3570÷17＝**210 (m²)**

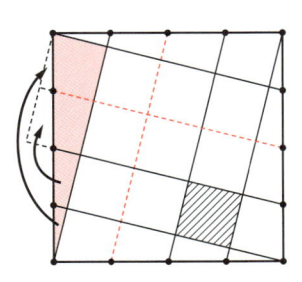

94 本冊 p.38

(1) **18cm²**

(2) **2.25cm**

着眼

(2) 底辺・高さの等しい，三角形と平行四辺形の面積の比は $1:2$ となる。また，三角形 ACD と三角形 ABC の面積の比は台形の上底と下底の長さの比に等しい。

解き方

(1) 平行四辺形 ABED ＝三角形 AED×2
　　　　　　　　　＝三角形 ACD×2
　　　　　　　　　＝(33−24)×2
　　　　　　　　　＝9×2
　　　　　　　　　＝**18 (cm²)**

(2) 三角形 ACD と三角形 ABC は，それぞれ AD，BC を底辺とすると，高さが等しいので　AD：BC＝9：24＝3：8
　AD＝BE なので AD：EC＝3：5 となり　DF：FE＝3：5
　DE＝AB＝6cm なので　DF＝$6 \times \dfrac{3}{3+5}$＝**2.25 (cm)**

95 本冊 p.38

39.5

着眼

「解き方」の図の，斜線部分以外の面積を2等分して考える。

解き方

右の図の斜線部分のたての長さを $x$cm，横の長さを $y$cm とする。
　$x=8-(㋐+㋑)=8-5=3$ (cm)
　$y=8-(㋒+㋓)=8-3=5$ (cm)
となるから
　斜線部分＝3×5＝15 (cm²)
よって
　四角形 ABCD＝(8×8+15)÷2
　　　　　　　＝**39.5** (cm²)

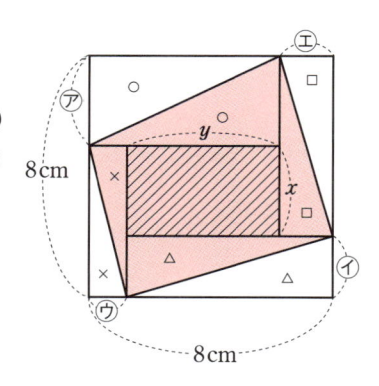

96 本冊 p.38

(1) **8cm²**

(2) **36cm²**

(3) **6cm²**

着眼

底辺の長さが等しいとき，面積と高さの比は等しいことを利用する。面積を分割していくときは，底辺の比や高さの比をかけると，区切っていくことができる。

解き方

(1) 三角形 FBD の面積が 1cm² とわかっているので，三角形 FBC の面積を求めるために必要なものは，DF と FC の長さの比。
右の図のように三角形 ABF を ㋐，三角形 AFC を ㋑，三角形 BCF を ㋒ とすると

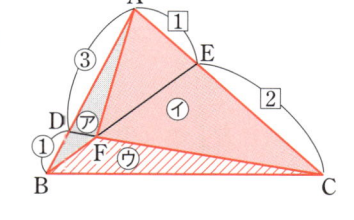

　㋐：㋑：㋒
　1 ： 2
　　　 3 ： 1
　1 ： 6 ： 2

よって　DF：FC＝㋐：(㋑+㋒)＝1：(6+2)＝1：8
ゆえに　1×8＝**8 (cm²)**

(2) ⓒの面積が 8cm² なので $8 \times \dfrac{1+6+2}{2} =$ **36(cm²)**

(3) ⓘの部分だけでもう1度区切り面積を利用。

　　ⓔ : ⓞ : ⓚ
　　1 : 2
　　　　1 : 1
　　1 : 2 : 1

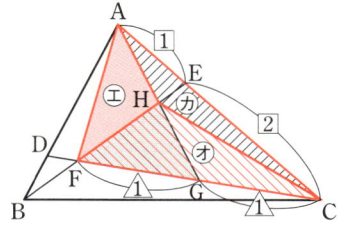

ゆえに $36 \times \dfrac{6}{1+6+2} \times \dfrac{2}{1+2+1} \times \dfrac{1}{1+1} =$ **6(cm²)**

97 本冊 p.39

(1) ⓐ **6**
　　ⓘ **2.5**
　　ⓤ **3.5**
　　ⓔ **11.5**

(2) **17.5**

(3) **五角形，13.875**

着眼

それぞれの秒数後の図を正確にかくと重なりがわかる。直角二等辺三角形なので，底辺と高さはつねに等しい。

解き方

(1) 3.5秒後　　6秒後　　9秒後

3.5秒後の図より
　$1 \times 3.5 =$ **3.5** (cm) … ⓤ

6秒後の図より
　$1 \times (6-3.5) =$ **2.5** (cm) … ⓘ

6秒後の面積が 15cm² より
　$15 \div 2.5 =$ **6** (cm) … ⓐ

9秒後の図より
　$1 \times (9-3.5) + 6 =$ **11.5** (cm) … ⓔ

(2) 右の図のようになるとき。
　9秒後の図から考えると
　$9 + (6+2.5) \div 1 =$ **17.5** （秒後）

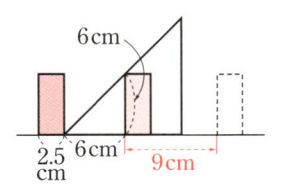

(3) 9秒後の図から考えると，10.5秒後は右の図のようになる。
　よって，重なる部分の図形は**五角形**。
　面積は　$15 - 1.5 \times 1.5 \div 2 =$ **13.875** (cm²)

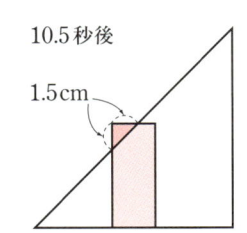

98 本冊 p.39

(1) **4 秒後, 10cm²**

(2) $5\dfrac{11}{29}$ **秒後**

(3) **28 秒後**

着眼

(1) 2点 P, Q の差が半周差になると, PQ で長方形の面積は2等分される。

(3) 長方形の面積を2等分する直線は, 長方形の対角線の交点を必ず通る。

解き方

(1) P と Q が半周差になればよいので,
合わせて 14+6=20 (cm) 進めばよい。
よって　20÷(3+2)=**4（秒後）**
このとき, P, Q の位置を考えると,
　P…B から　3×4−6=6 (cm)
　Q…A から　2×4=8 (cm)
右の図より, 三角形 EPQ の面積は 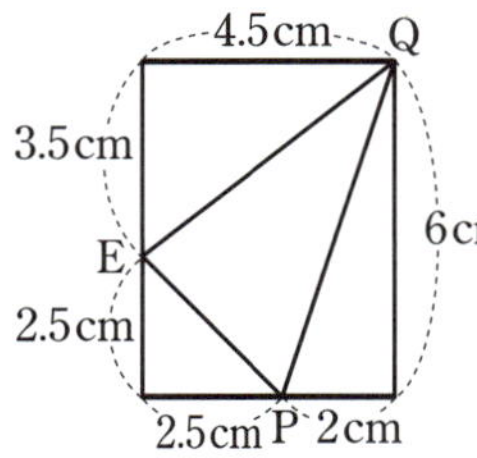
　6×4.5−(3.5×4.5÷2+2.5×2.5÷2+2×6÷2)
　=**10 (cm²)**

(2) 分けられる部分のうち, A をふくむ方の面積は2点が出発してから増えていく。(1)より, 4秒後では長方形 ABCD の面積の半分にあと 10cm² たりないので, 五角形 ABPEQ の面積を4秒後の面積から 10cm²（三角形 EPQ の面積の分）増やせばよい。
毎秒 3×2.5÷2+2×3.5÷2=7.25 (cm²) 増えるので
　　4+10÷7.25=$5\dfrac{11}{29}$ **（秒後）**

(3) 長方形の対角線の交点を O とする。
2点 O, E を通る直線と辺 AB, 辺 CD の交点をそれぞれ X, Y とする。

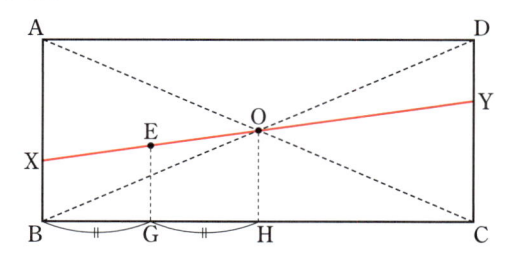

このとき, OH=3cm, EG=2.5cm, BG=GH より
　　XB=DY=2cm
点 P, Q がそれぞれ点 X(Y), 点 Y(X) にいるとき条件をみたすので, 何秒後に2点 P, Q が X, Y にいるかを調べる。

点P					
X:	$1\dfrac{1}{3}$		$14\dfrac{2}{3}$	㉘	…
Y:		8		$21\dfrac{1}{3}$	…

点Q					
X:			18		38 …
Y:		8		㉘	…

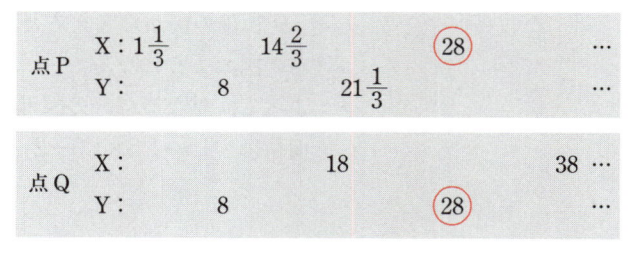

したがって, **28 秒後**。

3 面積・容積

難関校レベル　　　　　　　　　　　　　　　　　　　　　本冊 p.40〜45

99 本冊 p.40
(1) **56.52cm³**
(2) **14.13cm³**

着眼
(2) 15°, 75°, 90° の直角三角形 2 つで 30° の角度をもつ三角形をつくって考える。

解き方
(1) $3 \times 3 \times 3.14 \times 6 \times \frac{1}{3} = $ **56.52 (cm³)**

(2) 右の図のように，回転させる図形を 2 つ合わせて考えると，図の色の線の長さは $3 \div 2 = 1.5$ (cm) とわかる。よって，立体の体積は
$1.5 \times 1.5 \times 3.14 \times 6 \times \frac{1}{3}$
$= $ **14.13 (cm³)**

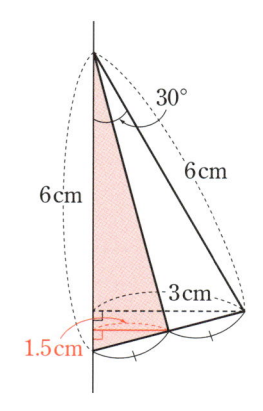

100 本冊 p.40
(1) **1 : 4**
(2) **12 倍**

着眼
雨量は，たまった水量を受け口の広さでわると求められる。

解き方
(1) $(1 \times 1) : (2 \times 2) = $ **1 : 4**

(2) 円柱内の水の量：円すい内の水の量 = 3 : 1
A 地点と B 地点の受け口の面積の比は 1 : 4

	A 地点	B 地点
体積	3 :	1
受け口の広さ	1 :	4
体積÷受け口の広さ	3 :	$\frac{1}{4}$ = 12 : 1

「体積÷受け口の広さ」が雨量を表すので
$12 \div 1 = $ **12 (倍)**

101 本冊 p.41
(1) **15 : 26 : 324**
(2) **23.0cm³**

着眼
相似を利用して円すい台の部分の体積を考えていく。

解き方
(1) 各部分の体積は次のようになる。
A … $1 \times 1 \times \pi \times 5 = 5 \times \pi$
B … $3 \times 3 \times \pi \times 3 \times \frac{1}{3} - 1 \times 1 \times \pi \times 1 \times \frac{1}{3}$
　　$= \frac{26}{3} \times \pi$
C … $3 \times 3 \times \pi \times 12 = 108 \times \pi$
よって　A : B : C $= 5 : \frac{26}{3} : 108 = $ **15 : 26 : 324**

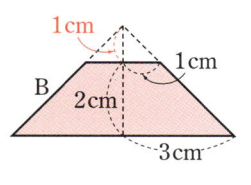

(2) 高さが 13cm になったので，上から 6cm 分の水がぬかれたことになる。つまり，A の部分のすべてと B の部分のうち右の図の色の部分の水が減ったことになる。

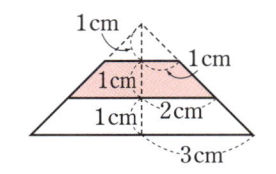

B の部分で減った水の量は
$$2\times 2\times \pi \times 2\times \frac{1}{3}-1\times 1\times \pi \times 1\times \frac{1}{3}$$
$$=\frac{7}{3}\times \pi$$

ゆえに，ぬかれた水の量は
$$\left(\frac{7}{3}+5\right)\times 3.14=23.02\cdots (\text{cm}^3)$$
よって **23.0cm³**

---

102 本冊 p.41

(1) **98cm²**
(2) **511.07cm²**

着眼
増える表面積は，立方体の表面積から重なった部分の 2 倍をひいて求めよう。

解き方

(1) 増えた表面積は立方体の側面の 4 面。
   $392\div 4=$**98 (cm²)**

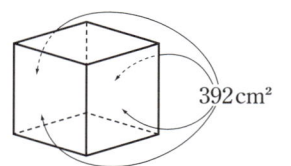

(2) 円の半径が a なので，立方体の 1 つの面の面積は
   $(2\times a)\times (2\times a)\div 2=98$
   よって，$a\times a=49$ となり $a=7$ (cm)
   立方体の表面積から重なった部分の面積の 2 倍をひく。 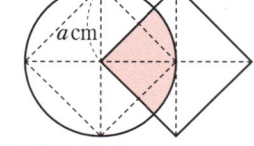
   $98\times 6-7\times 7\times 3.14\times \dfrac{1}{4}\times 2=$**511.07 (cm²)**

---

103 本冊 p.41

$\dfrac{5}{6}$ cm

着眼
たおしたときの底面が水にふれている部分の面積は，おうぎ形－直角二等辺三角形となる。

解き方

右の図の影の部分の面積は
$$5\times 5\times 3\times \frac{1}{4}-5\times 5\div 2$$
$$=6.25\ (\text{cm}^2)$$ 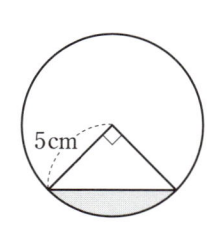
水の体積は $6.25\times 10=62.5$ (cm³) なので，図 1 の水の深さは
$$62.5\div (5\times 5\times 3)=\dfrac{5}{6}\ (\text{cm})$$

104 本冊 p.42

(1) **3077.2cm²**
(2) **9734cm³**

着眼

大きい円柱と小さい円柱を交換することによって，表面積がどれだけ変化するかに注目する。小さい円柱どうしは重ならないので，必ず $110\times\pi$ (cm^2) だけ増える。

解き方

(1) 大きい円柱1個の表面積は
$10\times10\times\pi\times2+10\times2\times\pi\times4$
$=280\times\pi$
小さい円柱の1個の表面積は
$5\times5\times\pi\times2+5\times2\times\pi\times4$
$=90\times\pi$

大きい円柱5個と小さい円柱2個の表面積の合計から接している面の面積の2倍をひく。
$280\times\pi\times5+90\times\pi\times2-5\times5\times\pi\times4\times2-10\times10\times\pi\times2\times2$
$=980\times3.14=$**3077.2 (cm²)**

(2) $4176.2=1330\times3.14$
10個とも大きい円柱だと
$10\times10\times\pi\times2+10\times2\times\pi\times4\times10=1000\times\pi$
大きい円柱を小さい円柱に1つだけ変えると
$(10\times10-5\times5)\times\pi\times2+5\times2\times\pi\times4-10\times2\times\pi\times4$
$=110\times\pi$
だけ表面積は増える。
$(1330\times\pi-1000\times\pi)\div(110\times\pi)$
$=3$（個）…小さい円柱の個数　←つるかめ算による
よって，体積は
$10\times10\times\pi\times4\times(10-3)+5\times5\times\pi\times4\times3$
$=3100\times3.14=$**9734 (cm³)**

105 本冊 p.42

(1) **13.5L**
(2) **15cm**
(3) **11.25L**
(4) **10.4cm**

着眼

底面が正方形の四角柱を，側面以外に切り口がかからないように切断すると，側面の向かいあった辺の長さの和（高さの和）は，等しくなる。またその体積は，高さを平均したものに底面積をかけることで求めることができる。

解き方

(1) 面AEFBの側から見ると右の図のようになる。
$(12+18)\times30\div2\times30=13500$ (cm³)
よって　13500cm³=**13.5L**

(2) (1)の図の影の部分の面積が
$2.7\times1000\div30=90$ (cm²) だけ減るので，
⑦と①は $90\div30=3$ (cm) 減る。
よって，①は $18-3=$**15 (cm)**

(3) 面DHGCについて，$12-6=6$ (cm)
より，右の図の□の長さは
$12+6\times\dfrac{1}{2}=15$ (cm)
向かいあった高さの平均を使って考えると，
体積は
$30\times30\times\dfrac{10+15}{2}\div1000=$**11.25 (L)**

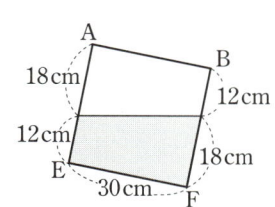

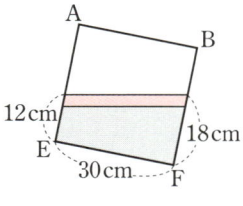

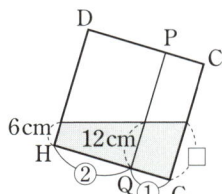

(4) **水の量は変わっていないので，向かいあった高さの和も同じ。**

$$10+15=25 \text{ (cm)}$$

辺 CG の水につかっている部分の長さは

$$25-14.3=10.7 \text{ (cm)}$$

$12-10.7=1.3 \text{ (cm)}$ より，右の図の ㋒ の長さは

$$12+1.3×\frac{2}{1}=14.6 \text{ (cm)}$$

よって 25−14.6=**10.4 (cm)**

---

106 本冊 *p.43*

(1) **61.68cm²**
(2) **168cm²**
(3) **313.04cm³**
(4) **861.96cm³**

着眼

表面積は，バラバラにしたときの面積の和から，接している部分の2倍をひく。

体積は，規則性から立方体，円柱の個数を求めてから考える。

解き方

(1) 立方体の表面積は $2×2×6=24 \text{ (cm}^2)$

円柱の表面積は $1×1×π×2+1×2×π×1=4×π \text{ (cm}^2)$

接している面1つの面積は $1×1×π=π \text{ (cm}^2)$

それぞれの表面積の合計から，重なり部分の面積の2倍をひけばよい。

$$24×1+4×π×6−π×6×2=24+12×3.14=\textbf{61.68 (cm}^2\textbf{)}$$

(2) $61.68+24×6−π×6×2=\textbf{168 (cm}^2\textbf{)}$
　　　　└ 24+12×π

(3) 横から見ると右の図のようになる。

立方体の個数は

　1，5段目…1個
　2，4段目…1+3+1=5 (個)
　3段目…1+3+5+3+1=13 (個)

円柱の個数は，(図3)の6個と，はりつけられる面が5つある立方体が6個あるから 6+5×6=36 (個)

よって，体積は

$$2×2×2×(1×2+5×2+13)+1×1×3.14×1×36$$
$$=\textbf{313.04 (cm}^3\textbf{)}$$

(4) 同様に考えると，

立方体の個数は

$$1×2+5×2+13×2+25$$
$$=63 \text{ (個)}$$

円柱の個数は，(3)の36個と，(3)の図で1つの方向から見える13個の立方体の面に1つずつ円柱をはりつけると考え，6つの方向があるから

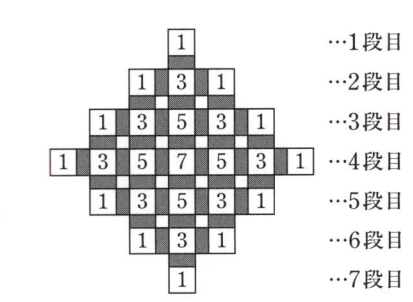

$$36+13×6=114 \text{ (個)}$$

よって，体積は

$$2×2×2×63+1×1×3.14×1×114=\textbf{861.96 (cm}^3\textbf{)}$$

107 本冊 p.43

(1) **80cm³**

(2) **73.63cm³**

着眼

(1) 正確に図をかいて，相似を利用してそれぞれの長さを求める。

(2) 体積比を利用する。

解き方

(1) 右の図のように R, S をとる。

$PR = 15 \times \dfrac{8}{4+8} = 10$ (cm)

$PS = 9 \times \dfrac{8}{4+8} = 6$ (cm)

よって，体積は

$8 \times 6 \div 2 \times 10 \div 3 = \mathbf{80\ (cm^3)}$

(2) (1)で求めた立体と立方体の図をかき，図のように E, F, G, H, I をとる。

三角すい RPSD と三角すい REFG の相似比は

 RP : RE = 10 : (10−6)
  = 5 : 2

三角すい RPSD (DPRS) と三角すい DQHI の相似比は

 DP : DQ = 8 : (8−6) = 4 : 1

よって $80 \times \left(1 - \dfrac{2 \times 2 \times 2}{5 \times 5 \times 5} - \dfrac{1 \times 1 \times 1}{4 \times 4 \times 4}\right) = 80 \times \left(1 - \dfrac{8}{125} - \dfrac{1}{64}\right)$

$= 80 \times \dfrac{8000 - 8 \times 64 - 125}{8000} = \mathbf{73.63\ (cm^3)}$

108 本冊 p.44

(1) **5 : 2**

(2) **23.2 秒後**

着眼

(1) 最初の A の水がはいっていない部分の体積と，12 秒後のどの部分の体積が等しいかに注目する。同体積の場合，高さの比と底面積の比は，逆比となる。

解き方

(1) B は 40 秒で 30cm 下がるので下がる速さは

$30 \div 40 = \dfrac{3}{4}$ (cm/秒)

$\dfrac{3}{4} \times 12 = 9$ (cm) なので，0 秒後と 12 秒後は次の図のようになる。

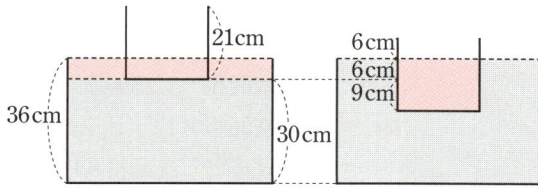

A の底面積×6 = B の底面積×(9+6)

よって A の底面積 : B の底面積 = $\dfrac{1}{6} : \dfrac{1}{15}$ = **5 : 2**

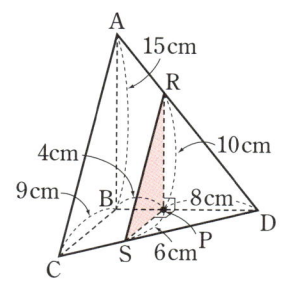

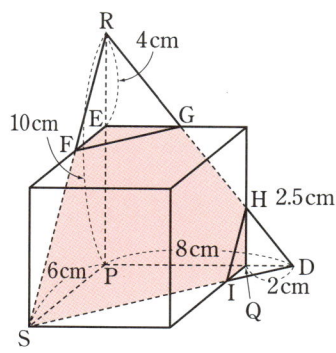

(2) A，Bの底面積を⑤，②とすると，
②×6=⑫ があふれた水の量。
Bにこの量の水がはいると，Bの中の水の底面から水面までの高さは，⑫÷②=6 (cm) となる。このとき，Aの水面は ⑫÷⑤=2.4 (cm) 下がっている。 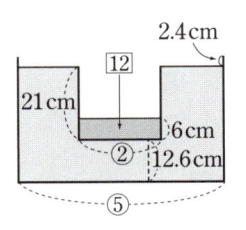
Aの底面とBの底面のきょりは 36−(2.4+21)=12.6 (cm) なので，Bは 30−12.6=17.4 (cm) 下がっている。
よって　17.4÷$\frac{3}{4}$=**23.2（秒後）**

109　本冊 p.44

(1)　**1380**

(2)　順に，**8，1.25**

着眼

(1)　容器の底面積がわからないときは，水面より下の体積が，水と物体の体積であることからつくった式を考えるとわかりやすい。

解き方

(1) 容器の底面積を底面積，はいっている水の体積を水と表すと，上の図から
　　底面積×10=水+4×4×10=水+160 (cm³)
　　底面積×18=水+4×4×15+8×8×18=水+1392 (cm³)
差をとると　底面積×8=1392−160=1232 (cm³)
ゆえに　底面積=1232÷8=154 (cm²)
よって　154×10−160=**1380** (cm³)

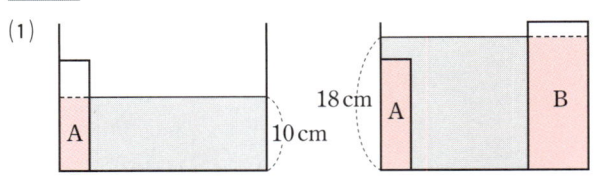

(2)　154×20−1380=1700 (cm³)
　　1700÷(4×4×15)=7 (本) あまり 20 (cm³)
　　20÷(4×4)=1.25 (cm)
よって，あふれ出すのは **8** 本目のおもりが **1.25** cm より深くはいったとき。

110　本冊 p.45

(1)　**300cm²**

(2)　**$8\frac{5}{6}$cm**

着眼

(2)　水中の物体の体積の分だけ水面が下がる。

解き方

(1)　水そうの底面積を底面積，はいっている水の体積を水と表す。
　　底面積×12.5=水+60×12.5=水+750 (cm³)
　　底面積×14=水+120×10=水+1200 (cm³)
差をとると　底面積×1.5=450 (cm³)
よって　450÷1.5=**300 (cm²)**

(2) 水中の物体の体積は
　　$10×6×20÷3×\left(1-\frac{1×1×1}{2×2×2}\right)$
　　=350 (cm³)
よって　10−350÷300=**$8\frac{5}{6}$ (cm)**

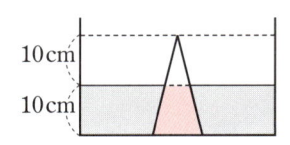

本冊 *p.45〜46* の答え —— 69

111 本冊 *p.45*

120cm³

着眼

直方体のたて，横，高さと与えられた長さ，11cm，11cm，13cm で式をつくり，それぞれの長さを求める。

解き方

右の図のようにア，イ，ウをとる。直方体の向かいあう面の形は合同な長方形なので 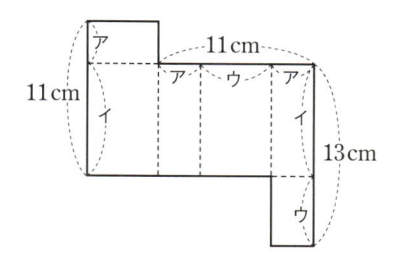
 ア＋イ＝11 … ①
 ア＋ウ＋ア＝11 … ②
 イ＋ウ＝13 … ③
①，② より ア×3＋イ＋ウ＝11＋11＝22 … ④
③，④ より ア×3＋13＝22
よって ア＝(22－13)÷3＝3 (cm)
 イ＝11－3＝8 (cm)
 ウ＝13－8＝5 (cm)
よって 3×8×5＝**120 (cm³)**

超難関校レベル

本冊 *p.46〜49*

112 本冊 *p.46*

(1) **点ク**
(2) **81cm³**
(3) **45cm³**

着眼

(3) 向きをかえて，面カケコキを下にした図で考える。解き方の図の，三角すいスオサシと三角すいスカケキは相似な立体で，それぞれの展開図は正方形になることも知っておこう。

解き方

(1) 点アと重なる点は**点ク**。

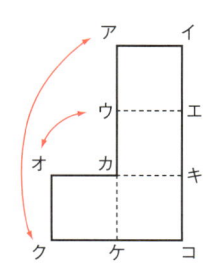

(2) (6×6÷2－3×3÷2)×6＝**81 (cm³)**

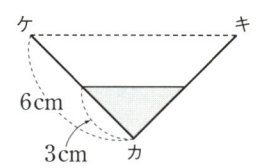

(3) 容器の方向を変えると右の図のようになる。
残った水の量は
 $6×6÷2×12÷3×\left(1-\dfrac{1×1×1}{2×2×2}\right)$
 ＝63 (cm³)
こぼれた水の量は
 6×6÷2×6－63＝**45 (cm³)**

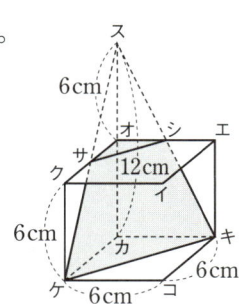

113 本冊 p.46

(1) **157 : 200**

(2) **1 : 2**

着眼

(2) 正方形の面積は，ひし形の面積の求め方でも求められる。

解き方

(1) 円の半径を 1 とすると，直方体の底面の正方形の 1 辺は 2 になる。
$(1×1×3.14×高さ):(2×2×高さ)=3.14:4=$**157:200**

(2) 図 2，図 3 の立体の高さをそれぞれ □cm, △cm とすると
$2×2×□=2×2÷2×△$
よって □:△=**1:2**

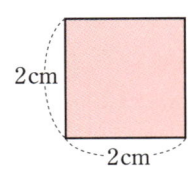

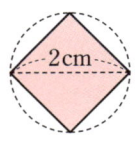

114 本冊 p.47

(1) 図（または）

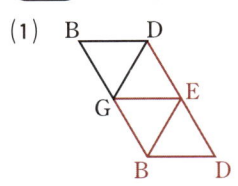

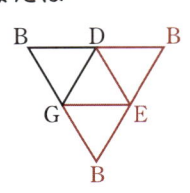

(2) $\dfrac{1}{3}$ 倍

(3) **42cm**

(4) **30cm**

着眼

(1) 立方体の 4 すみを切り落とした立体は，すべての面が正三角形の正四面体となる。

(2) 正四面体の体積は，もとの立方体の体積の $\dfrac{1}{3}$ 倍になることは覚えておこう。

解き方

(1) 立体 V は，正三角形 4 枚の面からなる三角すい。三角すいの展開図は下の図のいずれかになる。

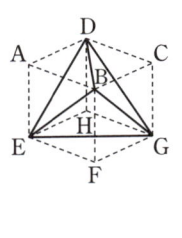

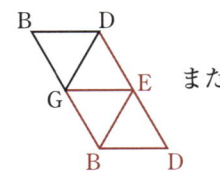

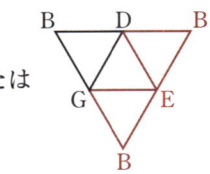

(2) 立方体の 1 辺を 1 とすると，切り落とした三角すい 4 つの体積はいずれも $1×1÷2×1÷3=\dfrac{1}{6}$

よって $1-\dfrac{1}{6}×4=\dfrac{1}{3}$ (倍)

(3) 体積について
　立方体：立体 V：切り落とした三角すい＝6：2：1
切り落とした三角すいをしずめると，水面は 3cm 上昇する。
　⇔立体 V をしずめると，水面は 6cm（水面の高さの 25%）上昇する。←（何もいれないときの）水面の高さ＝6÷0.25＝24（cm）
　⇔立方体をしずめると，水面は 18cm 上昇する。
水そうの高さは立方体をとりだす前の水面の高さに等しいから
$24+18=$**42 (cm)**

(4) 水そうにはいった，高さ $26-24=2$ (cm) 分の水が 3L なので，高さ 18cm 分にあたる立方体の体積は $3000×\dfrac{18}{2}=27000$ (cm³)
$27000=30×30×30$ より，立方体の 1 辺の長さは **30cm**

本冊 p.48 の答え ― 71

115 本冊 p.48

(1) **60mL**

(2) D **$46\frac{2}{13}$ mL**
    E **$76\frac{12}{13}$ mL**

着眼

(2) 状態を図示し，消去算を利用して上手に求めていこう。

解き方

(1) 4回目の途中にCに残った水の量は　200−40×4＝40 (mL)
    (200＋40)÷4＝**60 (mL)**

(2) 右の図から
    D 5回＋E 3回＋D 3回
    ＝A 3回 … 200×3＝600 (mL)
    よって　D 8回＋E 3回 … 600mL
    また　D 1回＋E 2回 … 200mL
    消去算で解いて
    D … **$46\frac{2}{13}$ (mL)**,
    E … **$76\frac{12}{13}$ (mL)**

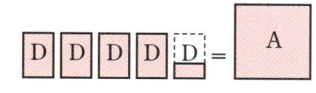

---

116 本冊 p.48

(1) **1：3**
(2) **1.5 倍**
(3) **7：4**

着眼

(2) 正三角形と正六角形を同じ大きさの正三角形に区切る。

(3) 直方体の体積を2等分するときは，対称になるようにする。（重心を通る平面で切断するとよい。）切り口を作図して，黒と白の粘土の面積の関係を調べよう。

解き方

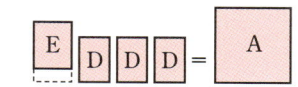

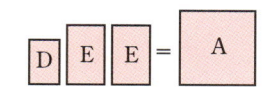

(1) 上の図より，黒の部分の面積と白の部分の面積の比は
    (1×1)：(2×2−1×1)＝**1：3**

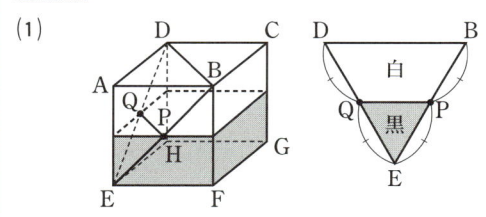

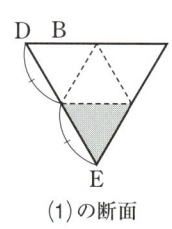

(2) 上の図より　6÷4＝**1.5 (倍)**

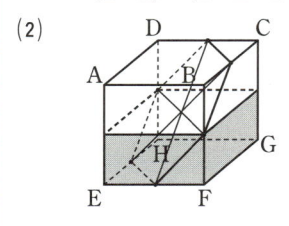

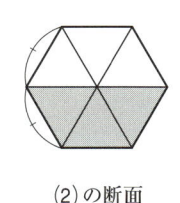

(3) 黒い粘土の体積を2等分するように切ると右の図のようになる。
    白い粘土と黒い粘土の高さは，どちらも 6cm で等しいので右下の図の㋐，㋑のはばは等しくなる。

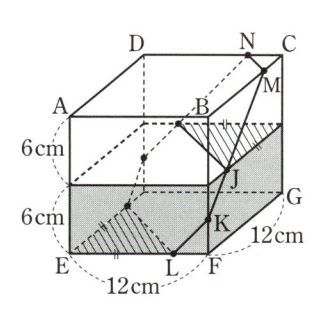

    右の図のように，断面を小さな正三角形に区切ると，黒い粘土の面積と白い粘土の面積の比は
    14：8＝**7：4**

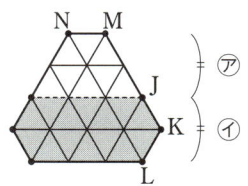

117 本冊 p.49

(1) **888cm²**
(2) **872cm³**
(3) **696cm²**

着眼
(2) 横から見た図で，立体の形をしっかりとらえる。

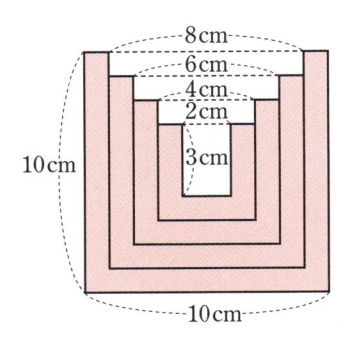

解き方
(1) 10×10×6+8×9×4=**888 (cm²)**
(2) 横から見た図をかく。
10×10×10−(8×8×1+6×6×1+4×4×1+2×2×3)=**872 (cm³)**
(3) 10×10×6+8×1×4+6×1×4+4×1×4+2×3×4
=**696 (cm²)**

1 平面図形

難関校レベル 　　　　　　　　　　　　　　　　　本冊 p.50〜53

118 本冊 p.50
127 度

着眼
折り返しの問題では，線対称図形を考える。線対称図形ならば，対応する辺と辺，角と角は等しい。

解き方
2回折り返しを行った順に，（1回目）（2回目）を次の図に示す。

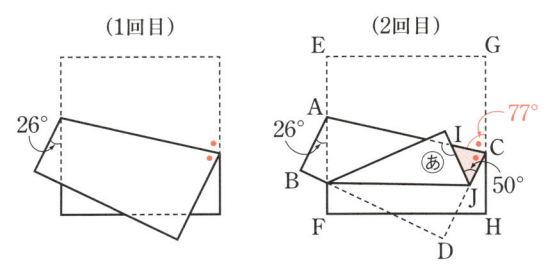

AB と CD，EF と GH はそれぞれ平行だから
　　角 DCH＝角 BAF＝26°
したがって　角 ICJ＝(180°−26°)÷2＝77°
求める角 あ に **外角定理** を適用すると
　　角 あ＝角 ICJ＋角 CJI
　　　　　＝77°+50°＝**127°**

119 本冊 p.50
108 度

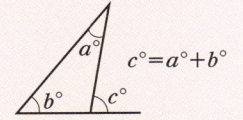

着眼
外角定理

$c° = a° + b°$

の関係を早く見つけることが重要。

解き方
右の図で，三角形 ABC は A を頂角とする二等辺三角形であることから
　　角 ABC＝角 ACB
　　　　　＝(180°−42°)÷2＝69°
次に，**外角定理** を用いると
　　角 BDC＝36°+42°＝78°
したがって　角 EDC＝78°÷2＝39°
再度，**外角定理** を用いると
　　角 ㋐＝角 ACB＋角 EDC＝69°+39°＝**108°**

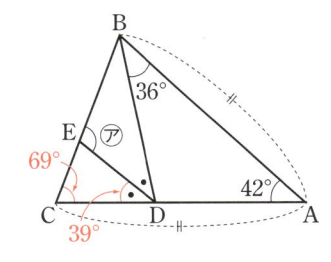

120 本冊 p.50

54 度

着眼

わかった角度を次々に図の中にかき込んでいくことにより，次第に不明な角度が求められていく。

解き方

右の図より，三角形 BED は三角形 BAD を BD を軸として折り返したものだから，角 EDB=18° となる。したがって，
角 FDC＝90°−18°×2＝54° となる。
次に，角 ACD（角 FCD）＝角 ABD＝90°−18°＝72° だから
　　角 x＝180°−(54°＋72°)＝**54°**

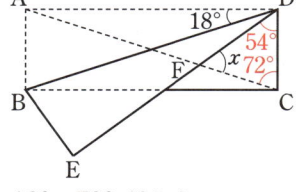

121 本冊 p.50

15 度

着眼

二等辺三角形の両底角は相等しい。
外角定理を何度も使う。

解き方

右の図でまず，角 ㋐＝① とおく。外角定理と二等辺三角形の両底角が等しいことを使っていくと，右の図のように角度を求めることができる。よって，①＋⑤＝⑥＝90° だから
　　㋐＝①＝90°÷6＝**15°**

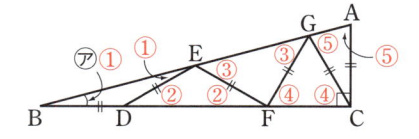

122 本冊 p.51

(1) **12.5cm²**
(2) **9cm²**
(3) **4.5cm²**

着眼

角度が 30° に関する面積を求める問題を見たときには，「30°問題」を思い出そう。
下の三角形の面積は $a×b×\dfrac{1}{4}$ で求められる。

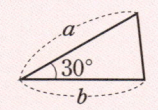

(3) 補助線をひいて 30° 問題につなげる。

解き方

(1) （図1）で，右の図のように A，B，C，D を決める。四角形 ABCD を AC で2つの三角形に分割すると，2つとも 30°，75°，75° の二等辺三角形となり，AC＝AB＝5cm となる。
この頂角の 30° をもとに四角形 ABCD の面積を求めると
　　$5×5×\dfrac{1}{4}×2=$**12.5（cm²）**

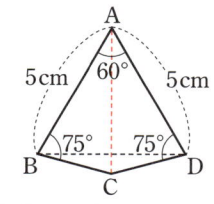

(2) （図3）で，三角形 ABC と三角形 CDE は合同だから，AC＝CE である。また，三角形 ABC は二等辺三角形だから，外角定理を用いると，
角 ACB＝45°÷2＝22.5° となる。同様に，角 DCE＝22.5° となる。したがって
　　角 ACE＝180°−(45°＋22.5°×2)＝90°
よって，三角形 ACE は斜辺の長さが 6cm の直角二等辺三角形となり，底辺を AE（6cm）とすると高さは 3cm となる。したがって，求める三角形 ACE の面積は
　　6×3÷2＝**9（cm²）**

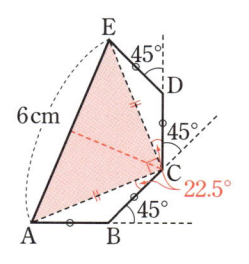

(3) （図5）で，右の図のようにA，B，C，Dを決める。角ABC，角BCDの二等分線の交点をEとして，EとA，EとDを結んだときにできる三角形EAB，三角形EBC，三角形ECDは合同な二等辺三角形になる。 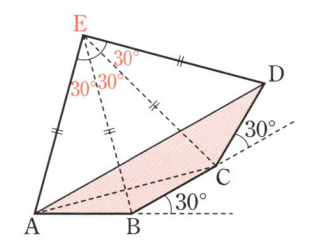
ゆえに　EA＝ED
次に，角EBC＝角ECB＝(180°−30°)÷2＝75°となることから，
角BEC＝180°−75°×2＝30°となり
　　角AED＝30°×3＝90°
よって，三角形EADは斜辺の長さが6cmの直角二等辺三角形となる。
また　四角形ABCD＝五角形ABCDE−直角二等辺三角形ADE
　　　　　　　　　　↑二等辺三角形EAB×3

三角形ADE＝6×3÷2＝9 (cm²)
AEの長さを①cmとすると
　　五角形ABCDE＝①×①×$\frac{1}{4}$×3 (cm²)

ここで，①×①＝6×6×$\frac{1}{2}$＝18 (cm²)だから，
求める四角形ABCDの面積は
　　18×$\frac{1}{4}$×3−9＝**4.5 (cm²)**

123　本冊 p.51
114度

着眼
折り返しの図形は折り返しの線を対称軸にする線対称な図形になる。したがって，対応する辺の長さ，対応する角の大きさはすべて等しくなる。

解き方
右の図より，折り返した図形は折り返し線（対称軸）により，線対称な図形になるから　角EDG＝角CDG＝52° 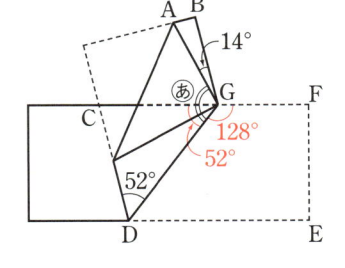
CFとDEは平行だから
　　角CGD＝角EDG＝52°
よって　角DGF＝180°−角CGD
　　　　　　　＝180°−52°＝128°
したがって　角あ＝角DGB−角AGB＝128°−14°＝**114°**

124 本冊 p.51

7.56cm²

着眼

折り返しの問題では，各頂点がどの位置にくるかを，できる限り正確な図にかき表す。

解き方

折り返したあと見えている部分を斜線で表すと右の図のようになる。この面積は，1辺 6cm の正方形から台形ア，台形イ，$\frac{1}{4}$ 円ウをひけばよいから

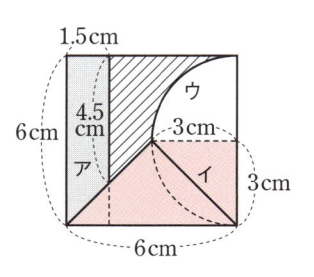

$6\times6-\{(4.5+6)\times1.5\div2$
$\qquad+(3+6)\times3\div2+3\times3\times3.14\times\frac{1}{4}\}$
$=\mathbf{7.56\ (cm^2)}$

125 本冊 p.52

(1) **12 度**
(2) **36 度**
(3) **11.304cm**
(4) **30.144cm**

着眼

正五角形の各頂点から 1 辺の長さを半径とする円弧をかいたとき，どのような図になるのかをできるだけ正確につかむこと。このような形式の問題では，(3)，(4) は (1)，(2) の結果を使う場合が多い。

解き方

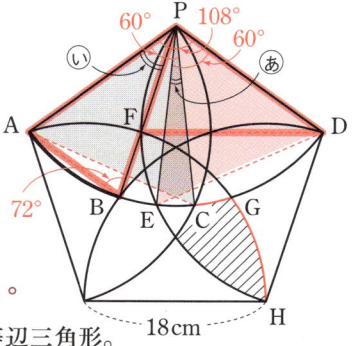

(1) 正五角形の内角の和は
$180°\times(5-2)=540°$
ゆえに，1 つの内角は
$540°\div5=108°$
また，右の図で三角形 PAC，三角形 PDE はともに，1 辺が 18cm の正三角形である。
ゆえに　角 あ $=60°\times2-108°=\mathbf{12°}$

(2) 三角形 PAB は，PA＝PB の二等辺三角形。
一方，三角形 PAB と三角形 DPF は合同だから
　角 PAB ＝角 DPF
よって　角 APB＋角 PAB＝角 APB＋角 DPF＝108°
したがって　角 PBA＝角 PAB
　　　　　　　　＝180°－(角 APB＋角 PAB)
　　　　　　　　＝180°－108°＝72°
以上より
　角 い ＝180°－(角 PAB＋角 PBA)
　　　　＝180°－(72°＋72°)＝**36°**

(3) 角 い ＝36°，PA＝18cm より
弧 AB $=18\times2\times\pi\times\frac{36}{360}=36\times3.14\times\frac{1}{10}=\mathbf{11.304\ (cm)}$

(4) 斜線部分のまわりの長さは，図の CG と GH の長さの和の 2 倍になる。
また，弧 CG と弧 BE，弧 GH と弧 AB は等しい。
よって，求める長さは弧 AE の長さの 2 倍になる。
また，角 APE＝108°－60°＝48° だから，求める長さは
$18\times2\times\pi\times\frac{48}{360}\times2=9.6\times3.14=\mathbf{30.144\ (cm)}$

126 本冊 p.52

(1) ① **324cm²**
　　② **36cm²**
(2) **233.75cm²**

着眼

(1)② 紙が 4 枚重なっている直角二等辺三角形が面積を求める部分。
(2) 紙が奇数枚重なっているのは長方形の部分。

解き方

(1) ① 図2の三角形 GBC は BC の長さが 36cm の直角二等辺三角形であり，BC を底辺としたときの高さは，36÷2＝18 (cm) とわかる。
　　よって，三角形 GBC の面積は　36×18÷2＝**324 (cm²)**

② 図5で
　A′C＝36−24＝12 (cm)
同様に，BD′＝12cm だから
　D′A′＝36−12×2＝12 (cm)
紙がもっとも多く（4枚）重なっている部分は最大辺の長さが 12cm の直角二等辺三角形とわかる。
ゆえに，求める面積は
　12×6÷2＝**36 (cm²)**

(2) 図3で紙が奇数枚重なっているのは，図6の色の長方形の部分である。この長方形の横の長さ (D′A′) は 12cm だから，
たての長さは　60÷12＝5 (cm)
また，三角形 E′BD′ は直角二等辺三角形なので
　E′D′＝BD′＝12cm
影の部分の直角二等辺三角形の直角をはさむ 2 辺の長さは
　(12−5)÷2＝3.5 (cm)
よって，台形 HBCI において
　HI＝3.5＋12＋3.5＝19 (cm)　　BC＝36cm
高さは　3.5＋5＝8.5 (cm)
よって，面積は　(19＋36)×8.5÷2＝55×8.5÷2＝**233.75 (cm²)**

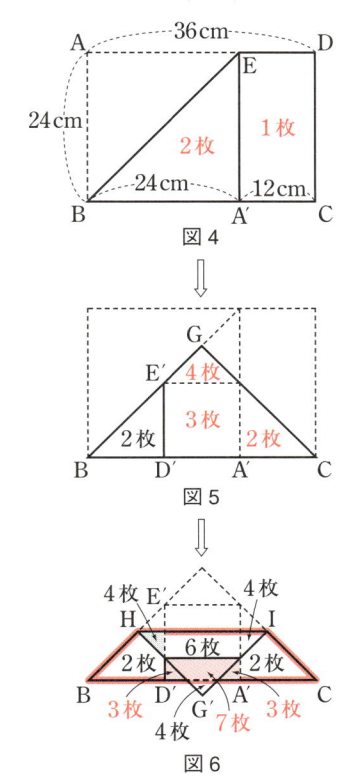

127 本冊 p.53

③，理由は**解き方参照**

着眼

なぜその方法が正しいのか理由を説明する問題に対しては，自分で論理的に矛盾なく解いてみて，それに合う答えを見つけるようにする。

折り返しの線対称図形をしっかりと見つけること。

解き方

① 正方形の1辺を4とすると，AB=4，MB=3，MP=2となる。右の図のように直角三角形 PMB を4つ組み合わせると，正方形 BPXY の面積は
　　3×2÷2×4+1×1=13
13<16 なので，PB<4 となる。
よって，PB<BC となり，三角形 PBC は正三角形にならない。

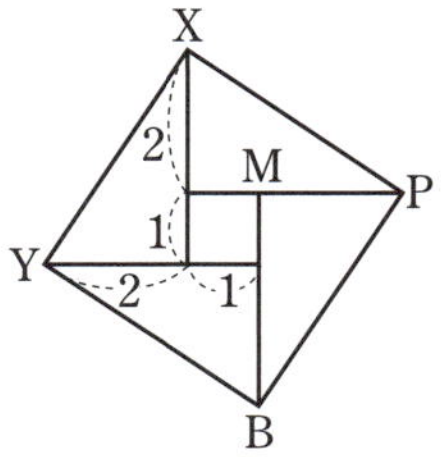

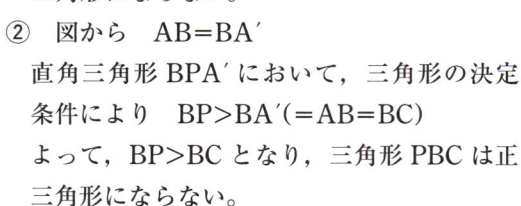

② 図から　AB=BA′
直角三角形 BPA′ において，三角形の決定条件により　BP>BA′(=AB=BC)
よって，BP>BC となり，三角形 PBC は正三角形にならない。

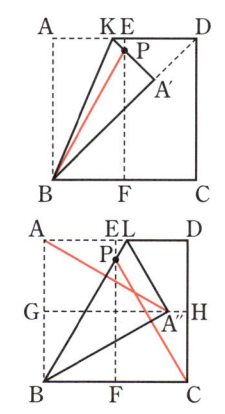

③ 右の図から，BL を折り目として折っているから，四角形 LABA″ は線対称図形であり，対応する辺の長さや対応する角の大きさは等しい。
したがって　BA=BA″
次に，三角形 A″AB は A″G を軸とする線対称な図形なので
　　A″A=A″B
つまり，三角形 A″AB は3つの辺の長さが等しいので，正三角形である。よって，角 ABA″ の大きさは 60°，角 ABP の大きさは，60°÷2=30°，角 PBC の大きさは 90°−30°=60° となる。また，三角形 PBC は PF を軸とする線対称な図形だから，角 PCB の大きさも 60° となる。ゆえに，三角形 PBC は3つの角度が 60° なので，正三角形である。

したがって，③ が正しい。

④ P は長方形 AGHD の対角線の交点となるので，① と同じ位置になる。
よって，三角形 PBC は正三角形にならない。

128 本冊 *p.53*

(1) A **12枚**　B **7枚**
(2) A **30枚**　B **31枚**

着眼

　正六角形は正三角形6つに区切ることができることに注目。大きい正六角形の頂点を，Bの頂点に重ねるか，Bの中心にするかがポイント。

解き方

(1) Bをしきつめた平面に1辺の長さが3cmの正六角形をかいて確かめるとよい。
すると，正六角形の頂点が，Bの中心にくる図1と，Bの頂点に重なる図2の2つのパターンができる。 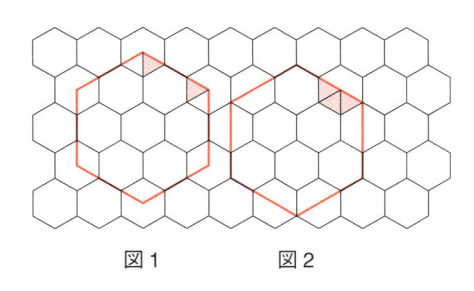
図1はBを7枚，図2はBを6枚使うので，Aの枚数がもっとも少なくなるのは図1のとき。
このとき，Aの枚数は　2×6=**12**（枚），Bの枚数は　**7枚**

(2) Bをしきつめた平面に，1辺の長さが6cmの正六角形をかきいれる。このとき，図3，図4の2つのパターンができる。
Aを使うのは，1辺の長さが6cmの正六角形の辺の近くをうめるとき。
図3のときは1辺について5枚，図4では6枚必要。
よって，Aの枚数がもっとも少なくなるのは図3のとき。
このとき，Aの枚数は　5×6=**30**（枚）
Bと1辺の長さが6cmの正六角形は相似である。相似比が1：6だから，面積比は(1×1)：(6×6)=1：36となり，B36枚分の面積になる。
Aの面積はBの$\frac{1}{6}$だから，30枚分のAの面積はBの$\left(30 \times \frac{1}{6}=\right)$ 5枚分に相当する。
したがって，このときのBの枚数は
　　36−5=**31**（枚）

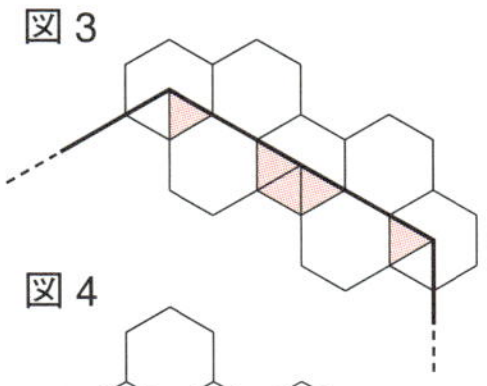

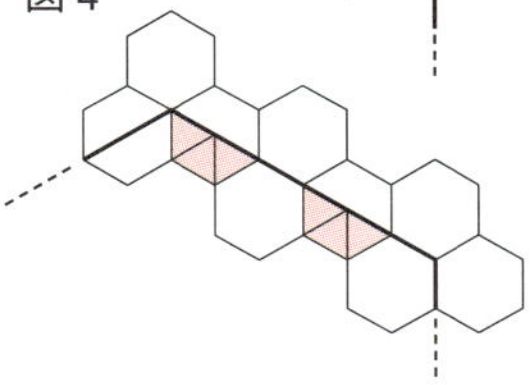

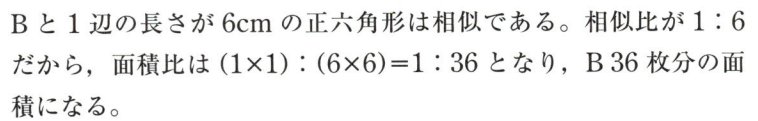

超 難関校レベル

129 本冊 *p.54*

(1) **34 度**
(2) **9 度**
(3) **45cm²**

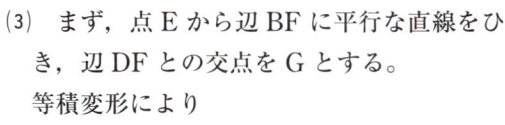

着眼

(1) 面積比の条件から，㋐と㋑の関係式ができる。
(2) 折り返しの図形は線対称になることに着目する。
(3) 2つの三角形に分けて考える。等積変形の利用により，三角形を求めやすい形に変形させて考える。

解き方

(1) 2つのおうぎ形の面積の和と，半径3cmの円の面積の比をとると

$$\left(3 \times 3 \times \pi \times \frac{㋐}{360°} + 1 \times 1 \times \pi \times \frac{㋑}{360°}\right) : (3 \times 3 \times \pi) = 1 : 9$$

これより　㋐×9+㋑=360°
また，㋐+㋑=88°なので　㋐×8=360°−88°=272°
よって　㋐=272°÷8=**34°**

(2) 角HEG=180°−126°=54°だから
　　角AEG=54°
　　角FED=(㋐+54°)
したがって，
　　54°+54°+㋐+(㋐+54°)=180°
なので　㋐=**9°**

(3) まず，点Eから辺BFに平行な直線をひき，辺DFとの交点をGとする。
等積変形により
　　三角形EFG=三角形EBG
すると，求める面積は四角形BGDEとなり，これは三角形BGDと三角形BDEに分けることができる。
DG：GF=5：3より

三角形BGD=三角形BCD×$\frac{3}{5}$×$\frac{5}{8}$=三角形BCD×$\frac{3}{8}$　…①
　　　　　└─三角形BFD

また　三角形BDE=三角形BDA×$\frac{3}{8}$　…②

①，②より

四角形BGDE=三角形BCD×$\frac{3}{8}$+三角形BDA×$\frac{3}{8}$

　　　　　=台形ABCD×$\frac{3}{8}$

　　　　　=120×$\frac{3}{8}$=**45 (cm²)**

130 本冊 p.54

⑦ $8\dfrac{4}{7}$ 度　㋑ $34\dfrac{2}{7}$ 度

着眼

正 n 角形の 1 つの内角の大きさは

$180° \times (n-2) \div n$

または,

$180° - \dfrac{360°}{n}$

で求められる。

解き方

正七角形の 1 つの内角 … $180° - 360° \div 7 = 128\dfrac{4}{7}°$

⑦ $= 128\dfrac{4}{7}° - 120° = \mathbf{8\dfrac{4}{7}°}$

右の図より

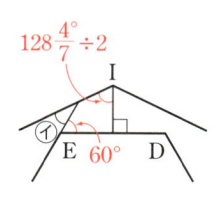

㋑ $= 180° - \left(360° - 60° - 90° - 128\dfrac{4}{7}° \div 2\right)$

$= 180° - 210° + 64\dfrac{2}{7}°$

$= \mathbf{34\dfrac{2}{7}°}$

131 本冊 p.54

順に, **145, 89**

着眼

外角定理を利用する。
〈後半の問題〉二等辺三角形がつくれるのは, 底角が 90° より小さいとき。不等式をつくって適する値を求める。

解き方

右の図で ① $=7°$ とすると

　　$180° - 7° \times 5 = \mathbf{145°}$

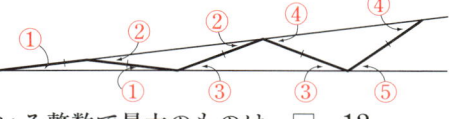

$7° \times \square < 90°$ の $\square$ の中にはいる整数で最大のものは　$\square = 12$

したがって　$180° - 7° \times (12+1) = \mathbf{89°}$

132 本冊 p.55

あ **60 度**
い **45 度**
う **15 度**

着眼

折り返しの図形は裏返しの合同になっていることに注目すること。

また，二等辺三角形の1つの角が60°なら，それは正三角形になる。

解き方

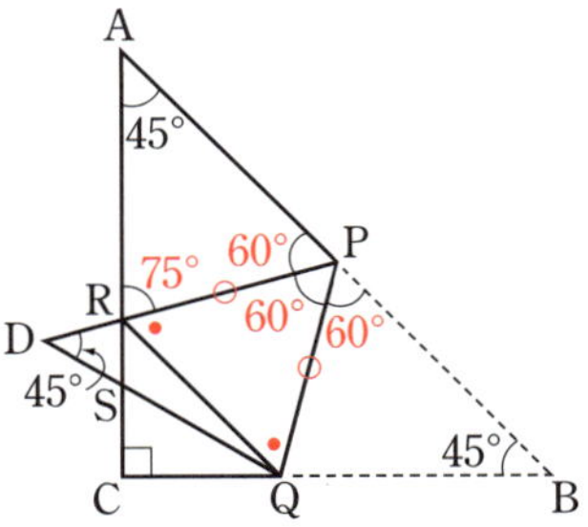

三角形 BPQ と三角形 DPQ が合同なので　角 BPQ＝角 DPQ

三角形 APR と三角形 DPQ が合同なので
　　　PR＝PQ，角 APR＝角 DPQ
よって　角 BPQ＝角 DPQ
　　　＝角 APR＝180°÷3＝60°
したがって　あ＝**60°**
　　　角 ARP＝180°−45°−60°＝75°
三角形 PRQ は，PR＝PQ で，角 QPR＝60°だから正三角形になる。
よって　角 PRQ＝60°
い は　180°−75°−60°＝**45°**
三角形 DQR に注目すると，
う は　角 PRQ−角 RDQ＝60°−45°＝**15°**

133 本冊 p.55

3.5cm²

着眼

このような複合図形の場合には，切りはなした後，再結合させて簡単な図形に変形できるかどうか試してみよう。

意外と単純な図形になる。

解き方

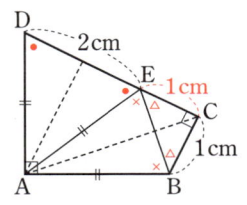

右の図のように等しい角を●，×で表すと，
●●××……360°−90°＝270°
●×…………270°÷2＝135°
よって，△＝180°−135°＝45°なので，
三角形 CEB は直角二等辺三角形。

（解法1）　三角形 ADE を2等分する。
　　2×2−1×1÷2＝**3.5 (cm²)**

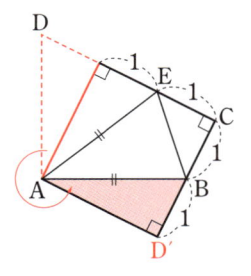

（解法2）　AC を結んで分割する。
　　4×2÷2−1×1÷2＝**3.5 (cm²)**
　　三角形 ACC′

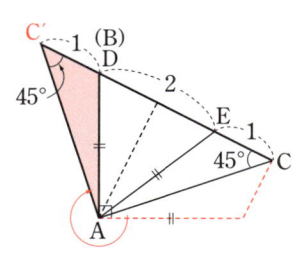

134 本冊 p.55

(1) ア $27\dfrac{3}{11}$

　　イ $17\dfrac{11}{17}$

　　ウ $18\dfrac{3}{4}$

　　エ 4

　　オ $37\dfrac{1}{2}$

(2) カ $12\dfrac{36}{47}$

　　キ $21\dfrac{3}{7}$

着眼

円周上の点の動きに関する問題では，角速度を先に求めておいて，角度の進み方とその位置のみで解いていく。

解き方

(1) P；$360°÷60=6$（度/秒）　Q；$360°÷50=7.2$（度/秒）

$360°÷(6+7.2)=27\dfrac{3}{11}$（秒後）…ア

PとQの速さの比は $\dfrac{1}{60}:\dfrac{1}{50}=5:6$ で，Qが1周するまでに AP=AQ となることはない。そこで，AQ=QP，AP=PQ となる場合を，PとQが出会う前後について調べる。時刻についてはPに着目し，調べていく。

【1回目】
$60×\dfrac{5}{17}=17\dfrac{11}{17}$（秒後）…イ

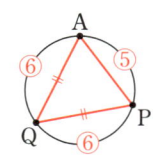

【2回目】
$60×\dfrac{5}{16}=18\dfrac{3}{4}$（秒後）…ウ

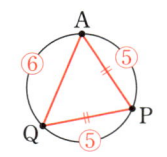

【3回目】

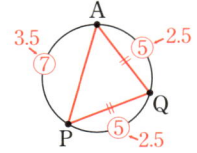

【4回目】
$60×\dfrac{5}{8}=37\dfrac{1}{2}$（秒後）…オ

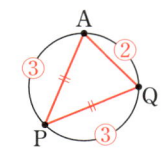

以上より，

三角形 APQ が二等辺三角形になるのは **4回**ある。…エ

(2) PとQとRの速さの比は $\dfrac{1}{60}:\dfrac{1}{50}:\dfrac{1}{40}=10:12:15$

(1)と同様，時刻についてはPに着目し，調べていく。

【1回目】
$60×\dfrac{10}{47}=12\dfrac{36}{47}$（秒後）…カ

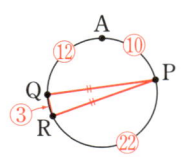

【2回目】
$60×\dfrac{10}{28}=21\dfrac{3}{7}$（秒後）…キ

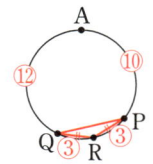

2 立体図形

難関校レベル　　　　　　　　　　　　　　　　　　　本冊 p.56〜59

135 本冊 p.56

(1) **25.12cm³**

(2) **62.8cm²**

着眼

まず，できるだけ正確な見取り図をかくこと。
回転体は，回転軸をふくむ平面で切断すると，線対称な図形になる。

解き方

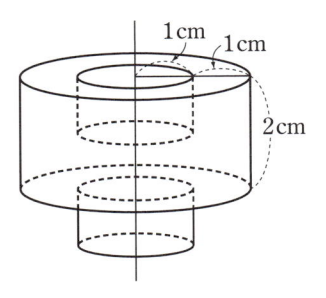

(1) 右の図で，へこんでいる部分に下のふくらんだ部分を合わせると，底面の半径が 2cm，高さ 2cm の円柱の体積になる。よって，体積は
$2×2×π×2=8×3.14=$ **25.12 (cm³)**

(2) 立体をま上，ま下から見ると，どちらも半径 2cm の円になる。これに側面の部分を加えればよい。したがって，求める表面積は
$2×2×π×2+1×2×π×1×2+2×2×π×2$
$=20×π=20×3.14=$ **62.8 (cm²)**

136 本冊 p.56

(1) **929.44cm²**

(2) **1507.2cm³**

着眼

(1) 高さが等しいので，底面積のもっとも大きいものが最大の体積になる。
直径（半径）の和がもとの直径（半径）になるときはどれだけ細分化してもその周囲の長さは同じである。

解き方

(1) 高さが一定だから底面積が最大のものを求める。大きい半円の部分は共通なので，小さい半円の部分を比べる。

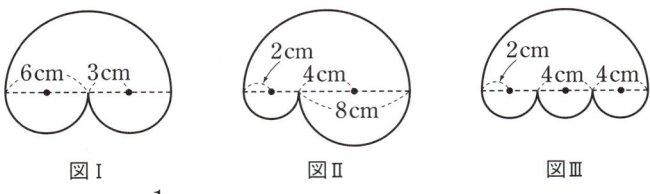

図Ⅰ　$3×3×π× \dfrac{1}{2} ×2=9×π$ (cm²)

図Ⅱ　$2×2×π× \dfrac{1}{2} +4×4×π× \dfrac{1}{2} =10×π$ (cm²)

図Ⅲ　$2×2×π× \dfrac{1}{2} ×3=6×π$ (cm²)

よって，図Ⅱの体積が最大である。この立体の表面積を求めればよい。**底面の周の長さは半径 6cm の円周と同じ長さになるから**
$\left(6×6×π× \dfrac{1}{2} +10×π\right)×2+6×2×π×20=296×π$
$=296×3.14=$ **929.44 (cm²)**

(2) 側面積が 3 つとも同じなので，表面積が最小のものは，底面積がもっとも小さい図Ⅲの立体である。この立体の体積は
$\left(6×6×π× \dfrac{1}{2} +6×π\right)×20=480×π$
$=480×3.14=$ **1507.2 (cm³)**

137 本冊 p.56

(1) **11 個**
(2) **19 個**
(3) **185 通り**

着眼

投影図の読み取り方についての学習をしておこう。最小の個数および最大の個数を想定して読み取っていくことがポイント。

解き方

(1) ま上から見た図に，その場所に積んである立方体の個数をかくと，右の図のようになる。ま上から見て1番左はしを正面から見ると，1個見えるのでこの場所は1個。また，その右横の場所を正面から見ると，3個見える。少なくとも1か所に3個積んである。その右側の列を正面から見ると，4個見える。つまり，少なくとも1か所に4個積んである。したがって，立方体の個数がもっとも少なくなるのは，右上の図のときである。よって
$$1+3+1+4+1+1=\mathbf{11}（個）$$

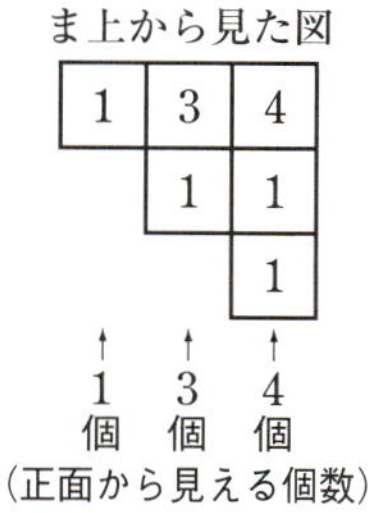

ま上から見た図

1	3	4
	1	1
		1

↑　↑　↑
1　3　4
個　個　個
（正面から見える個数）

(2) 立方体の個数がもっとも多くなるのは，右の図のときである。したがって
$$1+3+3+4+4+4=\mathbf{19}（個）$$

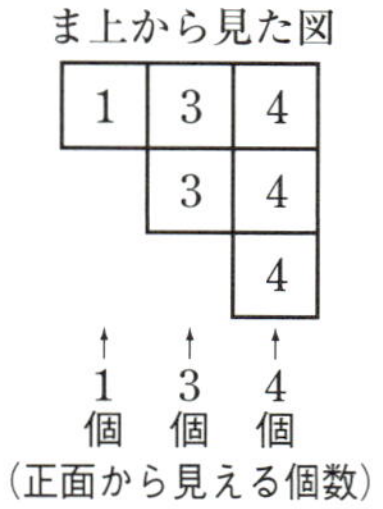

ま上から見た図

1	3	4
	3	4
		4

↑　↑　↑
1　3　4
個　個　個
（正面から見える個数）

(3) 右の図で，
- 1列目は必ず1個
- 2列目について
  ア，イとも，1個，2個，3個の3通り。
  しかし，**両方が1個，2個の場合は除かなくてはいけない**ので
  $$3×3-2×2=5（通り）$$
- 2列目について
  ウ，エ，オとも，1個，2個，3個，4個の4通り。
  しかし，**すべてが1個，2個，3個の場合は除かなくてはいけない**ので
  $$4×4×4-3×3×3=37（通り）$$

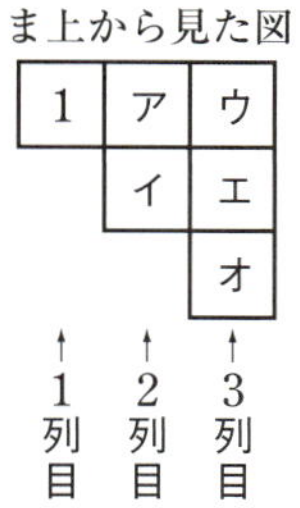

以上より　$1×5×37=\mathbf{185}（通り）$

ま上から見た図

1	ア	ウ
	イ	エ
		オ

↑　↑　↑
1　2　3
列　列　列
目　目　目

138 本冊 p.57

(1) **648cm³**

(2) **432cm³**

着眼

(1) 底面になるのは六角形 PQRSTU で，立方体はこの平面で 2 等分されている。

(2) 四角すい C-QSTU の底面は (1) の六角すいの底面と同一平面上にある。

解き方

(1) 6 点 P，Q，R，S，T，U を通る面は，立方体の体積をちょうど半分に分ける。この半分に分かれた立体の体積は
$$12 \times 12 \times 12 \div 2 = 864 \text{ (cm}^3)$$
2 つに分かれた立体のうち，C をふくむ方の立体と，求める六角すいを比較すると，求める六角すいの体積は
 (C をふくむ立体) − (三角すい C-BPQ)
  　　　　　 − (三角すい C-GRS)
  　　　　　 − (三角すい C-DTU)
$= 864 - \{(6 \times 6 \div 2) \times 12 \div 3\} \times 3$
$= 864 - 216 = \mathbf{648 \text{ (cm}^3)}$

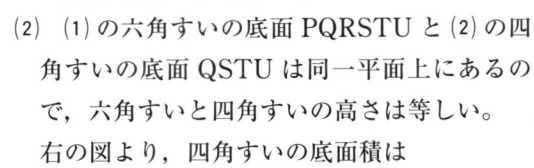

(2) (1) の六角すいの底面 PQRSTU と (2) の四角すいの底面 QSTU は同一平面上にあるので，六角すいと四角すいの高さは等しい。右の図より，四角すいの底面積は

四角形 QSTU = 六角形 PQRSTU $\times \dfrac{4}{6}$

　　　　　 = 六角形 PQRSTU $\times \dfrac{2}{3}$

四角すいの体積 = 四角形 QSTU × 高さ × $\dfrac{1}{3}$

　　　　　　 = 六角形 PQRSTU × $\dfrac{2}{3}$ × 高さ × $\dfrac{1}{3}$

　　　　　　 = 六角形 PQRSTU × 高さ × $\dfrac{1}{3}$ × $\dfrac{2}{3}$

　　　　　　 = 六角すい C-PQRSUT × $\dfrac{2}{3}$

　　　　　　 = $648 \times \dfrac{2}{3}$

　　　　　　 = **432 (cm³)**

[別解] 六角すいと四角すいの体積の比は 底面積の比に等しく，その比は
$$6 : 4 = 3 : 2$$
である。ゆえに，四角すいの体積は
$$648 \times \dfrac{2}{3} = \mathbf{432 \text{ (cm}^3)}$$

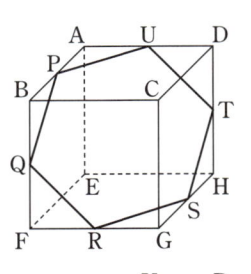

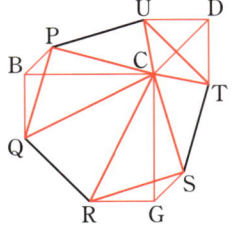

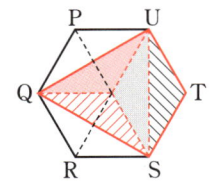

139 本冊 p.57

(1) **243cm³**

(2) (ア) **9cm³**
　　(イ) **171cm³**

着眼

立方体の見取り図の中に切断面をかき込んでいく。切断面は，どのような点を通る平面になるかを見極めて，切断面が通る地点を正確に決めていくこと。

解き方

(1) 立方体の体積＝9×9×9＝729（cm³）
右の図1から，三角すいABDE，三角すいACDF，三角すいABCG，三角すいHDBCの体積はすべて
$$9\times9\div2\times9\div3=\frac{243}{2}\text{（cm}^3\text{）}$$
よって，三角すいABCDの体積は
$$729-\frac{243}{2}\times4=\mathbf{243\text{（cm}^3\text{）}}$$

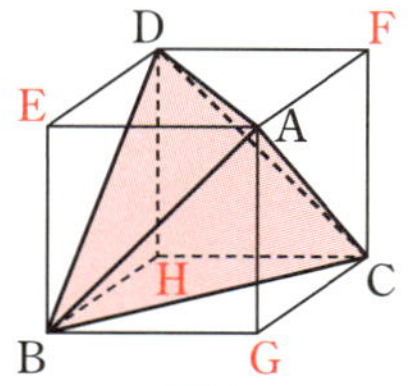

図1

(2) (ア) 3点P，Q，Rを通る平面は，3点B，C，Dを通る平面と平行だから，**切り取られる立体は三角すいABCDと相似**になる。
ここで，3点P，Q，Rを通る平面が辺AB，AC，ADと交わる点をそれぞれK，L，M，ADとEFの交点をOとすると，図2から
　AM：AO＝AQ：AE＝6：9＝2：3
AO＝ODより　AM：AD＝2：(3×2)＝1：3
よって，三角すいAKLMと三角すいABCDの相似比は1：3になるから，体積比は　(1×1×1)：(3×3×3)＝1：27
したがって，2つの立体のうち，点Aをふくむ立体の体積は
$$243\times\frac{1}{27}=\mathbf{9\text{（cm}^3\text{）}}$$

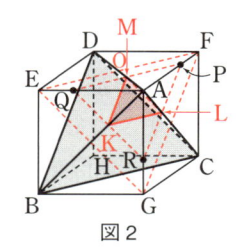

図2

(イ) もとの立方体を3点P，Q，Sを通る平面で切るとき，その切り口は図3のように六角形PQSTUVとなる。QSとABが平行，PQとBCが平行になるので，3点P，Q，Sを通る平面と3点A，B，Cを通る平面は平行であり，三角すいDMNJと三角すいDABCは相似になる。
DM：DA＝2：3となるから，体積比は
　(2×2×2)：(3×3×3)＝8：27
したがって，2つの立体のうち，点Aをふくむ立体の体積は
$$243\times\left(1-\frac{8}{27}\right)=243\times\frac{19}{27}=\mathbf{171\text{（cm}^3\text{）}}$$

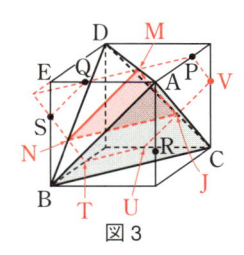

図3

140 本冊 p.58

(1) **45cm²**

(2)

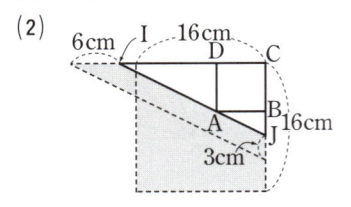

(3) **191cm²**

(4) **12cm**

着眼

影の問題では，必要な長さをふくむ平面のピラミッド相似形を適用する。
立体の頂点がどのような位置をとるかに着目。

解き方

(1) 図3で，PC=DH だから，DC=D'H=6cm となる。ここで，
IH:HE=EF:FJ
=6:(9−6)=2:1 より
　IH=6×2=12 (cm)
　ID'=12−6=6 (cm)
　D'N=6×$\frac{1}{2}$=3 (cm)

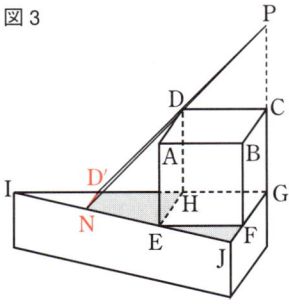

よって，この立体上で，直接豆電球の光があたる部分は，三角形 ID'N と正方形 ABCD だから，面積は
6×3÷2+6×6=9+36=**45 (cm²)**

(2) 高さ 6+4=10 (cm) の直方体の影（図4）と，立方体がない場合の影（図5）を合成すればよい。ここで
　PM:MB'=PC:CB=1:1
より　MB'=PM=6+10=16 (cm)
同様に　D''M=16 (cm)
次に，図5で，
JL:LJ'=PG:GJ=12:9
=4:3 より　LJ'=3cm
同様に，
IK:KI'=12:18=4:6 より
　KI'=6 (cm)
したがって，この立体の影は図6のようになる。

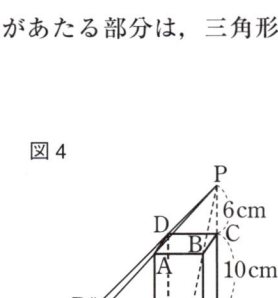

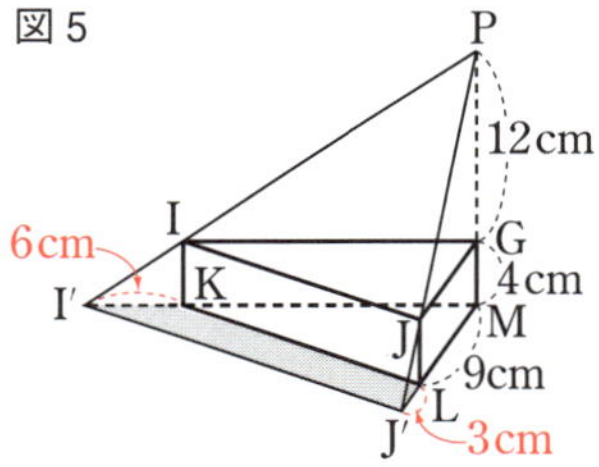

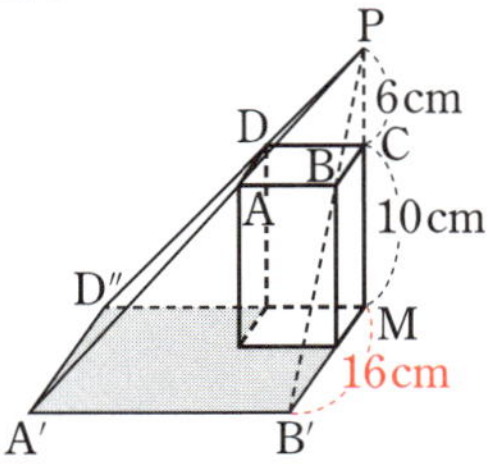

(3) 図6で，
　D''I'=18+6−16=8 (cm)，
　D''R=8×$\frac{1}{2}$=4 (cm)
である。したがって，床にできるこの立体の影の面積は
16×16+8×4÷2−18×9÷2=256+16−81=**191 (cm²)**

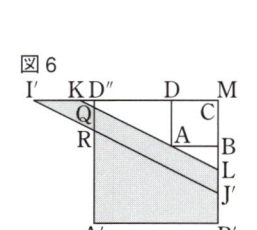

(4) CPのきょりを長くしていくと，3点P，B，Jが一直線上に並び，さらに長くすると，三角形EFJの一部に光があたるようになるから，影の形が変わる。
よって，影の形が変わるのは図7のときで，このとき BC:CP=JF:FB=3:6=1:2 より
　CP=6×2=**12 (cm)**

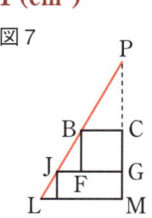

141 本冊 p.58

(1) **長方形**

(2) $\dfrac{1}{36}$ 倍

着眼
詳細に，立体の内部のようすを見取り図上でかくため，切断面の中の相似形をはっきりと見ぬくこと。

解き方

(1) AP を延長した線上に G があるので，A，D，P を通る平面は，A，D，G を通る平面と同じである。よって，切り口は図1のような**長方形** AFGD になる。

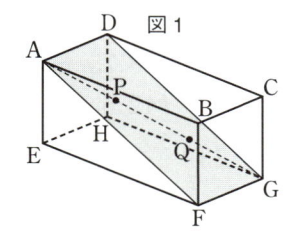

(2) B，P，Q，R を頂点とする三角すいは，図2の色をつけた三角すい B–PRQ である。このとき，この直方体をま上から見ると図3，ま横から見ると図4のようになる。
図3で，三角形 DPC と三角形 RPA は相似であり，相似比は
CP：AP＝2：1 だから，**R は AF のまん中**となる。
また，図4で三角形 BRP と三角形 GCP は相似であり，相似比は，
BP：GP＝1：2 だから，**R は BF のまん中**となる。
つまり，**R は長方形 AEFB の対角線の交点**なので，三角形 AFG は図5のようになる。
　これより，三角形 ARP と三角形 PRQ の面積は等しく，どちらも三角形 AFG の面積の $\dfrac{1}{2}\times\dfrac{1}{3}=\dfrac{1}{6}$ （倍）

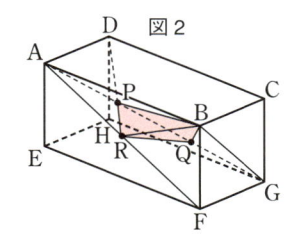

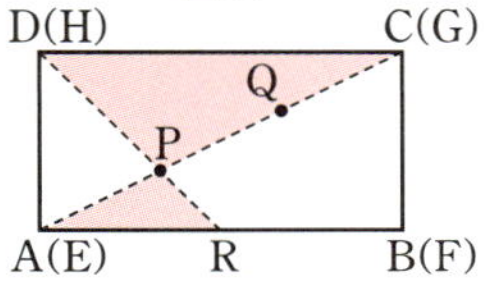

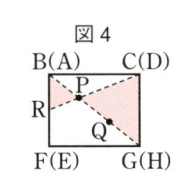

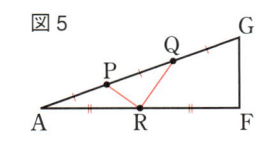

また，**三角すい B–PRQ と三角すい B–AFG の高さは等しい**から，三角すい B–PRQ の体積は三角すい B–AFG の体積の $\dfrac{1}{6}$ 倍である。
さらに，三角すい B–AFG の底面を三角形 BFG と考えると，底面積は (BF×FG÷2)，高さは AB となるので，三角すい B–AFG の体積はもとの直方体の体積の $\dfrac{1}{2}\times\dfrac{1}{3}=\dfrac{1}{6}$ （倍）
よって，三角すい B–PRQ の体積はもとの直方体の
　　$\dfrac{1}{6}\times\dfrac{1}{6}=\mathbf{\dfrac{1}{36}}$（倍）

142 本冊 p.59

(1) **471cm²**

(2) ㋐ **588.75cm³**
　　㋑ **442.5cm²**

(3) $239\dfrac{31}{36}$ **cm³**

着眼

立体切断の問題は，必ず見取り図を作成して立体（実際）的にとらえる。

解き方

(1) 立体 A は，図3のように，底面の円の半径が 5cm，高さが $5\times2=10$ (cm) の円柱である。
よって，底面積は $5\times5\times\pi=25\times\pi$ (cm²)
また，底面のまわりの長さは $10\times\pi$ (cm)
だから，側面積は
$10\times\pi\times10=100\times\pi$ (cm²)
したがって，立体 A の表面積は
$25\times\pi\times2+100\times\pi=150\times\pi=150\times3.14=$**471 (cm²)**

立体A
図3

(2) ㋐ 立体 B は右の図4のようになる。
切り取った部分の体積は立体 A の体積の $\dfrac{1}{4}$ なので，立体 B の体積は立体 A の体積の $1-\dfrac{1}{4}=\dfrac{3}{4}$ (倍) である。
よって　$5\times5\times\pi\times10\times\dfrac{3}{4}=\dfrac{750}{4}\times\pi$
$=\dfrac{750}{4}\times3.14=$**588.75 (cm³)**

立体B
図4

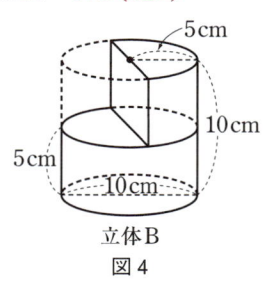

㋑ 立体 B を上下から見ると，半径 5cm の円に見えるので，それらの面積の合計は　$5\times5\times\pi\times2=50\times\pi$ (cm²)
また，立体 B の側面のうち曲面の部分の面積は，立体 A の側面積の $\dfrac{3}{4}$ 倍だから　$100\times\pi\times\dfrac{3}{4}=75\times\pi$ (cm²)
さらに，長方形の部分の面積は　$5\times10=50$ (cm²)
よって　立体 B の表面積は
$50\times\pi+75\times\pi+50=125\times\pi+50=$**442.5 (cm²)**

(3) 立体 C は，立体 B から図5の影の部分を切り取った立体である。
PR：RQ＝1：8なので，RQ の長さは
$10\times\dfrac{8}{1+8}=\dfrac{80}{9}$ (cm)
よって，影の部分は，**底面の円の半径が 5cm，高さが $\dfrac{80}{9}$cm の円柱を半分にしたもの**だから，その体積は　$5\times5\times\pi\times\dfrac{80}{9}\div2=\dfrac{1000}{9}\times\pi$ (cm³)

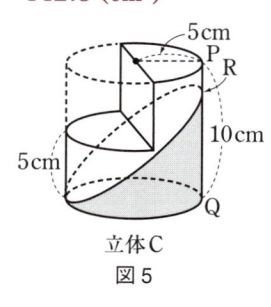

立体C
図5

したがって，立体 B の体積から影の部分の体積をひくと，立体 C の体積は
$\dfrac{750}{4}\times\pi-\dfrac{1000}{9}\times\pi=\dfrac{1375}{18}\times\pi=\dfrac{4317.5}{18}=\dfrac{8635}{36}$
$=$**$239\dfrac{31}{36}$ (cm³)**

143 本冊 p.59

(1) **18cm**

(2) ① **25 回**

② はじめて **7.2 秒後**

10 回目 **172.8 秒後**

着眼

(1) 旅人算。同じ辺上を動くと考えるとわかりやすい。6 秒後に P，Q の差が最大（つまり Q が G にある）になり さらに，その 3 秒後に「出会う」。

(2) 出発してからの BP の長さと CQ の長さのグラフをかくと，グラフが交わるとき BP と CQ の長さが等しいことがわかる。

切り口の形が長方形やひし形になるときの点の位置を見取り図上でしっかりとること。

解き方

(1) 図 3 のように，出発してから 6 秒後には，点 Q が点 P よりも 12cm 多く動いているので，点 Q と点 P の速さの差は
  $12 \div 6 = 2$ (cm/秒)

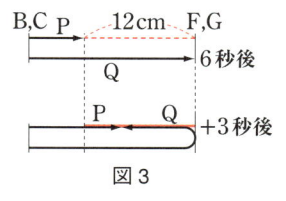

また，その $9 - 6 = 3$（秒後）には，点 P と点 Q が合わせて 12cm 動いているので，点 P と点 Q の速さの和は $12 \div 3 = 4$ (cm/秒)

よって，
  点 P の速さは　$(4-2) \div 2 = 1$ (cm/秒)
  点 Q の速さは　$1 + 2 = 3$ (cm/秒)

したがって，この立方体の 1 辺の長さは　$3 \times 6 = $ **18 (cm)**

(2) ① 切り口の形が長方形になるのは，図 4 のように，**BP と CQ の長さが等しくなるとき**である（ただし，点 P が B に，点 Q が C にいるときは正方形になってしまうのでふくまない）。ここで，

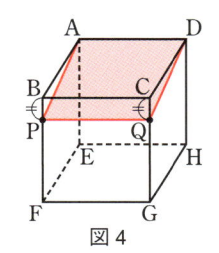

点 P が辺 BF を 1 往復するのにかかる時間は　$18 \times 2 \div 1 = 36$（秒）

点 Q が辺 CG を 1 往復するのにかかる時間は　$18 \times 2 \div 3 = 12$（秒）

だから，点 P と点 Q は 36 秒ごとに同時に出発点にもどる。ここで，出発してから 36 秒後までの BP と CQ の長さの関係をグラフに表すと図 5 の通り。

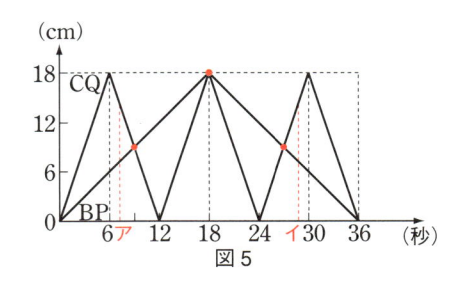

BP と CQ の長さが等しくなるのは，36 秒間の中に 3 回（グラフの交点）あることがわかる（0 秒後と 36 秒後は，点 P が点 B に，点 Q が点 C にいるのであてはまらない）。そして，5 分間では，$(60 \times 5) \div 36 = 8$ あまり 12 より，これと同じことが 8 回くり返され，あまりの 12 秒間のうち 1 回だけ BP と CQ の長さが等しくなる。

したがって，切り口の形が長方形になるのは全部で
  $3 \times 8 + 1 = $ **25 (回)**

② 切り口の形がひし形(正方形は除く)になるのは,図6のように,APとPQの長さが等しくなるときである。

このとき,三角形ABPと三角形PRQは合同だから,**CQの長さはBPの長さの2倍**になる。

このようになるのは図5のグラフのア,イの時間である。出発してからアの時間までに点P,Qが動いたようすは,図7の通り。

ここで,点Pが動いた長さを①とする。
点Qの速さは点Pの速さの3÷1=3(倍)だから,点Qが動いた長さは ①×3=③
立方体の1辺の長さは (②+③)÷2=⑤÷2=②.⑤
②.⑤=18cmだから,①にあたる長さは 18÷2.5=7.2(cm)
したがって,切り口の形がはじめてひし形になるのは,2点P,Qが出発してから 7.2÷1=**7.2(秒後)**

また,図5のグラフは18秒のところで線対称なので,イの時間は 36-7.2=28.8(秒)

よって,切り口の形が10回目にひし形になるのは,図5のグラフが,10÷2=5(回)くり返されたときのイの時間,つまり
　　36×4+28.8=**172.8(秒後)**

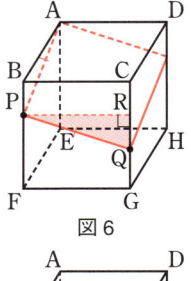

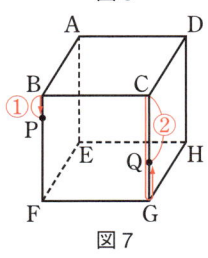

超難関校レベル

144 本冊 p.60

(1) **12cm**

(2) ① **7面**
　　② **1350cm³**

着眼

(1) 内接する正方形の問題では，内接する正方形の1辺を仮定して求める。

(2) 共通部分の立体は，正確な見取り図をかいたときに，単純な立体に結びつけることが必要。

解き方

(1) 右の図のように，内接する正方形の1辺を ④cm とおくと，相似の考えを使って，FC=③cm となる。
したがって，④+③=⑦=21cm だから，
①=3（cm）となり，1辺の長さは
　　3×4=**12（cm）**

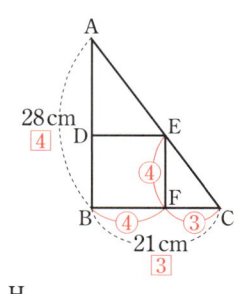

(2) 共通部分 ⑦ は立方体を右の図の色の線の面で切断した立体となる。
① 面の数 … 6+1=**7（面）**
② 右の図より，立体 ⑦ の体積は，1辺 12cm の立方体の体積から頂点 I をふくむ三角すい台の体積をひいたものになる。
したがって，立体 ⑦ の体積は
　　12×12×12
　　$-12 \times 12 \div 2 \times \left(12 \times \dfrac{12}{12-3}\right) \times \dfrac{1}{3} \times \dfrac{12 \times 12 \times 12 - 3 \times 3 \times 3}{12 \times 12 \times 12}$
　　$= 1728 - 72 \times 16 \times \dfrac{1}{3} \times \dfrac{1728 - 27}{1728}$
　　$= 1728 - 378$
　　$= \textbf{1350 (cm}^3\textbf{)}$

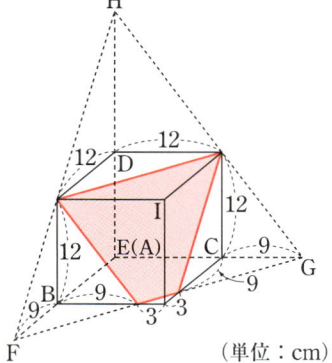

145 本冊 p.60

(1) ① **12個**
　　② **218cm²**
(2) ア **2**
　　イ **5**
　　ウ **4**

着眼

(2) 3方向にア回，イ回，ウ回の回数を切ったときにできる直方体の個数は，(ア+1)×(イ+1)×(ウ+1) 個となる。
　素因数分解をして適する値を求める。

解き方

(1) ① $(1+1)×(1+1)×(2+1)=$**12 (個)**
　② 面A，面B，面Cがそれぞれ4面分，4面分，6面分あるから
　　$3×4×4+4×5×4+5×3×6=$**218 (cm²)**
(2) 直方体が90個できるので (ア+1)×(イ+1)×(ウ+1)=90
　よって　ア+1，イ+1，ウ+1 は90の約数である。
　面A，面B，面Cに平行な面で1回切ると，表面積はそれぞれ
　　$3×4×2=24$ (cm²)，$4×5×2=40$ (cm²)，$5×3×2=30$ (cm²)
　ずつ増える。(ア+イ+ウ) 回切ったときに**増える**表面積は
　　$24×$ア$+40×$イ$+30×$ウ$=462-(24+40+30)=368$ (cm²)
　$368÷24=15.3…$ より，アは15以下の整数である。
　イとウがどんな整数であっても，$40×$イ$+30×$ウ の一の位の数は0なので，アとして考えられる整数は2，7，12である。
　さらに，ア+1 が90の約数なので　**ア=2**
　このとき，(イ+1)×(ウ+1)=90÷3=30 より，イ+1，ウ+1 は30の約数である。
　また　$40×$イ$+30×$ウ$=368-24×2=320$ (cm²)
　これより　$4×$イ$+3×$ウ$=32$
　$4×$イ，32が4の倍数なので，$3×$ウ は4の倍数。
　$320÷30=10.6…$ より，ウは10以下の4の倍数で，ウ+1 は30の約数なので，ウは0か4となる。
　ウ=0 のとき，イ=8　　イ+1 が30の約数ではないので不適。
　ウ=4 のとき，イ=5　　イ+1 が30の約数である。
　ゆえに　**イ=5　ウ=4**

146 本冊 p.61

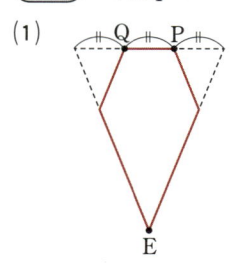

(1)

(2) $2\dfrac{2}{3}$ cm

(3) $83\dfrac{5}{9}$ cm³

着眼
立体を平面で切断したときの外形線は，外の面を通る直線でつくられる。平行な面上には平行な切り口ができることに注目。

解き方

(1) この直方体を3点P，Q，Eを通る平面で切ったときの切り口は，(図1)のようになる。

三角形 BPM，三角形 CPQ，三角形 DNQ は合同な直角二等辺三角形なので，PM＝PQ＝QN であり，PR と SE，QS と RE はどちらも平行になる。

以上より，次のように作図する。PQ の延長線上に PM＝PQ＝QN となる点 M，N をとり，M と E，N と E を結ぶ。さらに，P を通り，NE と平行な直線をひくと，BF と ME との交点で交わり，これが R になる。同様に，S も決まるから，切り口の図形は図2のような五角形になる。

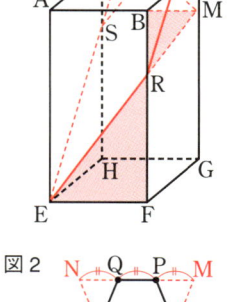

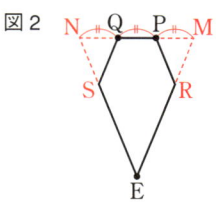

(2) (1)より　BM＝CQ＝2cm

三角形 BMR と三角形 FER は相似だから
　　BR：FR＝BM：FE＝2：4＝1：2

BR の長さは　$8 \times \dfrac{1}{1+2} = \dfrac{8}{3} = \mathbf{2\dfrac{2}{3}}$ **(cm)**

(3) AN＝AM＝4＋2＝6 (cm) だから，三角すい EAMN の体積は
$$6 \times 6 \div 2 \times 8 \times \dfrac{1}{3} = 48 \text{ (cm}^3\text{)}$$

また，三角すい RBMP，SDQN の体積はどちらも
$$2 \times 2 \div 2 \times \dfrac{8}{3} \times \dfrac{1}{3} = \dfrac{16}{9} \text{ (cm}^3\text{)}$$

よって，頂点 A をふくむ方の立体の体積は
$$48 - \dfrac{16}{9} \times 2 = 48 - 3\dfrac{5}{9} = 44\dfrac{4}{9} \text{ (cm}^3\text{)}$$

したがって，頂点 A をふくまない方の立体の体積は
$$4 \times 4 \times 8 - 44\dfrac{4}{9} = \mathbf{83\dfrac{5}{9}} \text{ \textbf{(cm}}^3\textbf{)}$$

147 本冊 p.61

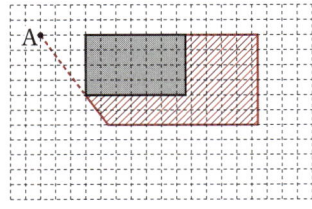

40.5 m²

着眼
ま正面から見たとき，左横から見たとき，ま上から見たときの図をかき，それぞれの図で，相似を利用して必要な長さを求める。

解き方

図1　ま正面から見た図　　　図2　左横から見た図

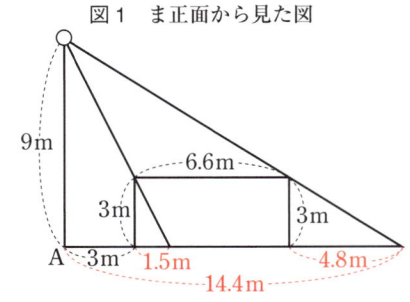

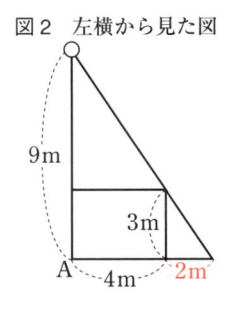

図1，図2をもとにして，ま上から見た影の部分を図3の斜線部で表す。
これは台形2つからなっているので，求める面積は
　(6.6+9.9)×2÷2+(4+6)×4.8÷2
＝**40.5 (m²)**

図3　ま上から見た図

---

148 本冊 p.62

図2 **7**　　図3 **5**
図4 **19**　図5 **11**

着眼
すべて，同じ正多角形がつながってできた図形。展開図をかいたとき，正多角形をつなぐために何本の辺が使われているかを考える。

解き方
展開図をかくと，どの立体のどの面も1つの辺でつながっている。
図2の場合
　辺の数は12。面の数は6。展開図の2つの面をつなぐのに1本の辺が必要だから，すべての面をつなぐのに必要な辺の数は
　　6−1=5（本）
よって，切るべき辺の数は
　　12−5=**7**（本）
図3の場合
　辺の数は12。面の数は8なので，展開図の各面は，8−1=7（本）の辺でつながっている。よって，切るべき辺の数は
　　12−7=**5**（本）
図4の場合
　辺の数は5×12÷2=30。面の数は12なので，展開図の各面は，12−1=11（本）の辺でつながっている。よって，切るべき辺の数は
　　30−11=**19**（本）
図5の場合
　辺の数は3×20÷2=30。面の数は20なので，展開図の各面は，20−1=19（本）の辺でつながっている。よって，切るべき辺の数は
　　30−19=**11**（本）

本冊 p.62 ～ 63 の答え — 97

149 本冊 p.62

(1) **18.84cm³**
(2) **90.84cm³**
(3) **378.84cm³**

着眼
(1) 球の体積は，求める必要はない。
(2), (3) 前に求めた答えを使い，前と比べてどう変化したかを考える。

解き方

(1) A をま横から見た図1で，影の部分を合わせると球になる。したがって，球の体積との差は，間の円柱の体積になる。
$1×1×3.14×6=$**18.84**(cm^3)

図1

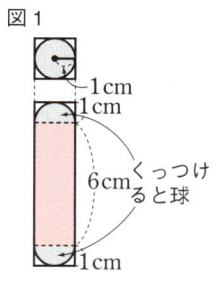

(2) B をま上から見た図2で，影の部分を合わせると A になる。したがって，A の体積との差は
$(1×1×3.14+2×6)×6$
$=$**90.84**(cm^3)

図2 くっつけるとA

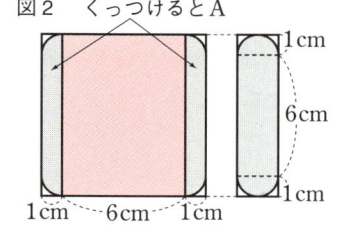

(3) C をま横から見た図3で，影の部分を合わせると B になる。したがって，B の体積との差は
$\{8×8-(2×2-1×1×3.14)\}×6$
$=$**378.84**(cm^3)

図3

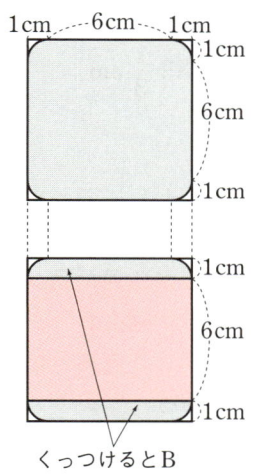

くっつけるとB

150 本冊 p.63

(1) **18cm³**

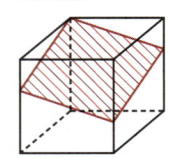

(2) **20.5cm³**

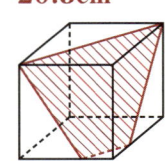

解き方

(1) 高さの平均は $\dfrac{1+3}{2}=2$ (cm)
よって，求める体積は
$3×3×2=$**18**(cm^3)

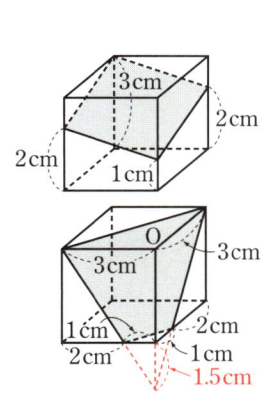

(2) 立方体から頂点 O をふくむ三角すい台の体積をひく。頂点 O をふくむ側の三角すい台の体積は
　　全体の三角すい－小さい三角すい
したがって，求める体積は
$3×3×3-3×3÷2×4.5×\dfrac{1}{3}×\dfrac{3×3×3-1×1×1}{3×3×3}$
$=$**20.5**(cm^3)

(3) **10.9cm³**

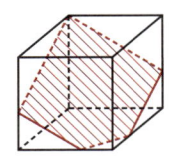

⊙着眼
高さの平均の考え方を使う。相似比が $a:b$ とすれば，体積比は
$(a \times a \times a):(b \times b \times b)$
となる。

151 本冊 p.63
(1) **2250cm²**
(2) **$33\dfrac{1}{3}$ cm**

⊙着眼
影が投影面からはみ出ることも考えておこう。ま上から見た図，ま横から見た図をかき，相似を利用して各部分の長さを求める。

(3) 三角すい SPQR から Q, R を頂点とする 2 つの三角すいをひけばよい。相似比と体積比の関係を用いると，求める体積は

$5 \times 5 \div 2 \times 3 \times \dfrac{1}{3}$
$\times \dfrac{(5 \times 5 \times 5)-(2 \times 2 \times 2) \times 2}{5 \times 5 \times 5}$
$= \mathbf{10.9\,(cm^3)}$

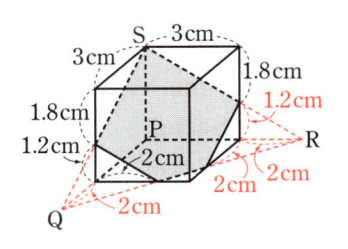

解き方
(1) 相似を用いてそれぞれの長さを求める。

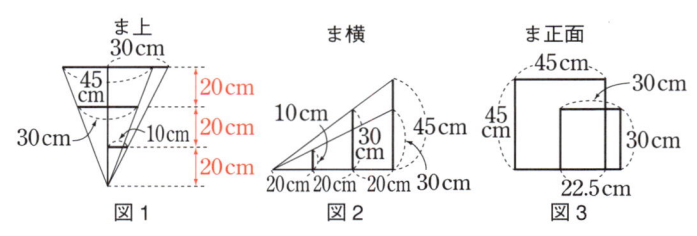

各部分の長さは図 1，図 2 のように，スクリーン上の影は図 3 のようになる。したがって，求めるスクリーン上の影の面積は
$45 \times 45 + 30 \times (30-22.5) = \mathbf{2250\,(cm^2)}$

(2) 図 4 のようになる。
□の長さを求めると
$(2790-30 \times 30) \div (50+20)$
$= 27\,(cm)$

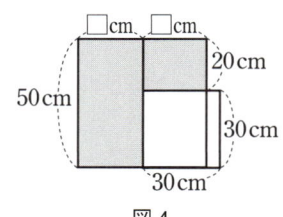

この状態を上から見て，わかっている長さをかくと図 5 のようになる。よって，求める AM の長さは
AM : 60 = 30 : 54 = 5 : 9 より
$AM = 60 \times \dfrac{5}{9} = \mathbf{33\dfrac{1}{3}\,(cm)}$

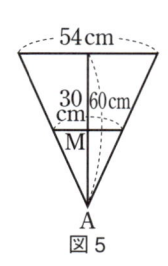

3 対称・移動

難関校レベル

本冊 p.64～65

152 本冊 p.64

(1) **20cm**

(2) $3\dfrac{1}{3}$ **cm**

(3) **262.5cm²**

着眼

図の中に相似な三角形が多数存在している。この相似形を見つけて，対応する角，対応する辺をまちがいのないようにとらえる。

解き方

(1) 正方形 ABCD の 1 辺の長さは，12＋13＝25 (cm) だから
ED＝25－5＝**20 (cm)**

(2) 右の図より，三角形 AFE と三角形 DEI は相似だから
AF：FE＝DE：EI
12：13＝20：EI
よって EI＝$21\dfrac{2}{3}$ (cm)
よって IH＝25－$21\dfrac{2}{3}$＝$3\dfrac{1}{3}$ **(cm)**

(3) 三角形 AFE と三角形 HGI は相似だから
EA：AF＝IH：HG
5：12＝$3\dfrac{1}{3}$：HG   HG＝8 (cm)
よって，四角形 EFGH の面積は
(8＋13)×25÷2＝**262.5 (cm²)**

153 本冊 p.64

(1) **9 回**

(2) **4cm²**

着眼

折り返したときにできる三角形はすべて相似でその相似比は一定。

解き方

(1) 三角形 ADE と三角形 ABC は相似だから
AD：AB＝DE：BC＝2：19
AB＝$4×\dfrac{19}{2}$＝38 (cm) である。
38÷4＝9 あまり 2
よって，図1のように，折り返し線は9本あることがわかる。したがって，**9 回**折り返すことができる。

(2) 図2で
CQ＝RQ＝PQ×$\dfrac{1}{2}$＝1 (cm)
同様に RS＝2 (cm)
したがって，1度も重なっていない部分の面積は
2×2÷2×2＝**4 (cm²)**

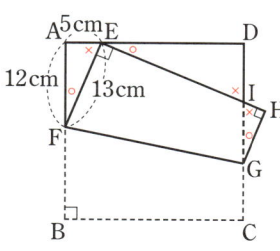

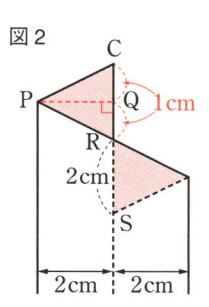

154 本冊 p.64

(1) **3.6cm**

(2) **14.4cm²**

着眼

相似な三角形で，対応する角をしっかりととっていく。特に，直角三角形の中にできる相似な三角形は，角を基準に対応する辺をとっていく。

解き方

(1) 右の図で三角形 AHE と三角形 BHA は相似で，

相似比は　EA：AB＝2：6＝1：3

面積比は　(1×1)：(3×3)＝1：9

また，三角形 ABE の面積は

2×6÷2＝6（cm²）なので，

三角形 ABH の面積は　$6 \times \dfrac{9}{1+9} = 5.4$（cm²）

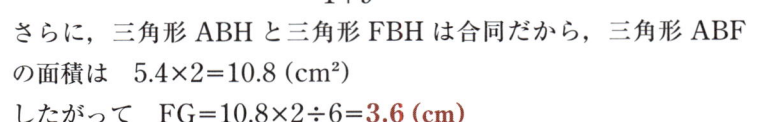

さらに，三角形 ABH と三角形 FBH は合同だから，三角形 ABF の面積は　5.4×2＝10.8（cm²）

したがって　FG＝10.8×2÷6＝**3.6（cm）**

(2) 三角形 AHE の面積は

6−5.4＝0.6（cm²）

三角形 AHE と三角形 FHE は合同なので，三角形 AFE の面積は

0.6×2＝1.2（cm²）

したがって，右の図で

FI＝1.2×2÷2＝1.2（cm）だから，FJ＝6−1.2＝4.8（cm）となり，

三角形 FBC の面積は　6×4.8÷2＝**14.4（cm²）**

155 本冊 p.65

(1) **できる**

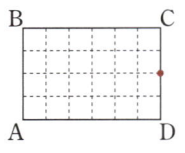

(2) **できない**

(3) **できる**

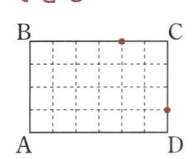

着眼

前後，左右を折り返した展開図上で考える。対応する辺をまちがえないようにあらかじめ組み立てておく。

解き方

(1) 球が，1回のはね返りで頂点 B で止まるのは，図のウの場合。よって辺 CD のまん中の点ではね返らせればよい。**できる**。

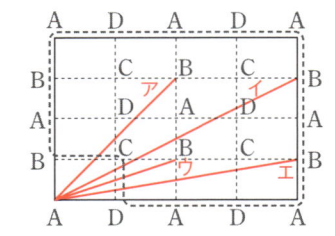

(2) 図のア……3回

　　イ……5回

　　ウ……1回

　　エ……3回

これより，頂点 B で止めるには奇数回のはね返りが必要なので，2回のはね返りでは頂点 B で止めることは**できない**。

(3) 球が3回のはね返りで頂点 B で止まるのは，図のアかエの場合である。辺 BC を 2：1 に分ける点，または辺 DC を 1：3 に分ける点ではね返らせればよい。**できる**。

本冊 p.65～66 の答え —— 101

超難関校レベル　　本冊 p.65～69

156 本冊 p.65

12

着眼

まず，直角三角形の辺の長さを簡単な数値と仮定する。次に，相似関係から実際には何倍になっているかを計算する。

解き方

面積を考える部分は右の図の色の部分。
AB＝2cm，BC＝1cm として面積を求める。

　　おうぎ形 ABA′＋三角形 A′BC′
　　－三角形 ABC－おうぎ形 CBC′
＝おうぎ形 ABA′－おうぎ形 CBC′
＝$(2×2-1×1)×π×\dfrac{45}{360}$
＝$\dfrac{3}{8}×π$

169.56÷3.14＝54 なので，面積の比は

$\dfrac{3}{8}$：54＝1：144

よって，相似比は 1：12 となり　BC＝**12**cm

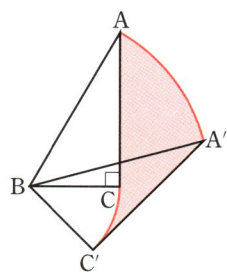

---

157 本冊 p.66

(1) **直線 DE，直線 EF，直線 FD**

(2) $\dfrac{2}{3}$ 倍

(3) $\dfrac{1}{9}$ 倍

着眼

直角三角形で斜辺と隣辺の長さの比が 2：1 のとき，残り 2 つの角度は 60°，30° になるという，いわゆる 30°問題。

解き方

(1) 三角形 CDF の面積は，長方形 ABCD の面積の $\dfrac{1}{6}$ なので　BF：FC＝2：1
BF＝②，FC＝① とすると　FD＝②
よって，**三角形 CDF は 3 つの角の大きさが 30°，60°，90° の三角形**なので
角 BFD＝180°－60°＝120°　●＝120°÷2＝60°
したがって，三角形 DEF は正三角形となるので，直線 BF と長さが等しい直線は，**直線 DE，直線 EF，直線 FD** の 3 つ。

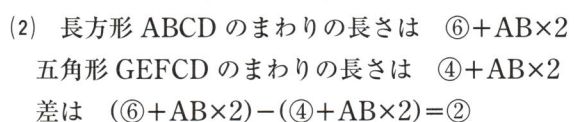

(2) 長方形 ABCD のまわりの長さは　⑥＋AB×2
五角形 GEFCD のまわりの長さは　④＋AB×2
差は　（⑥＋AB×2）－（④＋AB×2）＝②
辺 BC の長さは ②＋①＝③ なので　2÷3＝$\dfrac{2}{3}$（倍）

(3) 台形 EFDG において，EG：FD＝1：2 なので
　三角形 GEH：三角形 EFH
　　：三角形 GDH：三角形 DFH
＝(1×1)：(1×2)：(2×1)：(2×2)
＝1：2：2：4

台形 EFDG の面積は長方形 ABCD の面積の $\dfrac{1}{2}$ なので

$\dfrac{1}{2}×\dfrac{2}{1+2+2+4}＝\dfrac{1}{9}$（倍）

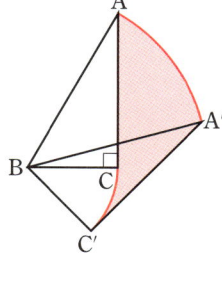

158 本冊 p.66

① $\dfrac{7}{8}$

② $7\dfrac{5}{16}$

着眼

対応する角を確認しながら相似な三角形を見つける。その比から，必要な長さを求めていく。

解き方

① 右の図のように，相似な三角形の対応するおのおのの角に ○，× の記号をつける。

F は，BC のまん中の点だから

$FC = 5 \times \dfrac{1}{2} = 2.5$ (cm)

$EC = 2.5 \times \dfrac{5}{4} = \dfrac{25}{8}$ (cm)

よって $AE = 4 - \dfrac{25}{8} = \dfrac{7}{8}$ (cm)

② $\underbrace{3 \times 4 \div 2}_{\text{三角形 BCD}} + \underbrace{3 \times \dfrac{7}{8} \div 2}_{\text{三角形 ABE}} = 6 + \dfrac{21}{16} = 7\dfrac{5}{16}$ (cm²)

159 本冊 p.66

1.2 倍

着眼

もとの長方形も影をつけた部分も，同じ正三角形に分割できる。よって，正三角形の個数で比較できる。

解き方

問題に与えられた図形は右の図のように，1 辺の長さが 2cm の正三角形に分けることができる。この区切られた面積を見ると

影をつけた部分…正三角形 12 個分
長方形…正三角形 10 個分

よって $12 \div 10 = $ **1.2 (倍)**

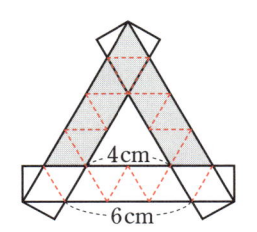

160 本冊 p.66

(1) **解き方参照**

(2) **正三角形**，
　　理由は**解き方参照**

(3) **18.4cm**

着眼

線対称な図形の対応する点と点を結んだ線分は，対称軸で垂直二等分される。

(3) 長さが最短になるのは，折れ線 PZYQ が直線になるとき。

解き方

(1) P，Q は右の図のようになる。

三角形 ZPX と三角形 YXQ はともに二等辺三角形になる。

ZP=ZX，YX=YQ なので

$XZ + ZY + YX = PZ + ZY + YQ$

となる。

(2) AP と AQ はそれぞれ AB と AC を軸として，AX と線対称の関係にあるので AP=AQ=AX

また，角 PAQ は $30° \times 2 = 60°$

よって，三角形 APQ は**正三角形**。

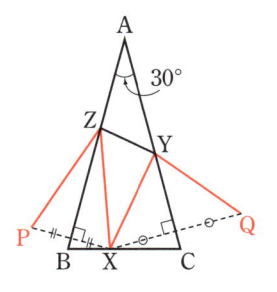

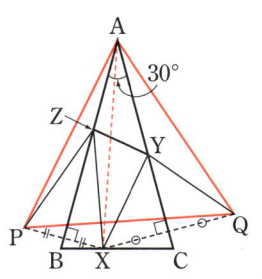

本冊 p.67 の答え — 103

(3) (1)より，三角形 XYZ の周の長さは，P，Z，Y，Q を結んだ折れ線の長さに等しいので，右の図のように Y と Z が直線 PQ 上にあるとき，(PQ の長さと等しくなり)もっとも短くなる。 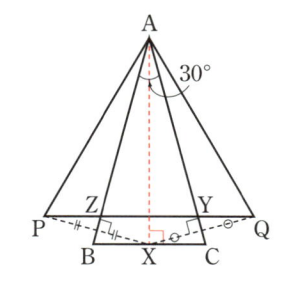
(2)より，PQ の長さは AX の長さに等しいので，**AX の長さがもっとも短くなるとき**を考えればよい。AX は，角 AXB＝90° のとき，もっとも短くなるので，求める長さは　92×2÷10＝**18.4 (cm)**

161 本冊 p.67
(1) **60cm²**
　　図は**解き方参照**
(2) **6cm**
　　図は**解き方参照**

【着眼】
正方形をマス目に区切って，あてはまるマス目の数を考える。
このような折り曲げの問題では，1つずつもとにもどしたときにどのようになっているかを考えること。

解き方
(1) 3枚重なっている部分は，右の図の通り。これを広げると，下の図のようになる。正方形の紙を50マスとすると，斜線部は30マスになる。したがって，求める面積は 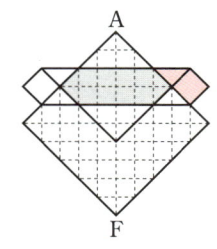
　$10×10×\dfrac{30}{50}=$**60 (cm²)**
(2) 切り取られる部分は右上の図の色の部分。
切り取り線は下の図のようになり，その長さは　$10×\dfrac{1}{5}×3=$**6 (cm)**

(1)　　　　　　　　(2)

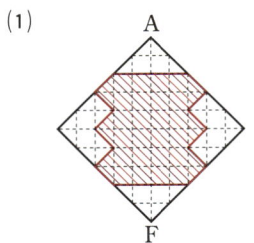

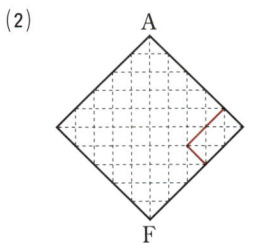

162 本冊 p.67
(1) **44cm**
(2) ア **6**　イ **16**

【着眼】
折ったあとの図形のそれぞれの部分が，折る前の状態ではどこになるのか，正確にとらえよう。

解き方
(1) 問題の図から，求める長方形 ABCD の周の長さは，はじめの 52cm の周の長さから4か所の 2cm をひいたもの。 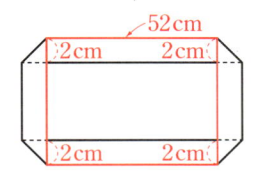
　　52－2×4＝**44 (cm)**
(2) 斜線部分の面積から長方形 ABCD の面積を除いたものは
　　44×2＋2×2÷2×4＝96 (cm²) ←これは長方形 ABCD と等しい。
一方，長方形 ABCD のたて＋横＝44÷2＝22 (cm)
求める AB，BC は**和が 22 で積が 96** になる。
適するのは，AB が **6**cm，BC が **16**cm の組み合わせである。

AB	1	2	3	4	6	8
BC	96	48	32	24	16	12
和	97	50	35	28	22	20

163 本冊 p.68

(1) Ⓓ　Ⓔ

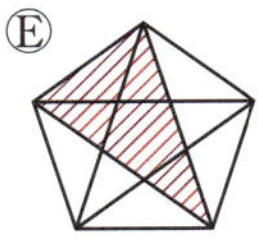

　Ⓐ　5個　　Ⓑ　5個
　Ⓒ　10個　　Ⓓ　10個
　Ⓔ　5個　　Ⓕ　なし

(2) Ⓐ×2－Ⓑ×1

(3) 三角形 QPX
　　　Ⓐ×2＋Ⓑ×1
　　三角形 QYR
　　　Ⓐ×1＋Ⓑ×1

(4) 五角形 PQRST
　　　Ⓐ×21＋Ⓑ×12
　　3倍

着眼

このような誘導形式の問題は(2)，(3)と解きすすめていくときに，前の問いを参考にしながら考えることが重要ポイント。

解き方

(1) Ⓐ，Ⓑ，Ⓒ のほか，解答の図のような三角形 Ⓓ と Ⓔ がある。
Ⓐ，Ⓑ の三角形は，それぞれ 5 個ずつある。
Ⓒ の三角形は，Ⓐ に Ⓑ をくっつけると考えると，Ⓑ をくっつける場所は 1 つの Ⓐ につき 2 つずつあるので　5×2＝**10（個）**
Ⓓ の三角形は，Ⓑ を 1 つふくむものが 5 個，2 つふくむものが 5 個あるので　5＋5＝**10（個）**
Ⓔ の三角形は，**5** 個ある。

(2) Ⓓ の三角形は頂角が 108°，底角が 36°の二等辺三角形で，右の図の色の部分と同じ面積になる。 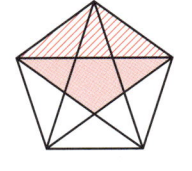
よって
　　Ⓓ－Ⓑ×2＝(Ⓐ×2＋Ⓑ)－Ⓑ×2
　　　　　　＝**Ⓐ×2－Ⓑ×1**

(3) 三角形 QPX の面積は Ⓓ の面積と等しいので　**Ⓐ×2＋Ⓑ×1**
三角形 QYR の面積は Ⓒ の面積と等しいので　**Ⓐ×1＋Ⓑ×1**

(4) 下の図のように分割する。

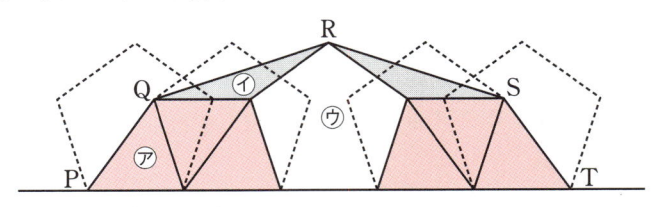

㋐ の面積は　Ⓐ×2＋Ⓑ×1
㋑ の面積は　Ⓐ×1＋Ⓑ×1
㋒ の面積は　Ⓐ×5＋Ⓑ×5＋(Ⓐ×2－Ⓑ×1)＝Ⓐ×7＋Ⓑ×4
よって
　(Ⓐ×2＋Ⓑ×1)×6＋(Ⓐ×1＋Ⓑ×1)×2＋(Ⓐ×7＋Ⓑ×4)
　＝**Ⓐ×21＋Ⓑ×12**
ゆえに　(Ⓐ×21＋Ⓑ×12)÷(Ⓐ×7＋Ⓑ×4)＝**3（倍）**

164 本冊 p.69

(1) **125.6cm³**
(2) **628cm³**
(3) **315.5072cm³**

着眼

回転軸に交わらない点対称な図形を回転してできる立体の体積は，「回転する図形の面積」×「対称の中心と回転軸とのきょり」に比例することを確かめる。

解き方

(1) 1辺 2cm のこの正方形を回転軸のまわりに1回転させると，図4のような立体になる。この立体の体積は
  $(6×6-4×4)×π×2=40×π$
  $=40×3.14=\mathbf{125.6\,(cm^3)}$

(2) 問題に与えられた図形の回転体の体積は色をつけた正方形の位置を図5のようにずらして考えると，Ⓐ(1)で求めた体積の2倍とⒷ半径8cmと半径2cmからなる輪状の底面積をもつ高さ2cmの回転体の体積を合わせたものになる。
これを求めると
  $40×π×2+(8×8-2×2)×π×2=200×π=200×3.14$
  $=\mathbf{628\,(cm^3)}$

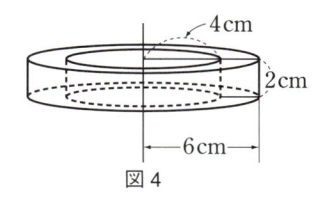

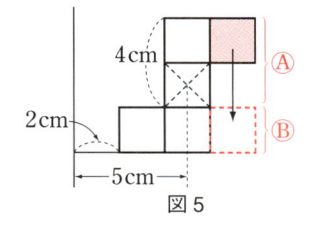

この立体の体積を（＊）の方法で求める。
まず，(1)の回転体について「回転する図形の面積」と「対称の中心と回転軸とのきょり」をかけたものは 2×2×5=20 であり，(1)の体積は 40×π (cm³) なので，あと 2×π をかければ体積が求められることになる。

したがって，(2)の回転体の体積は
  $(2×2×5)×5×2×π=200×π=200×3.14=\mathbf{628\,(cm^3)}$
  （回転する図形の面積（図5）／回転軸からのきょり）

よって，一致する。

(3) $(2×2×π)×4×2×π=32×π×π=32×3.14×3.14$
  $=\mathbf{315.5072\,(cm^3)}$

1 割 合

難関校レベル　　　　　　　　　　　　　　　　　　　　本冊 p.70～72

165 本冊 p.70
(1) **2 割以上**
(2) **28 枚**
(3) **111 枚**

着眼
(3) 予想と比べて，増えた利益と増えた売り上げは等しい。

解き方
(1) 仕入れた枚数を 6 とする。5 売って 6 以上の金額にすればよいので，定価は仕入れの　6÷5＝1.2（倍以上）
よって，利益は **2 割以上**を見込む。
(2) 定価は　4000×(1＋0.1)＝4400（円）→1 枚につき 400 円の利益
値引き後の売り値は
　　　　4400×(1－0.3)＝3080（円）→1 枚につき 920 円の損失
あとはつるかめ算を使う。
値引きした枚数は　(400×36－3840)÷(400＋920)＝8（枚）
よって　36－8＝**28（枚）**
[別解] 値引きせずに売れた枚数を直接求めると
　　　　(920×36＋3840)÷(400＋920)＝**28（枚）**
(3) 予想より多く売れた枚数は　30000÷5000＝6（枚）
売れ残ると予想した枚数は　$6÷\left(1－\dfrac{3}{5}\right)＝15$（枚）
よって　$15÷\dfrac{1}{8}×\left(1－\dfrac{1}{8}\right)＋6＝$**111（枚）**

166 本冊 p.70
(1) **24 分後**
(2) **8 分後**
(3) **10 分後**

着眼
A の食塩の重さはつねに一定。

解き方
(1) A の**食塩の重さは一定**で，つねに 400×0.08＝32（g）なので，5％の食塩水になるのは食塩水の重さが，32÷0.05＝640（g）になったとき。
　　　　(640－400)÷10＝**24（分後）**
(2) A と B の食塩水の重さと濃度が同じなので，**食塩の重さも同じになる**。
A の中の食塩は 32g なので，B の中の食塩が 32g になるときを求めると
　　　　(32－400×0.05)÷(10×0.15)＝**8（分後）**
(3) てんびんの図をかくと，次のようになる。

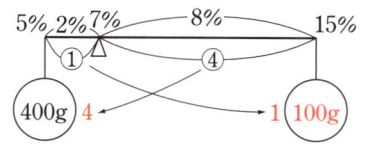

5%　2% 7%　　8%　　　　　15%
　　①　　　④
　400g　4　　　　1　100g

よって　100÷10＝**10（分後）**

167 本冊 p.71

(1) **4 個**
(2) **720 個**
(3) **26 日**

着眼
同じ個数ずつ増えていくということは，等差数列になるということ。

解き方

(1) （太郎が 10 日目につくった個数）を ① とすると，
太郎が初日につくった個数は，$\left(\frac{1}{3}\right)$ 個。

太郎が 10 日間でつくった個数は $\left(\left(\frac{1}{3}\right)+①\right)\times 10\div 2=\left(\frac{20}{3}\right)$（個）

よって，$①\times 10-\left(\frac{20}{3}\right)=\left(\frac{10}{3}\right)$（個）が 180 個にあたることがわかる。

① は $180\div\frac{10}{3}=54$（個）であるから，1 日で増えた個数は

$\left(54-54\times\frac{1}{3}\right)\div(10-1)=$ **4**（個）

(2) $54\times\frac{20}{3}\times 2=$ **720**（個）

(3) 11 日目以降の日数は $720\div\left(54+54\times\frac{2}{3}\right)\times 2=16$（日）

はじめの 10 日と合わせて $10+16=$ **26**（日）

168 本冊 p.71

(1) チョコレート **29 個**
   クッキー **55 個**
   キャンディー **120 個**
(2) **13 袋**
(3) **3 個ずつ**

着眼
はじめにチョコレートの個数を決めると，他の個数も決まる。

解き方

(1) チョコレートの数を ① 個とすると，
クッキーの数は ②−3（個）
キャンディーの数は $(②-3)\times 2+10=④+4$（個）
合計は $①+②-3+④+4=⑦+1=204$（個）
よって，$①=(204-1)\div 7=29$（個）なので，
チョコレートは，**29 個**。
クッキーは $29\times 2-3=$ **55**（個）
キャンディーは $29\times 4+4=$ **120**（個）

(2) $55-29=26$（個），$120-55=65$（個）より，袋の数は 26 と 65 の公約数である 1，13 のどちらか。袋の数は 2 以上なので，**13 袋**。

(3) $29\div 13=2$ あまり 3（個）なので，**3 個ずつ**。

169 本冊 p.71

(1) $\frac{1}{9}$
(2) **1170 g**

着眼
まず，砂糖の全体の重さを決める。

解き方

(1) 砂糖の全体の重さを ①g とすると $A+D=\left(\frac{4}{4+5}\right)=\left(\frac{4}{9}\right)$（g）

$A=\left(\frac{1}{3}\right)$ なので，$D=\left(\frac{4}{9}\right)-\left(\frac{1}{3}\right)=\left(\frac{1}{9}\right)$（g）となり $\frac{1}{9}$

(2) B は $\left(\frac{2}{3}\right)\times\frac{1}{3}+100=\left(\frac{2}{9}\right)+100$（g）

C は $\left(\left(\frac{2}{3}\right)-\left(\frac{2}{9}\right)-100\right)\times\frac{1}{3}+150=\left(\frac{4}{27}\right)+\frac{350}{3}$（g）

これらを加えると $\left(\frac{2}{9}\right)+100+\left(\frac{4}{27}\right)+\frac{350}{3}=\left(\frac{10}{27}\right)+\frac{650}{3}$（g）

これが $B+C=\left(\frac{5}{4+5}\right)$（g）にあたり $①=\frac{650}{3}\div\left(\frac{5}{9}-\frac{10}{27}\right)=$ **1170**（g）

170 本冊 p.72

31 ぴき

着眼
カエルの数を 1 秒ごとに調べていく。

解き方
ある時刻に，A，B，C にいるカエルの数を a，b，c とすると，その 1 秒後に A，B，C にいるカエルの数はそれぞれ

A $\cdots b \times \dfrac{1}{3} + c \times \dfrac{1}{3}$

B $\cdots a \times \dfrac{1}{2} + c \times \dfrac{1}{3}$

C $\cdots a \times \dfrac{1}{2} + b \times \dfrac{1}{3} + c \times \dfrac{1}{3}$

このことから，A，B，C にいるカエルの数を 1 秒ごとに調べていくと，次のようになる。

	A	B	C
いま	108	0	0
	↓	↓	↓
1 秒後	0	54	54
	↓	↓	↓
2 秒後	36	18	36
	↓	↓	↓
3 秒後	18	30	36
	↓	↓	↓
4 秒後	22	21	31

よって，**31 ぴき**。

---

171 本冊 p.72

(1) **肉屋 A で買った方が 90 円安い**

(2) **1750g**

着眼
(2) まず，A，B で 500g 買ったときの値段を調べる。

解き方
(1) 肉屋 A で買うと
　　$630 \div 100 \times 500 + 630 \div 100 \times (750 - 500) \times 0.8 = 4410$（円）
　スーパー B で買うと
　　$600 \div 100 \times 750 = 4500$（円）
　肉屋 A で買った方が $4500 - 4410 = 90$（円）安い。

(2) 500g 買うと，肉屋 A では 3150 円
　スーパー B では　$600 \div 100 \times 500 \times 0.9 = 2700$（円）
　500g をこえると，100g につき $600 \times 0.9 - 630 \times 0.8 = 36$（円）
　肉屋 A の方が安いので，肉屋 A の方が安くなるのは
　　$500 + (3150 - 2700) \div 36 \times 100 = \mathbf{1750}$ **(g)**
　より多いとき。

172 本冊 p.72

$\dfrac{1}{4}$

着眼
まず，A君の最初の所持金から調べる。

解き方

A君，B君の所持金は次のように変わる。

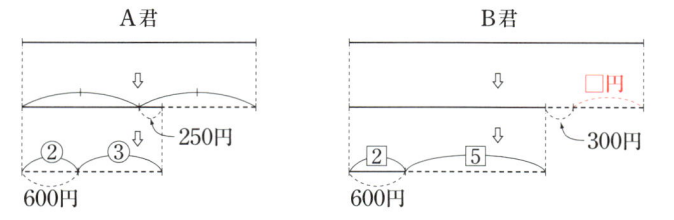

A君の最初の所持金は　$\left\{600\div\left(1-\dfrac{3}{5}\right)-250\right\}\div\dfrac{1}{2}=2500$（円）

よって，B君の最初の所持金は　$5700-2500=3200$（円）

上の図の□の金額は　$3200-600\div\left(1-\dfrac{5}{7}\right)-300=800$（円）

$800\div3200=\dfrac{1}{4}$（倍）

173 本冊 p.72

(1) **250 g**
(2) **12 %**

着眼
てんびんでは，支点からのきょりと重さの積が回転力を表すので
支点からのきょりの比
$=\dfrac{回転力の比}{重さの比}$
となる。

解き方

(1) 容器Aに容器Bの食塩水を$450\times\dfrac{1}{3}=150$ (g) いれると，4.5％の濃度に，さらに $(450-150)\times\dfrac{1}{3}=100$ (g) いれると6％になる。容器Aにはいっていた水の重さをaとすると，次の2つのてんびんの図がかける。

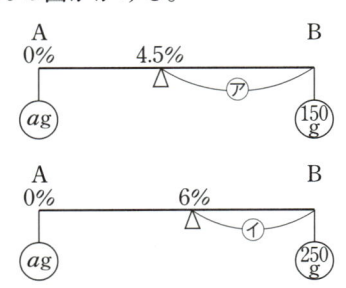

上の図の長さ ㋐，㋑ の比は
　㋐：㋑＝$(a\times4.5\div150):(a\times6\div250)=5:4$
㋐＝⑤，㋑＝④ とおく。⑤－④＝6－4.5なので　①＝1.5（％）
　　4.5：㋐＝4.5：(1.5×5)＝3：5＝150：a

よって　$a=150\times\dfrac{5}{3}=$**250 (g)**

(2) $4.5+1.5\times5=$**12（％）**

超難関校レベル

174 本冊 p.73

(1) **270 個**
(2) りんご **328 個**
　　なし **432 個**

着眼
個数の決め方がポイント。

解き方

(1) りんごの仕入れ個数を ④ 個，なしの仕入れ個数を 24 個とすると，売れた個数は，りんごが ① 個，なしが 1 個，ももが 5 個で，合計は，①+6 個になる。

これは，④+24 の $\frac{1}{4}$ にあたるので　①+6=760×$\frac{1}{4}$=190（個）

全体の仕入れ個数は　190÷$\frac{19}{103}$=1030（個）

ももの仕入れ個数は　1030−760=**270**（個）

(2) ①+6=190 から　①=190−6

190−6<5 なので，190<11 となり　17.27…<1

5<190−5 なので，10<190 となり　1<19
　　　　└─りんごとなしの合計

1 は，17.2… より大きく 19 未満なので
　　1=18（個）

よって，なしは 18×24=**432**（個），りんごは 760−432=**328**（個）

---

175 本冊 p.73

(1) **9 %**
(2) **8 %**

着眼
消去算の考え方を利用する。

解き方

(1) (12+8+7)÷3=**9**（%）

(2) B を ① g，C を ② g 混ぜると 8 %の食塩水が ③ g できる。
A を ② g，C を ① g 混ぜると 7 %の食塩水が ③ g できる。
このことから，A を ② g，B を ① g，C を ③ g 混ぜると
　(8+7)÷2=7.5（%）
の食塩水ができることがわかる。

	A	B	C	
		①	②	… 8 %
	②		①	… 7 %
	②	①	③	… 7.5 %

また，A，B，C を ① g ずつ混ぜると 9 %の食塩水が ③ g できる。
これに A を ① g，C を ② g 混ぜると 7.5 %の食塩水ができるので，A を ① g，C を ② g 混ぜてできる食塩水の濃度を □ %とすると

	A	B	C	
	①	①	①	… 9 %
	①		②	… □ %
	②	①	③	… 7.5 %

　(9+□)÷2=7.5
よって　□=7.5×2−9=6（%）

つまり，A を ② g，C を ① g 混ぜると 7 %，A を ① g，C を ② g 混ぜると 6 %になる。

右の図から　1=7−6=1（%）
よって，A は　7+1=**8**（%）

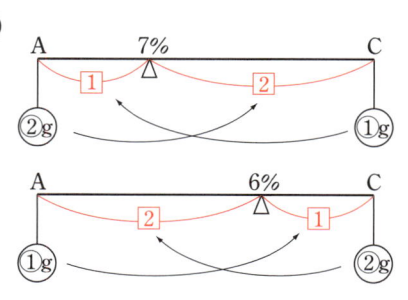

本冊 p.73〜74 の答え ―― 111

176 本冊 p.73

(1) **200**
(2) **102.4**
(3) **176.4**

着眼

はじめに 4 月の売り上げを決める。計算がしやすいように ⑤⓪⓪ とおいてもよい。

解き方

(1) A 店と B 店の 4 月の売り上げを ① とすると，各月の両店の売り上げは以下のようになる。

	1月	2月	3月	4月	5月	6月
A 店	①−30万	①−20万	①−10万	①	①−22万	①+30万
B 店	⓪.₅₁₂	⓪.₆₄	⓪.₈	①	①.₃	①.₀₄

①−22万+①.₃＝①+30万+①.₀₄ なので ⓪.₂₆＝52万
よって ①＝52万÷0.26＝**200** 万(円)

(2) 200万×0.512＝**102.4** 万(円)

(3) (⓪.₅₁₂+⓪.₆₄+⓪.₈+①+①.₃+①.₀₄)÷6＝⓪.₈₈₂ より
200万×0.882＝**176.4** 万(円)

177 本冊 p.74

(1) **7.5 %**
(2) **$160\dfrac{5}{7}$ g**
(3) **$222\dfrac{2}{9}$ g**

着眼

各状態での

$$\dfrac{食塩}{食塩水\,|\,濃さ}$$

を調べる。

解き方

(1) やりとりの後の容器 A，B，C の食塩の割合(濃さ)は，はじめの食塩水を全部混ぜたときの濃さと同じになる。

(300×0.15+400×0.1+500×0.01)÷(300+400+500)×100
＝**7.5**（%）

(2) $\dfrac{食塩}{食塩水\,|\,濃さ}$ と表すと，各容器の食塩水の変化は次のようになる。

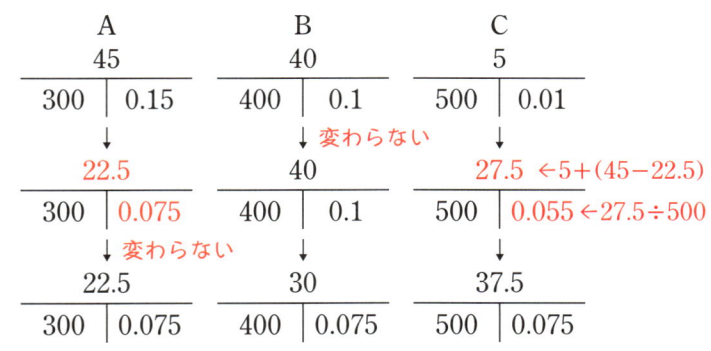

	A		B		C	
	45		40		5	
	300	0.15	400	0.1	500	0.01
	↓		↓変わらない		↓	
	22.5		40		27.5	←5+(45−22.5)
	300	0.075	400	0.1	500	0.055	←27.5÷500
	↓変わらない		↓		↓	
	22.5		30		37.5	
	300	0.075	400	0.075	500	0.075

A と C のやりとりで，A の食塩は 45−22.5＝22.5 (g) 減っている。
1g につき，0.15−0.01＝0.14 (g) 減るので，
いれかえた食塩水の量は 22.5÷0.14＝**$160\dfrac{5}{7}$** (g)
とわかる。

(3) B と C についても (2) と同様に考えると
いれかえた食塩水の量は (40−30)÷(0.1−0.055)＝**$222\dfrac{2}{9}$** (g)

178 本冊 p.74

25

着眼
加えるのが水だけなので，食塩の重さの和は一定。

解き方

容器 A，B にはいっている食塩水の，最初の濃度をそれぞれ ③，②，やりとり後の濃度をそれぞれ 7，3 とする。

$\dfrac{\text{食塩}}{\text{食塩水} \mid \text{濃さ}}$ と表すと，2つの容器の食塩水の変化は右のようになる。食塩の重さの和は，⑫⓪＋⑧⓪＝②⓪⓪ で一定だから，やりとりの後の食塩の重さは

A が ②⓪⓪×$\dfrac{7}{7+3}$＝⑭⓪

B が ②⓪⓪×$\dfrac{3}{7+3}$＝⑥⓪

	A		B	
	40	③	40	②
	↓		↓	
	⑫⓪		⑧⓪	
	40	③	100	⓪.⑧
	↓		↓	
			⑥⓪	
			x	⓪.⑧
	↓		↓	
	⑭⓪		⑥⓪	
	100	7	100	3

B から A に移した後の，B の食塩水の重さ (x) は ⑥⓪÷⓪.⑧＝75 (g)

移された食塩水の重さは 100−75＝**25** (g)

179 本冊 p.74

(1) **10 %**
(2) **6**
(3) **13.564 %**

着眼
蒸発させる水分の量が，何の重さの 20 % にあたるかに注意する。

解き方

(1) 30÷(30+270)×100＝**10** (%)

(2) 濃度は $\dfrac{1}{1-0.2}=\dfrac{5}{4}$ (倍) になっていく。

$10\times\dfrac{5}{4}=12.5$ (%) ← ②

$12.5\times\dfrac{5}{4}=\dfrac{125}{8}=15.6\cdots$ (%) ← ③

$\dfrac{125}{8}\times\dfrac{5}{4}=\dfrac{625}{32}=19.5\cdots$ (%) ← ④

$\dfrac{625}{32}\times\dfrac{5}{4}=\dfrac{3125}{128}=24.4\cdots$ (%) ← ⑤

$\dfrac{3125}{128}\times\dfrac{5}{4}=\dfrac{15625}{512}=30.5\cdots$ (%) ← ⑥

となり，⑥ がはじめて 25 % をこえる。

(3) 砂糖，水，砂糖水の変化を表すと，次のようになる。

	砂糖	水	砂糖水	
❶	10	90	100	
	10	72	82	❶を蒸発させたもの
	1.8	16.2	18	A から加えた分
❷	11.8	88.2	100	
	11.8	70.56	82.36	❷を蒸発させたもの
	1.764	15.876	17.64	A から加えた分
❸	13.564	86.436	100	

よって 13.564÷100×100＝**13.564** (%)

2 2つの変わる量

難関校レベル

本冊 p.75 ～ 79

180 本冊 p.75

(1) **40cm³**
(2) **4cm**
(3) **21**

着眼
正面から見た図をかき，平面図形として考える。

解き方
(1) 4×10×5＝200 (cm³) を 5 分間で注いでいるので，
1 分間では　200÷5＝**40 (cm³)**
(2) 水を注ぎはじめてから 5～9 分後の 4 分間で注ぐ水の量は
40×4＝160 (cm³)
右の図のように I をとると
BI＝160÷4÷2÷5－6
　　＝10 (cm)
AB の長さを ①cm，
DC の長さを ②cm とすると
①＋10＝②＋6
よって　AB＝①＝10－6＝**4 (cm)**
(3) 水そうの横の長さは　10＋4×2＋6＝24 (cm)
よって　9＋4×24×(10－5)÷40＝**21**（分）

181 本冊 p.75

16 分間

着眼
部屋の温度が 25℃ になってからは，同じことのくり返し。

解き方
はじめ，30－(26－1)＝5（度）下がるのにかかる時間は
2 分 15 秒×5＝11 分 15 秒
その後は，2 度上がって 2 度下がることのくり返しになる。
これを 1 セットと考えると，1 セットは
1 分×2＋2 分 15 秒×2＝6 分 30 秒
(60 分－11 分 15 秒)÷6 分 30 秒
＝2925 秒÷390 秒
＝7（セット）あまり 195 秒
＝7（セット）あまり 3 分 15 秒
停止していた時間は　2×7＋2＝**16**（分間）

182 本冊 p.76

(1) **160 分**
(2) **250 分**

着眼
(2) 表にまとめて考える。

解き方
(1) 通話時間が 60 分のとき，プラン A だと 2000 円，プラン C だと 25×60＝1500 (円) かかる。
これ以上の通話は，プラン C の方が，1 分ごとに 25－20＝5 (円) 高いので，料金が同じになる通話時間は
60＋(2000－1500)÷5＝**160**（分）

(2) 通話時間とプランごとの料金は以下のようになる。

	0 分	～	60 分	～	120 分	～
プラン A	2000 円		2000 円		3200 円	20 円/分
プラン B	4500 円		4500 円		4500 円	10 円/分
プラン C	0 円		1500 円		3000 円	25 円/分

$120+(4500-3200)\div(20-10)=250$（分）をこえると A より B が安い。

$120+(4500-3000)\div(25-10)=220$（分）をこえると C より B が安い。

よって，**250 分**。

183 本冊 p.76

(1) **8**

(2) **7 回転**

着眼

動く歯の数はどの歯車も同じ。

解き方

(1) 歯車ウは時計回りに $192\div144=1\frac{1}{3}$（回転）するので **8**

(2) ＜操作 2＞で歯車アは $\frac{1}{4}$ 回転する。

＜操作 1＞と＜操作 2＞での歯車アの回転数を $①+\frac{1}{4}$ 回とすると，

歯車ウの回転数は $①+2+\frac{2}{3}=①+\frac{8}{3}$（回）

進んだ歯の数は，

歯車アは $192\times\left(①+\frac{1}{4}\right)=⑲②+48$（個）

歯車ウは $144\times\left(①+\frac{8}{3}\right)=⑭④+384$（個）

これらが等しいので $①=(384-48)\div(192-144)=$ **7**（回転）

184 本冊 p.77

(1) **2 秒後**

(2) **4 秒後**

着眼

影ののびる速さは，街灯のま下にいるときから考えるとわかりやすい。

解き方

(1) 2 人の，街灯のま下にいるときから 1 秒後の影の長さを考えると，影ののびる速さが求められる。

図1　図2 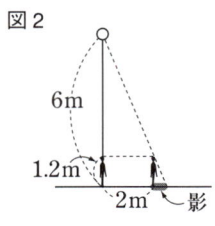　図3

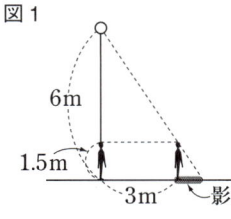

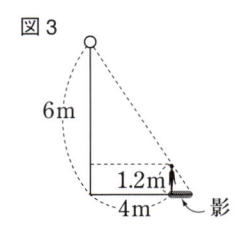

兄の影ののびる速さは，図 1 より 1m/秒

弟の影ののびる速さは，図 2 より 0.5m/秒

図 3 より，弟のはじめの影の長さは 1m なので

$1\div(1-0.5)=$ **2**（秒後）

(2) 兄が弟に追いついたときなので $4\div(3-2)=$ **4**（秒後）

185 本冊 p.77

(1) **62.5L**
(2) **4 分間**
(3) **18 分 48 秒間**

着眼
グラフの折れ曲がっている所に注目する。

解き方

(1) （図2）のグラフより，蛇口 A から出る水は 80÷8＝10（L／分）
蛇口 B から出る水は 10＋(80−30)÷(13−8)＝20（L／分）
　　　└蛇口 A からはいってくる分┘ └グラフから読みとれる分┘
よって，8＋70÷20＝11.5（分後）に，水そう Q に 70L たまったところで，蛇口 C が開く（1 回目）ので，水そう Q の 13 分後の水の量は
70−(25−20)×(13−11.5)＝**62.5（L）**

(2) 13〜18 分後の，蛇口 B が閉じている間。
水そう Q の水が 30L になるのは，13＋(62.5−30)÷25＝14.3（分後），18 分後に蛇口 B が開くまで水の量は 30L のまま。
18〜23 分後の，蛇口 B が開いている間。
蛇口 C が開く（2 回目）のは 18＋(70−30)÷20＝20（分後）…①
23 分後の水そう Q の水は 70−(25−20)×(23−20)＝55（L）
23〜28 分後の，蛇口 B が閉じている間。
水そう Q の水が 30L になるのは
23＋(55−30)÷25＝24（分後）…②
①，②より，蛇口 C が開いているのは，20〜24 分後の **4 分間**。

(3) 蛇口 C が開くのは，
1 度目　11.5〜14.3 分後の **2.8 分間**
2 度目　20〜24 分後の **4 分間**
3 度目以降は 2 度目と同様に，B が開く 28，38，48 分後の 2 分後，つまり，30，40，50 分後からそれぞれ 4 分間ずつ開く。 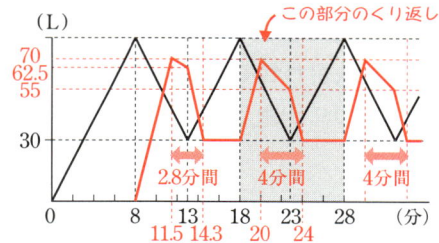
よって　2.8＋4×4＝18.8（分間）→ **18 分 48 秒間**

---

186 本冊 p.78

(1) **3：1：2**
(2) **12 分**
(3)

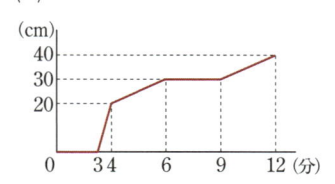

（グラフ：横軸 0, 3, 4, 6, 9, 12（分），縦軸 20, 30, 40（cm））

着眼
時間の比＝容積の比を使う。

解き方

(1) A，B，C の部分の底面積をそれぞれ a，b，c とする。
図より　$a:b=3:1$
$(a+b):c=6:3=2:1$
なので　$a:b:c=$ **3：1：2**

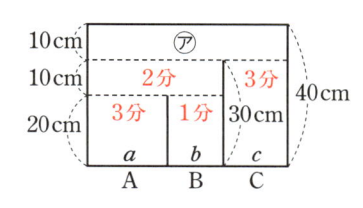

（図：10cm, 10cm, 20cm の高さ区分，㋐部分，40cm, 30cm；2分, 3分, 3分, 1分, 30cm, a, b, c, A, B, C）

(2) ㋐の部分で $9×\dfrac{10}{30}=3$（分）かかるから　9＋3＝**12（分）**

(3) 0〜3 分は 0cm，3 分から水がはいりはじめ，4 分で 20cm になる。4 分以降は A と同じなので，グラフは右の図のようになる。

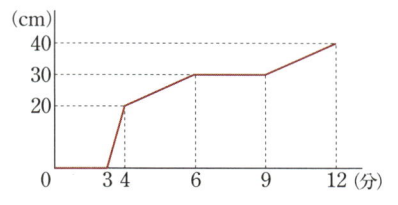

（グラフ：横軸 0, 3, 4, 6, 9, 12（分），縦軸 20, 30, 40（cm））

187　本冊 p.78

(1) **90 L**
(2) **毎分 2.5 L**
(3) **60**
(4) **308 分後**

着眼
12 分後以降は，同じことのくり返し。

解き方

(1) $30 \div \dfrac{1}{3} =$ **90 (L)**
(2) 12～62 分の 50 分間で，90－30＝60 (L) 減るので
　　排水量－給水量＝60÷50＝1.2 (L／分)
　よって，給水量は　3.7－1.2＝**2.5 (L／分)**
(3) 90－2.5×12＝**60 (L)**
(4) 30 L になった水が 90 L になるのに，
　(90－30)÷2.5＝24 (分) かかるので
　　12＋(50＋24)×4＝**308 (分後)**

188　本冊 p.79

(1) **分速 80 m**
(2) **62 分 30 秒後**
(3) **400 分後**

着眼
1 回目に出会ってからは，2 人合わせて 4800 m 進むたびに出会う。

解き方

(1) 2400÷30＝**80 (m／分)**
(2) 2 人が 1 回目に出会うのは　$30 + 2400 \times \dfrac{1}{2} \div 80 = 45$（分後）
　B 君の速さは　$2400 \times \dfrac{1}{2} \div (45-20) = 48$ (m／分)
　1 回目に出会ってから 2 回目に出会うまで，
　2 人合わせて 2400×2＝4800 (m) 進めばよいので
　　45＋4800÷(80＋48)－20＝62.5 (分後)
　よって，**62 分 30 秒後**。
(3) A 君が家に着くのは，60 の倍数（分後）。
　B 君が家に着くのは，2400×2÷48＝100 (分) より，A 君が出発してから **100 の倍数 ＋20**（分後）。
　60 の倍数で 100 の倍数 ＋20 になっている数は，小さい順に，
　　120，420，…
　よって，2 回目に出会うのは，B 君が出発してから
　　420－20＝**400（分後）**

189　本冊 p.79

(1) **秒速 1.5 cm**
(2) **14**

着眼
グラフが水平になっている所に注目する。

解き方

(1) ① グラフより，P と Q は **4 秒後に出会い，6 秒後にどちらかの点が出発点** にもどったことがわかる。
　② 6 秒後からは P と Q のきょりが一定になっているので，P と Q の速さは同じ。これを □ とする。
　（先に出発点にもどった方が，方向をかえてもう片方と同じ方向に同じ速さで動いた。）
　P，Q のはじめの速さの比は　$\left(\square \times \dfrac{1}{2}\right) : (\square \times 2) = 1 : 4$
　よって，はじめの P の速さは　$30 \div 4 \times \dfrac{1}{1+4} =$ **1.5 (cm／秒)**
(2) 1 回目に出会った後の P，Q の速さはともに 1.5×2＝3 (cm／秒) なので，2 回目に出会うのは　4＋30×2÷(3＋3)＝**14 (秒後)**

超難関校レベル

190 本冊 p.80

(1) **28 分後**
(2) **24 L**
(3) **12 分後**

着眼
(1) 20～36 分後に注目。

解き方

(1) グラフより，C の管のスイッチを「小」から「大」に切りかえたのは，20～36 分後で<u>水の高さが 40cm になったとき</u>。
　　└─ B の管が開いて，グラフの傾きがかわるはずなのに，そのようすがないから。

20～36 分後に水面の上がる速さは
　　$(60-20)\div(36-20)=2.5$（cm/分）
なので，切りかえたのは
　　$20+(40-20)\div 2.5=$ **28**（分後）

(2) 最初に水の高さが 40cm になるのは
　　$40\div 2.5=16$（分後）
よって，16～20 分後に水面が下がる速さは
　　$(40-20)\div(20-16)=5$（cm/分）
よって，B の管から 1 分間に出る水の量は
　　$40\times 80\times(2.5+5)\div 1000=$ **24 (L)**

(3) 28 分後に C の管のスイッチを「小」から「大」に切りかえても水面の上がる速さが変わらないことから，「大」は「小」より B の管の分だけ多く水をいれることができることがわかる。よって，スイッチが「大」のとき B の管が開くまでの水面の上がる速さは
　　$2.5+7.5=10$（cm/分）
B の管が開いてから，$36-28=8$（分）で満水になるから，水があふれ出すのは　$40\div 10+8=$ **12**（分後）

191 本冊 p.81

(1) **毎分 5cm**
(2) **6 分間**
(3) **29**
(4) **69cm**

着眼
9～15 分後に高さの差が小さくなっているので，0～9 分後は A の水面の方が速く上がる。

解き方

(1) 0～9 分より　$18\div 9=2$（cm/分）←A，B の水面が上がる速さの差
9～15 分より　$18\div(15-9)=3$（cm/分）←B の水面が上がる速さ
よって　$3+2=$ **5 (cm/分)**

(2) グラフから，b を閉じたのは 19 分後，再び b を開けたのは 2 回目に高さの差が 18cm になったとき。
19 分後の高さの差は，$3\times(19-15)=12$（cm）なので，b を閉じていたのは
　　$(12+18)\div 5=$ **6**（分間）

(3) $19+6+(26-18)\div 2=$ **29**（分後）

(4) $3\times(29-6)=$ **69 (cm)**

192 本冊 p.81

(1) 毎分 4L
(2) 40cm
(3) 7分

着眼
時間の比＝容積の比

解き方

(1) $30 \times 40 \times 60 \div 1000 \div 18 = 4$ (L/分)

(2) 右の図の あ：い＝6：(10+2)＝1：2 なので
$60 \times \dfrac{2}{1+2} = 40$ (cm)

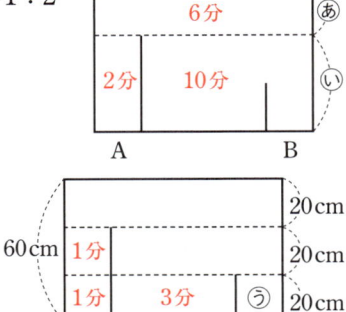

(3) ⑤ の部分に水をいれるのにかかる時間は
$18 \times \dfrac{20}{60} - 3 - 1 = 2$ (分)
（$10 \times \dfrac{20}{40} - 3 = 2$ (分) でもよい。）
なので
$5 + 2 = 7$ (分)

193 本冊 p.82

(1) 12L
(2) 196
(3) 388L

着眼
(1) 0～60 分後に注目。

解き方

(1) 注水・排水のパターンとグラフの関係は
　　注水のみ→グラフの増加部分
　　注水・排水 A→グラフの水平部分
　　注水・排水 A・排水 B→グラフの減少部分
となる。つまり，1 分間の注水量は，管 A の排水量に等しい。
最初の 60 分間で容器内の水の量は増減なしなので，注がれた水の量も 720L で，これより管 A の排水量は
$720 \div 60 = 12$ (L)

(2) 68～104 分後に水は，$12 \times (104-68) = 432$ (L) 増えるので，
$628 - 432 = 196$ (L)

(3) $580 - 196 = 384$ (L) 増えるのに，$384 \div 12 = 32$ (分) かかる。
よって，管 A を使ったのは，32～68 分後と 104～120 分後。
管 A を使っていた時間は $(68-32)+(120-104)=52$ (分間)
管 B を使っていた時間は $52 \times \dfrac{1}{2} = 26$ (分間)
管 A，B を両方使うと，水は $12 \times (1+2-1) = 24$ (L/分) 減るので，最初管 B を使った時間は，$384 \div 24 = 16$ (分間) となる。
これより，後で管 B を使った時間は $26 - 16 = 10$ (分) なので
$628 - 24 \times 10 = 388$ (L)

[別解]
管 A，B の排水量がそれぞれ 12L/分，$12 \times 2 = 24$ (L/分) なので，管 A，B を使った時間がわかれば
$196 + 12 \times 120 - 12 \times 52 - 24 \times 26 = 388$ (L)

194 本冊 p.82

(1) **1440cm³**
(2) **5cm**
(3) **8 秒**

着眼
水面より下にしずんだ部分の体積は，水面が上がった部分の体積と等しい。

解き方

(1) グラフより立体 A は**水中に完全にしずむ**ことがわかるので，水の体積のうち高さ $32-20=12$ (cm) 分が立体 A の体積になる。
$$12 \times 10 \times 12 = 1440 \text{ (cm}^3\text{)}$$

(2) 0 秒後と 3 秒後の水面のようすは次のようになる。

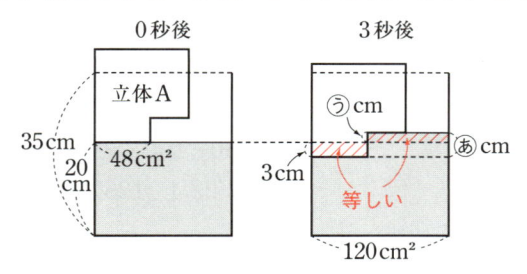

⑤ の長さは　$48 \times 3 \div (120-48) = 2$ (cm)
あ の長さは　$3+2=$ **5 (cm)**

(3) (2)より 3 秒後の水の深さは $20+2=22$ (cm) なので，3 秒後と ⓘ 秒後の水面のようすは次のようになる。

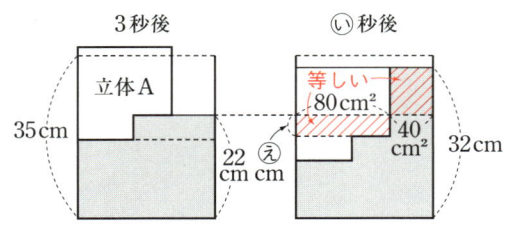

上の図より，え は
$$40 \times (32-22) \div 80 = 5 \text{ (cm)}$$
よって　$3+5=$ **8（秒）**

195 本冊 p.83

(1) **4m**
(2) **5 秒後**
(3) **12 秒後**

着眼
影の先たんの速さは
（影の長さ＋移動きょり）
÷かかった時間

解き方

(1) $3.2 : 1.6 = 2 : 1$ より，影の長さは
$$4 \times \frac{1}{2-1} = 4 \text{ (m)}$$

(2) 出発してからの移動きょりは
$3 \times \frac{3.2-1.2}{1.2} = 5$ (m) なので
$5 \div 1 =$ **5（秒後）**

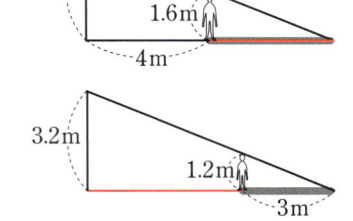

(3) (1)より，兄の影の先たんの速さは
$$(4+4) \div 4 = 2 \text{ (m/秒)}$$
(2)より，弟の影の先たんの速さは
$$(3+5) \div 5 = 1.6 \text{ (m/秒)}$$
よって　$1.6 \times 3 \div (2-1.6) =$ **12（秒後）**

196 本冊 p.83

(1) **毎分 800cm³**
(2) **22.4 分後**
(3) **9260cm³**
(4) **14 分後**

着眼
(4) いれた水の量
　　－たまった水の量
　＝出た水の量

解き方
(1) $100 \times 40 \div 5 = $ **800 (cm³/分)**
(2) 18 分後から満水までは
　　$100 \times (80-47) \div (800+100-150) = 4.4$（分）
　よって　$18+4.4=$ **22.4（分後）**
(3) A は $5+4.4=9.4$（分），B は $22.4-5=17.4$（分）水をいれたので
　　$800 \times 9.4 + 100 \times 17.4 =$ **9260 (cm³)**
(4) 穴 C から出た水の量は
　　$9260 - 100 \times 80 = 1260$ (cm³)
　よって　$22.4 - 1260 \div 150 =$ **14（分後）**

3 場合の数

難関校レベル　本冊 p.84〜88

197 本冊 p.84

(1) (ア) **3**　(イ) **2**
　　(ウ) **5**
(2) (エ) **8**　(オ) **13**
(3) (カ) **89**

着眼
フィボナッチ数列のようになる。

解き方

(1) 最初に50円を投入する場合，残り150円の投入の仕方は例にあるように **3** 通り…(ア)
最初に100円を投入する場合，残り100円の投入の仕方は，（100円），（50円，50円）の **2** 通り…(イ)
よって　3＋2＝**5**（通り）…(ウ)

(2) 最初に50円を投入する場合，残り200円の投入の仕方は(1)から，5通り。また，最初に100円を投入する場合，残り150円の投入の仕方は例から3通りなので　5＋3＝**8**（通り）…(エ)
この後も同様に前の2つの場合の数をたしていけばよいので
　　5＋8＝**13**（通り）…(オ)

(3) 　250円　300円　350円　400円　450円　500円
　　　8通り　13通り　21通り　34通り　55通り　**89** 通り…(カ)

---

198 本冊 p.84

(1) **321**
(2) **123，231，312**
(3) **5 通り**

着眼
(3) (2)をうまく利用する。

解き方

(1) 123 → 213 → 231 → **321**
　　　　A　　　B　　　A

(2) 123 → 213 → 123
　　　　A　　　A
　　123 → 213 → 231
　　　　A　　　B
　　123 → 132 → 312
　　　　B　　　A
　　123 → 132 → 123
　　　　B　　　B
よって　**123，231，312**

(3) (2)を利用する。123から2回のいれかえでできる数は123，231，312の3つ。そこから考え，残り4−2＝2（回）で312にする。
　　123 → 132 → 312 …2×1＝2（通り）
　　　　B　　　A
　　231 → 321 → 312 …1通り
　　　　A　　　B
　　312 → 132 → 312 …1通り
　　　　A　　　A
　　312 → 321 → 312 …1通り
　　　　B　　　B
よって，全部で **5 通り**。

199 本冊 p.85

(1) **10 通り**
(2) **32 通り**

着眼
移動の仕方を 1 分ごとに書き表す。

解き方
各地点にいる移動の仕方を 1 分ごとに書き表すと次のようになる。

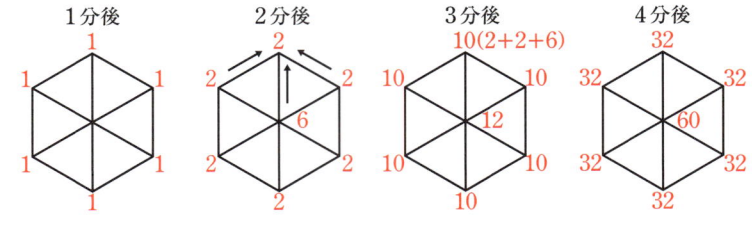

1分後　　2分後　　3分後 10(2+2+6)　　4分後

(1) 3 分後の図より，**10 通り**。
(2) 4 分後の図より，**32 通り**。

200 本冊 p.85

(1) **6 通り**
(2) **12 通り**

着眼
(2) ア，イとウ，エは別々に考える。

解き方
(1) A，B，C 3 つの部屋のぬり分け方は　3×2×1＝6（通り）
その他の部屋は次のように決まる。
　　D は A と同じ色，E は B と同じ色，
　　F は C と同じ色，G は A，D と同じ色
よって，**6 通り**。

(2) A から 2 つの部屋を通って E まで行く方法は，次の 3 通り。
　　A→B→C→E，A→B→D→E，A→C→D→E
E から 2 つの部屋を通って G まで行く方法は，次の 4 通り。
　　E→C→E→G，E→D→E→G，E→D→F→G，E→F→E→G
よって　3×4＝**12**（通り）

201 本冊 p.85

(1) **3 個**
(2) **17 個**
(3) **42 個**

着眼
(3) 頂角の位置で場合分けする。

解き方
(1) 三角形 ABO，BFJ，BGL の **3 個**。
(2) **できる正三角形の辺が三角形 AFK の辺と平行な場合**
1 辺が 1～4 めもりの正三角形が 3 個ずつ，5 めもりの正三角形が 1 個できるので　3×4+1＝13（個）
できる正三角形の辺が三角形 AFK の辺と平行ではない場合
三角形 BGL，CHM，DIN，EJO の 4 個ある。
合わせて　13+4＝**17**（個）
(3) 頂角（長さの等しい辺の間の角）の位置で場合分けする。
　① 頂角が A，F，K の場合　2×3＝6（個）
　② 頂角が B，E，G，J，L，O の場合　3×6＝18（個）
　③ 頂角が C，D，H，I，M，N の場合　3×6＝18（個）

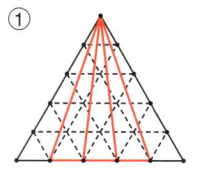

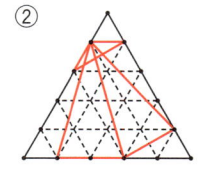

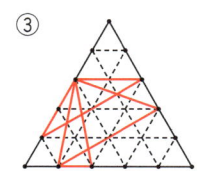

合わせて　6+18×2＝**42**（個）

202 本冊 p.86

(1) **11 個**

(2) **5 倍**

着眼
(2) 区切り方を工夫して求める。

解き方
(1) 1辺の長さで場合分けする。
1辺の長さが AB と等しい場合
四角形 ABCD, EFBA, BGHC, DCIJ, LADK の 5 個。
1辺の長さが EL と等しい場合
四角形 EBDL, FGCA, ACJK, BHID の 4 個。
1辺の長さが EG と等しい場合
四角形 EGIK, FHJL の 2 個。
合わせて 5+4+2=**11**（個）

(2) 円の半径を1とする。
もっとも大きい正方形は、1辺の長さが EG と等しい場合で、
面積は 1×3÷2×4+2×2=10
もっとも小さい正方形は、1辺の長さが AB と等しい場合で、
面積は 2×2÷2=2
よって 10÷2=**5**（倍）

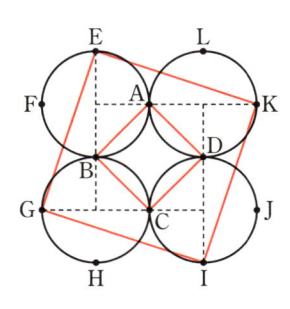

203 本冊 p.86

(1) もっとも多い **9**
　　もっとも少ない **12**

(2) **6, 7, 16**

着眼
(2) 奇数の前は必ず2倍した数になる。

解き方
(1) 9 →10→ 5 → 6 → 3 → 4 → 2 → 1
　　10→ 5 → 6 → 3 → 4 → 2 → 1
　　11→12→ 6 → 3 → 4 → 2 → 1
　　12→ 6 → 3 → 4 → 2 → 1
　　13→14→ 7 → 8 → 4 → 2 → 1
となるので、回数がもっとも多くなるのは **9**、もっとも少なくなるのは **12**。

(2) 1から戻していく。
　　1 → 2 → 4 → 3 → 6
　　　　　　　　↘ 8 → 7
　　　　　　　　　　↘ 16
となるので **6, 7, 16**

204 本冊 p.86

(1) **9通り**
(2) **22通り**

着眼

(2) 1辺が10cmの正三角形の位置で場合分けする。

解き方

(1) 10cmの板2枚の並べ方から考える。

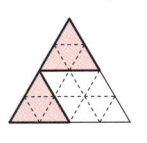

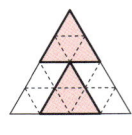

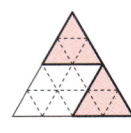

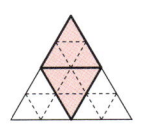

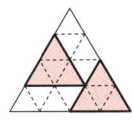

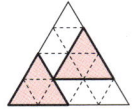

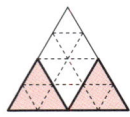

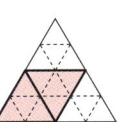

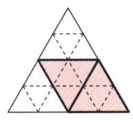

上の図の **9通り**。

(2) **10cm … 0枚，5cm … 16枚の場合**
全部1辺5cmの正三角形なので，1通り。
10cm … 1枚，5cm … 12枚の場合

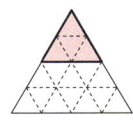

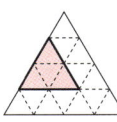

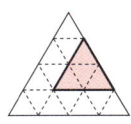

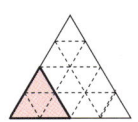

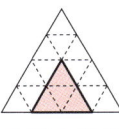

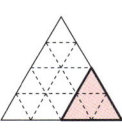

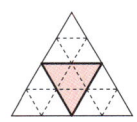

上の図の7通り。
10cm … 2枚，5cm … 8枚の場合
(1)から，9通り。
10cm … 3枚，5cm … 4枚の場合
右の図のA，B，C，Dの4か所のうち3か所を選ぶ場合と同じで，4通り。
10cm … 4枚，5cm … 0枚の場合
全部1辺10cmの正三角形なので，1通り。
合わせて 1+7+9+4+1=**22（通り）**

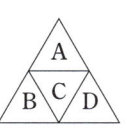

205 本冊 p.87

(1) **38 分**
(2) **20 分**
(3) **17 分**
(4) **13 分**

着眼
(2)〜(4) 計算上もっとも短くなる時間を考え，それに近づける。うまく予定表をかいてまとめよう。

解き方

(1) 1人でする場合，どの順番でしてもかかる時間は同じ。
$$6+10+4+5+3+7+3=38(分)$$

(2) 作業の順番をまとめると，次のようになる。

```
ア ↘      ウ→キ
カ → イ
  ↗
エ ↗ オ
```

$38÷2=19$（分）なので，計算上もっとも短くなるのは19分ずつに分けたときである。まず，それができるかどうかを調べる。
カとイで17分かかる。2分の作業はないので，カとイは別の人がする。順序を考えると，カは最初，イは最後，アはイと同じ人がすることになる。
アとイで16分，3分の作業はオとキであるが，それぞれエ，ウを終えておかなければいけないので，そのような組合せはなく，19分ずつに分けることはできない。

そこで，20分と18分に分けられるかを調べると，たとえば次のようになる。

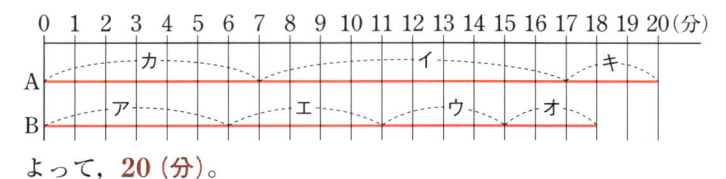

よって，**20（分）**。

(3) $38÷3=12$（分）あまり2なので，計算上もっとも短くなるのは13分，13分，12分に分けたときであるが，カの後にイを終えるだけで17分かかる。そこで，17分以内で3人に分けられるかを調べると，たとえば次のようになる。

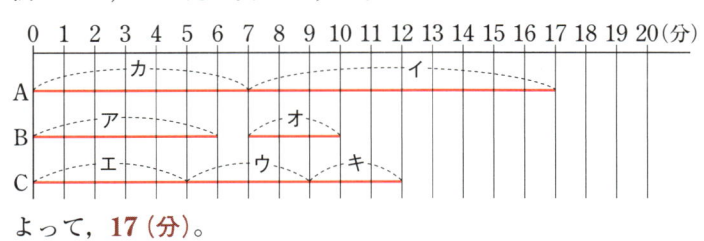

よって，**17（分）**。

(4) (3)と同様に考えると，計算上もっとも短くなるのは13分，13分，12分に分けたときである。そこで，13分，13分，12分に分けられるかを調べると，たとえば次のようになる。

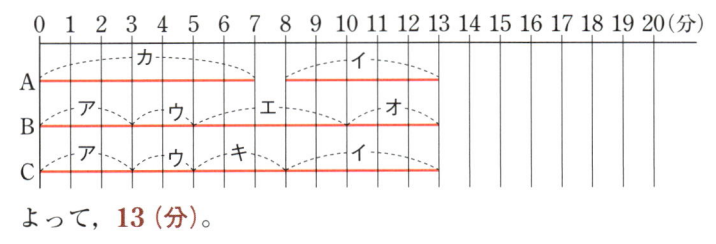

よって，**13（分）**。

206 本冊 p.87

順に，**52, 18**

着眼
和が 3 でわり切れるような 4 つの数の組合せを考え，各位の数とし，できる整数の個数を求める。

解き方

もし 0，1，2 が 4 枚ずつあれば，2×3×3×3＝54（通り）の整数ができる。でも，実際には各カードは 3 枚ずつしかないので，1111 と 2222 はできない。

よって，できる 4 けたの整数は　54－2＝**52**（通り）

次に，3 の倍数となるのは，各位の数の和が 3 でわり切れるとき。
よって，各位の数の組合せを考え，できる整数の個数を求めていく。

(0, 0, 1, 2) のとき
　千の位は 1 か 2 の 2 通り。あとは百，十，一のどの位に 0 以外の数をおくかを考えると 3 通りなので
　　2×3＝6（通り）

(0, 1, 1, 1) のとき
　0 をどの位におくかを考えると 3 通り。

(0, 2, 2, 2) のとき
　0 をどの位におくかを考えると 3 通り。

(1, 1, 2, 2) のとき
　1 をどの位におくかを決めればよいので
　　$\dfrac{4\times 3}{2\times 1}=6$（通り）

合わせて　6＋3＋3＋6＝**18**（通り）

207 本冊 p.87

120

着眼
同じ色の部分が 2 か所できる。

解き方

1～5 の 5 か所を 4 色でぬり分けるので，2 か所は同じ色になる。同じ色をぬる 2 か所の選び方は，1 と 3，1 と 4，2 と 4，2 と 5，3 と 5 の 5 通り。
それぞれ，色のぬり方は 4×3×2×1＝24（通り）なので
　　24×5＝**120**（通り）

208 本冊 p.88

(1)　**5, 7**（順不同）
(2)　**4 個**
(3)　**12 通り**

着眼
(3)　C に移動する 1 回前の位置を考える。

解き方

(1)　番号のついたマスのうち，B に 1 回で移動できるのは，**5 と 7** だけ。
(2)　右の図の色の部分の **4 個**。

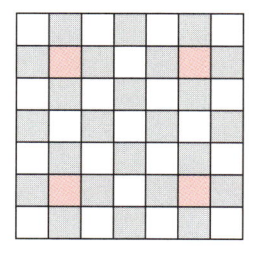

(3) Cに1回で移動できるのは右の図のア〜クの8個。
このうちイとオはAから2回で移動できないので不適。
Aからア，ウ，エ，カ，キ，クに2回で移動する方法はそれぞれ2通りなので
$2 \times 6 = 12$（通り）

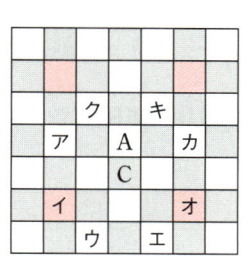

209 本冊 p.88

(1) **16通り**
(2) **3通り**
(3) **14通り**

着眼

(3) 選ぶカードの枚数で場合分けする。

解き方

(1) 奇数を1個，偶数を1個選べば和が奇数になる。
奇数，偶数ともに選び方は4通りなので $4 \times 4 = 16$（通り）

(2) 3個の約数をもつのは，Xが同じ素数2つの積になっているとき。
Xは6以上21以下の整数なので，X=9とわかる。
よって　1+2+6，1+3+5，2+3+4 の **3通り**。

(3) 選ぶカードの枚数で場合分けする。

1枚，2枚のとき　和は15以下になるので，なし。

3枚のとき
　　3+7+8，4+6+8，5+6+7
の3通り。

4枚のとき
　　1+2+7+8，1+3+6+8，1+4+5+8，1+4+6+7，
　　2+3+5+8，2+3+6+7，2+4+5+7，3+4+5+6
の8通り。

5枚のとき
1+2+3+……+8=36，36-18=18なので，3枚のとき選ばれなかった5枚の和が18になる。よって，3枚のときと同じ3通りになる。

6枚以上のとき
和は1+2+3+4+5+6=21以上になるので，なし。
合わせて　$3+8+3 = 14$（通り）

超難関校レベル　本冊 p.89～90

210 本冊 p.89

(1) 例
　○×○×○×

(2)
　○○○○○×
　○×○×○×
　○×○××○
　○××○×○
　○×××○○
　×○○○×○
　×○○×○×
　×○×○○×
　×○×○×○
　×××○○○

着眼
○でも×でも点がはいるので，点数を減らしたきまりを新たに考える。

解き方

(1) ○1つにつき1点，×1つにつき0点として考える。そうすると得点は，○が1つにつき1点と，×○と続く場所が1か所につき3点の2通りだけになり，与えられたきまりに比べて得点は6点少なくなる。

得点が 15−6＝9 (点) になる組合せは

○の個数	×○の場所		
6個	―	1か所	→ できない
3個	―	2か所	→ できる
0個	―	3か所	→ できない

よって，○が3個で×のすぐ右隣に○がある場所が2か所ある配列になるので，以下のうち1つを書けばよいことがわかる。

　○×○×○×　　×○×○×○
　×○○×○×　　×○×○○×
　×○×○×○　　×○○×○×
　○×○×○×　　×○×○○×
　×○○×○×

(2) (1)と同様に考えると，合計が 11−6＝5 (点) になる組合せは

○の個数	×○の場所		
5個	―	0か所	→ できる
2個	―	1か所	→ できる

となるので，○が5個で×のすぐ右隣に○がある場所がない配列と，○が2個で×のすぐ右隣に○がある場所が1か所ある配列を考えればよい。

　○○○○○×　　×○×○××
　○×○×××　　×○××○×
　○××○××　　×○×××○
　○×××○×　　××○××○
　○××××○

本冊 p.89〜90 の答え —— 129

211 本冊 p.89

(1) 大人 **3人**
　　小人 **4人**

(2) (ア) 大人 **5人**
　　　　小人 **5人**
　　(イ) **8通り**

着眼
各家族の大人,小人の人数の組合せがわかったら,場合分けして表にまとめる。

解き方

(1) $500×□+300×△=2700$ となる □ と △ を求める。
$5×□+3×△=27$ で,$3×△$ と 27 は 3 の倍数なので □ も 3 の倍数になる。□ は 1 以上 4 以下なので,□=3 より　△=4
よって　大人 **3人**,小人 **4人**

(2) (ア) $500×□+300×△=4000$
$5×□+3×△=40$ で,$5×□$,40 は 5 の倍数なので △ は 5 の倍数になる。△ を 3 以上の 5 の倍数として調べていく。
　　□　△
　　5　5　…条件に合う
　　2　10　…大人は 3 人以上なので不適
よって　大人 **5人**,小人 **5人**

(イ) **大人が 2人,2人,1人の場合**
大人 2人,小人 3人の家族を (2,3) のように表すと,入館料の組合せは次のようになる。

家族の人数			入館料		
(2, 3)	(2, 1)	(1, 1)	1900	1300	800
(2, 1)	(2, 1)	(1, 3)	1300	1300	1400
(2, 2)	(2, 2)	(1, 1)	1600	1600	800
(2, 1)	(2, 2)	(1, 2)	1300	1600	1100

大人が 3人,1人,1人の場合
入館料の組合せは次のようになる。

家族の人数			入館料		
(3, 3)	(1, 1)	(1, 1)	2400	800	800
(3, 1)	(1, 3)	(1, 1)	1800	1400	800
(3, 2)	(1, 2)	(1, 1)	2100	1100	800
(3, 1)	(1, 2)	(1, 2)	1800	1100	1100

合わせて,**8通り**。

212 本冊 p.90

(1) **105通り**
(2) **24通り**
(3) **60通り**

着眼
(3) 先生どうし,生徒どうしの組合せもあることに注意する。

解き方

(1) 8人の中から 2人を選び,残った人数から 2人ずつ選んでいくことをくり返す。
ただし,選んだ 4組は区別しないので
$$\frac{8×7}{2×1}×\frac{6×5}{2×1}×\frac{4×3}{2×1}×\frac{2×1}{2×1}÷(4×3×2×1)=\mathbf{105}\,(通り)$$

(2) 先生　　A　B　C　D
　　生徒　　□　□　□　□
□ に生徒 4人を並べるので
$4×3×2×1=\mathbf{24}\,(通り)$

(3) (先生，先生)×2 と (生徒，生徒)×2 の場合

先生どうしの2組の選び方，生徒どうしの2組の選び方はともに
$\frac{4\times3}{2\times1}\div2=3$（通り）なので　$3\times3=9$（通り）

(先生，先生)×1 と (生徒，生徒)×1 と (先生，生徒)×2 の場合

(先生，生徒)×2 が決まれば他も決まる。

たとえば，(A，生徒)・(B，生徒)の組合せは，次の7通り。

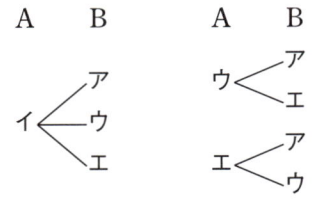

上のAとBのときもふくめて先生2人の選び方は，
$\frac{4\times3}{2\times1}=6$（通り）なので　$7\times6=42$（通り）

(先生，生徒)×4 の場合

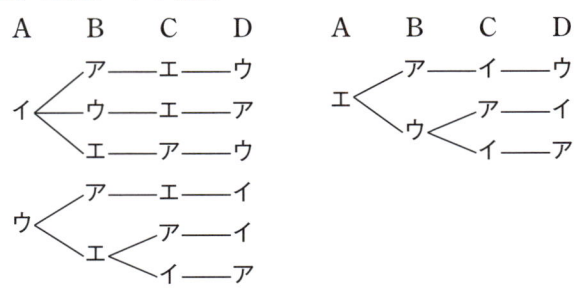

上の9通り。

合わせて　9+42+9=**60**（通り）

---

213 本冊 p.90

(1) ア **3** イ **8**

(2) **89**

着眼

途中からフィボナッチ数列のようになる。

解き方

(1) ア　□の3通り。

イ　右はしが ▭ となるものと □ となるものがある。

横が4cmのとき

右はしが ▭ となるのは，右はし以外の部分の横の長さが2cmの正方形の場合で，2通りある。

右はしが □ となるのは，右はし以外の部分の横の長さが3cmの長方形の場合で，アより3通りある。

合わせて　《4》=2+3=5（通り）　…①

横が 5cm のとき

右はしが ▭▭ となるのは，右はし以外の部分の横の長さが 3cm の長方形の場合で，アより 3 通りある。

右はしが ▯ となるのは，右はし以外の部分の横の長さが 4cm の長方形の場合で，①より 5 通りある。

合わせて 《5》=3+5=**8**

(2) (1)より，《x》=《$x-2$》+《$x-1$》 とわかるので，
《6》=5+8=13，《7》=8+13=21，《8》=13+21=34，
《9》=21+34=55，《10》=34+55=**89**

---

214 本冊 p.90

14 通り

着眼
小さな数や大きな数から決めていく。あとは場合分け。

解き方
1と8の位置は右のように決まる。

1			
			8

あとは，2と7の位置によって場合分けする。

1	2		
		7	8

の場合は，次の6通り。

1	2	3	4
5	6	7	8

1	2	3	5
4	6	7	8

1	2	3	6
4	5	7	8

1	2	4	5
3	6	7	8

1	2	4	6
3	5	7	8

1	2	5	6
3	4	7	8

1	2		7
			8

の場合は，次の3通り。

1	2	3	7
4	5	6	8

1	2	4	7
3	5	6	8

1	2	5	7
3	4	6	8

1			
2		7	8

の場合は，次の3通り。

1	3	4	5
2	6	7	8

1	3	4	6
2	5	7	8

1	3	5	6
2	4	7	8

1		7	
2			8

の場合は，次の2通り。

1	3	4	7
2	5	6	8

1	3	5	7
2	4	6	8

合わせて 6+3+3+2=**14**（通り）

1 式を利用して解く問題

難関校レベル

本冊 p.91

215 本冊 p.91

(1) **60人，75人，90人，105人**

(2) **36枚**

着眼

3種類の入場券の枚数を3つの文字を使って表し，式をつくる。そのうち1つの文字を消去して不定方程式にもちこむ。

解き方

(1) 大人券を○枚，子ども券を□枚，親子券を△枚とすると
$660×○+340×□+700×△=44400$
10でわると $66×○+34×□+70×△=4440$ …①
また，その日の入場者数の和が120人だから
$○+□+2×△=120$
35倍すると $35×○+35×□+70×△=4200$ …②
①－②より $31×○-□=240$
これにあてはまる○，□は，それぞれ120以下であることも考えると，(○，□)＝(8，8), (9，39), (10，70), (11，101) の4組。
(8，8)のとき △＝(120－8－8)÷2＝52
(9，39)のとき △＝(120－9－39)÷2＝36
(10，70)のとき △＝(120－10－70)÷2＝20
(11，101)のとき △＝(120－11－101)÷2＝4
よって，考えられる子どもの数は，
$8+52=$**60**（人），$39+36=$**75**（人），$70+20=$**90**（人），
$101+4=$**105**（人）

(2) 子ども券の発行枚数が39枚なのは，(○，□)＝(9，39) のとき。
このとき △＝**36**（枚）

216 本冊 p.91

34

着眼

倍数の条件から□をしぼる。

解き方

A君が買ったボールペンの本数を□本とすると，$(20+□)×2$ が60未満なので，□は10未満。

B君は，50円の鉛筆と100円のボールペンを買うので，合計金額は50の倍数。A君はその半分だから，$50÷2=25$ の倍数となる。

つまり，$60×20+90×□=1200+90×□$ が25の倍数となればよい。1200は25の倍数だから，$90×□$ が25の倍数となるような10未満の□を考えると □＝5

このとき，A君の合計金額は
$1200+90×5=1650$（円）
だから，B君の合計金額は $1650×2=3300$（円）
B君が買った鉛筆の本数は
$(100×50-3300)÷(100-50)=$**34**（本）
↑つるかめ算（50円の鉛筆と100円のボールペンを合わせて50本買い，その合計金額が3300円）

超難関校レベル

217 本冊 p.92

(1) たまねぎ **17 個**
　　ジャガイモ **23 個**
(2) ハンバーグ **4 人分**
　　カレー **6 人分**

着眼

(2) ハンバーグを ① 人分，カレーを ①̄ 人分つくったとして式をつくる。

解き方

(1) つるかめ算になる。
　　$(4850-100×40)÷(150-100)=$ **17（個）**　…たまねぎ
　　$40-17=$ **23（個）**　…ジャガイモ

(2) ハンバーグを ① 人分，カレーを ①̄ 人分つくったとする。
　たまねぎについて　⑮+㉕=210
　5 でわって　③+⑤=42 …ア
　肉について　㊺+㊵=730 …イ
　アを 13 倍して　㊴+㊵=546 …ウ
　イ－ウより　㊻=184　　①=184÷46=**4（人分）**
　よって　①̄=$(42-4×3)÷5=$**6（人分）**

218 本冊 p.92

部屋数 **39 部屋**
生徒の人数 **216 人**

着眼

5 人部屋，6 人部屋の部屋数をそれぞれ □ 部屋，△ 部屋とおき，合計料金から式をつくる。できた式の全体を 400 でわったあと，一の位を比べて △ をしぼりこむ。

解き方

1 つの部屋の料金は
5 人部屋…4000×5=20000（円）
6 人部屋…3800×6=22800（円）
5 人部屋の部屋数を□部屋，6 人部屋の部屋数を△部屋とすると
　　20000×□+22800×△=838800
全体を 400 でわると　50×□+57×△=2097
一の位に注目をすると，50×□ の一の位は必ず 0 だから，57×△ の一の位は 7。よって，**△ の一の位は 1** となる。
△=1 のとき　□=(2097−57×1)÷50=40.8　→　不適
△=11 のとき　□=(2097−57×11)÷50=29.4　→　不適
△=21 のとき　□=(2097−57×21)÷50=18　→　適する
△=31 のとき　□=(2097−57×31)÷50=6.6　→　不適
このときの部屋数は　18+21=**39（部屋）**
人数は　5×18+6×21=**216（人）**
これは，生徒の人数が 8 の倍数であることに適する。

[別解] 全員 5 人部屋とすると人数は　838800÷4000=209.7
　　　　全員 6 人部屋とすると人数は　838800÷3800=220.7…
よって，人数は 210 人以上 220 人以下であり，条件より 8 の倍数なので，**216 人**と決まる。
6 人部屋の人数は
　　$(4000×216-838800)÷(4000-3800)=126$（人）
よって，部屋の数は
　　5 人部屋　$(216-126)÷5=18$（部屋）
　　6 人部屋　$126÷6=21$（部屋）
合わせて　18+21=**39（部屋）**

219 本冊 p.92

(1) 毛糸 A 5 玉,
　　毛糸 B 6 玉
　　または
　　毛糸 A 10 玉,
　　毛糸 B 2 玉

(2) A で編んだマフラー,
　　B で編んだマフラー,
　　A で編んだぼうし,
　　B で編んだぼうし
　　の順に,
　　1 本, なし, 1 個, 1 個。
　　1 本, 1 本, なし, 1 個。
　　なし, なし, 3 個, なし。
　　なし, 2 本, 1 個, なし。
　　なし, なし, 1 個, 3 個。

着眼

(1) 倍数の条件から毛糸 A の個数をしぼりこむ。

解き方

(1) 毛糸 A の玉数を □, 毛糸 B の玉数を △ とする。
　　$400 \times \square + 500 \times \triangle = 5000$　→　$4 \times \square + 5 \times \triangle = 50$
　　　　　　　　　　　　　　÷100

$5 \times \triangle$, 50 はそれぞれ 5 の倍数なので, $4 \times \square$ も 5 の倍数。
4 は 5 の倍数ではないので, □ が 5 の倍数となる。また, 代金が 5000 円で, 両方の毛糸を買っているので, □ は 15 より小さい。
　　□＝5 のとき　△＝(50－4×5)÷5＝6
　　□＝10 のとき　△＝(50－4×10)÷5＝2
よって　(A, B)＝**(5 玉, 6 玉), (10 玉, 2 玉)**

(2) 1 本 (1 つ) 編むのに必要な毛糸の個数を表にまとめると右のようになる。

	マフラー	ぼうし
A	4 玉	3 玉
B	3 玉	2 玉

毎日 1 玉分を編むので, 使われる毛糸は 9 玉。
9 玉でマフラーとぼうしを編む。
表にある 4 玉, 3 玉, 2 玉で合わせて 9 玉になる組み合わせを考えると
(4 玉, 3 玉, 2 玉), (3 玉, 3 玉, 3 玉), (3 玉, 2 玉, 2 玉, 2 玉)
ここから, (1)の個数で可能なものを見つける。

① (4 玉, 3 玉, 2 玉) のとき。
　　4 玉は A のマフラー, 2 玉は B のぼうししかありえない。
　　　　(A, A, B)→A＝4＋3＝7 (玉)　　B＝2 (玉)　　→○
　　　　(A, B, B)→A＝4 (玉)　　B＝3＋2＝5 (玉)　　→○

② (3 玉, 3 玉, 3 玉) のとき。
　　　　(A, A, A)→A＝3×3＝9 (玉)　　B＝0 (玉)　　→○
　　　　(A, A, B)→A＝3×2＝6 (玉)　　B＝3 (玉)　　→×
　　　　(A, B, B)→A＝3 (玉)　　B＝3×2＝6 (玉)　　→○
　　　　(B, B, B)→A＝0 (玉)　　B＝3×3＝9 (玉)　　→×

③ (3 玉, 2 玉, 2 玉, 2 玉) のとき
　　2 玉は B のぼうししかありえない。
　　　　(A, B, B, B)→A＝3 (玉)　　B＝2×3＝6 (玉)→○
　　　　(B, B, B, B)→B＝3＋2×3＝9 (玉)　　　　→×

よって (A マフラー, B マフラー, A ぼうし, B ぼうし)
　　＝**(1, 0, 1, 1), (1, 1, 0, 1), (0, 0, 3, 0)**
　　(0, 2, 1, 0), (0, 0, 1, 3)

2 和や差の関係から解く問題

難関校レベル

本冊 p.93

220 本冊 p.93

(1) **120 人**
(2) **午前 11 時 30 分**

着眼
(1) ○本目のロープウェイが出発するとき，山頂にとう着しているのは (○－1) 本になる。

解き方
(1) 午前 10 時－午前 8 時＝2 時間→120 分あるので，
 120÷20＋1＝7
 より，午前 10 時には 7 本目のロープウェイが出発する。
 ただし，山頂に着いているのは，7－1＝6 (本) だから，
 20×6＝**120 (人)**
(2) 212÷20＝10 あまり 12
 より，10＋1＝11 (本目) のロープウェイに乗ることになる。
 よって，始発の 20×(11－1)＋10＝210 (分) 後のとう着なので
 午前 8 時＋210 分＝**午前 11 時 30 分**

221 本冊 p.93

(1) **45.3**
(2) **5**
(3) **9.3**

着眼
すべての和を合計すると，A～G の合計の 2 倍になる。

解き方
(1)
```
  A ＋ B                     ＝14.1
      B ＋ C                 ＝14
          C ＋ D             ＝11.7
              D ＋ E         ＝15
                  E ＋ F     ＝14.5
                      F ＋ G ＝11.5
  A                   ＋ G   ＝ 9.8
```
A×2＋B×2＋C×2＋D×2＋E×2＋F×2＋G×2＝90.6
(A＋B＋C＋D＋E＋F＋G)×2＝90.6
よって A＋B＋C＋D＋E＋F＋G＝**45.3**

(2) G＝45.3－(A＋B＋C＋D＋E＋F)
 ＝45.3－(14.1＋11.7＋14.5)＝**5**

(3) A＝9.8－5＝4.8
 B＝14.1－4.8＝9.3
 C＝14－9.3＝4.7
 D＝11.7－4.7＝7
 E＝15－7＝8
 F＝14.5－8＝6.5
 もっとも大きいのは B で **9.3**

超難関校レベル

222 本冊 p.94

(1) **15 人**
(2) **8640 円**

着眼
90 と 36 と 40 の最小公倍数を使って予算を決める。

解き方

(1) ジュース×90＝サンドイッチ×36＝ケーキ×40＝㊱㊀（円）とおく。 ← 90 と 36 と 40 の最小公倍数

これより，ジュース，サンドイッチ，ケーキの値段は順に ④円，⑩円，⑨円となる。

㊱㊀÷(④＋⑩＋⑨)＝15 あまり ⑮

よって，お楽しみ会の人数は **15 人**。

(2) (1)より ⑮＝360（円）

よって，予算は ㊱㊀＝360×$\frac{360}{15}$＝**8640（円）**

223 本冊 p.94

(1) **42L**
(2) **880km**

着眼
1 時間あたりに使うガソリンの量を求める。

解き方

(1) 1 時間あたりに使うガソリンは，
時速 60km の場合　60÷30＝2（L）
時速 100km の場合　100÷20＝5（L）
よって　2×6＋5×6＝**42（L）**

(2) つるかめ算になる。
(36－2×12)÷(5－2)＝4（時間）…時速 100km で走った時間
よって　60×(12－4)＋100×4＝**880（km）**

224 本冊 p.94

6 人，9 人，18 人

着眼
全員が 20 枚拾うには何枚不足するかを考える。

解き方

全員が 20 枚ずつ拾った場合よりも，実際は
(20－18)×2＋(20－15)×2＝14（枚）不足している。

また，同じ枚数ずつ配ったとき 4 枚あまっているので，人数は 14＋4＝18 の約数となる。

条件より，4 人以下は不適なので，**6 人，9 人，18 人**。

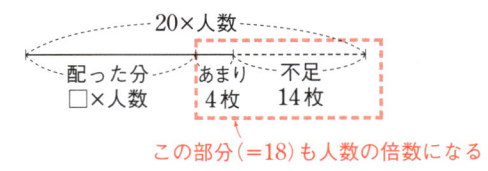

```
        ←―――20×人数―――→
    ←―配った分―→←あまり→←不足→
        □×人数      4枚    14枚
```
この部分（＝18）も人数の倍数になる

本冊 p.95 の答え ── 137

225 本冊 p.95

(1) **16 日間**
(2) **24 日間**
(3) **6**

着眼
聖君が解く問題数を変える前後における聖君が解いた問題数の比は 3 : 5 になる。

解き方

(1)
```
聖  3 3 3 3 3 3│3 3 … 3 3│5 5 5 … 5 5 5 5│5 5
光  □ □ □ □ □ □│□ □ … □ □ □ □ … □ □ □ □│□ □
       6日      ㋐           ㋑           ㋒ 2日
```

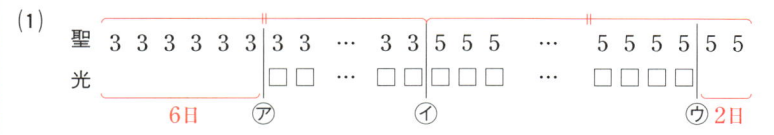

聖君は，
- 問題を解いた日数が ㋑ より前と後で同じ。
- ㋑ の前には 1 日 3 問，㋑ より後には 1 日 5 問解いているので，解いた問題数の比は ㋑ より前と後で 3 : 5

㋑ のときに，聖君と光君の解いた問題数が同じであったことから，光君の解いた問題数の比も，㋑ より前と後で 3 : 5
光君が 1 日に解いた問題数は変わらないので
　　(㋐〜㋑ の日数)：(㋑〜㋒ の日数) = 3 : 5
よって，それぞれの日数は ③ 日，⑤ 日とおける。
6+③ と ⑤+2 が等しいので，⑤-③=② は，6-2=4（日）にあたり　①=4÷2=2（日）
よって　2×(3+5)=**16**（日間）

(2)　16+6+2=**24**（日間）

(3)　㋑ より前に着目すると　3×12÷(12-6)=**6**（題）

226 本冊 p.95

(1) C **41g**
　　D **44g**
　　E **50g**
(2) A **14g**
　　B **23g**

着眼
平均の重さと個数がわかっているので，重さの和が求められる。

解き方

あ：もっとも軽い組み合わせは A，B，C。
い：2 番目に軽いのは，C を 1 つ重い D にかえた，A，B，D。
う：もっとも重い組み合わせは E，D，C。
え：3 番目に重い組み合わせをいいかえれば，**選ばなかった 2 つの組み合わせが 3 番目に軽い**ということである。軽いほうから順に (A，B)，(A，C) となるが，3 番目に軽いのは (A，D) か (B，C) かわからない。つまり，3 番目に重いのは B，C，E か A，D，E のどちらかになる。
以上をまとめると下のようになる。

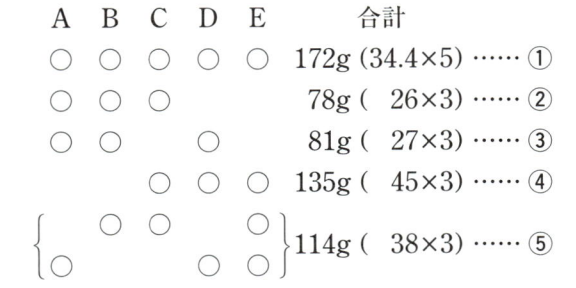

A	B	C	D	E	合計	
○	○	○	○	○	172g (34.4×5)	…①
○	○	○			78g (26×3)	…②
○	○		○		81g (27×3)	…③
		○	○	○	135g (45×3)	…④
	○	○		○		
○			○	○	} 114g (38×3)	…⑤

(1) ①と④からAとBの重さの和は
　　172−135=37 (g)
②よりAとBとCの重さの和は78gなので，Cの重さは
　　78−37=**41 (g)**
③よりAとBとDの重さの和は81gなので，Dの重さは
　　81−37=**44 (g)**
④よりCとDとEの重さの和は135gなので，Eの重さは
　　135−(41+44)=**50 (g)**

(2) 3番目に重い組み合わせ，つまり114gになるのがBとCとEの重さの和の場合とAとDとEの重さの和の場合とで場合分けして考える。

BとCとEの重さの和が114gの場合
　Bの重さは　114−(41+50)=23 (g)
　Aの重さは　37−23=14 (g)　←AとBの重さの和は37g
となる。このとき，重さがA＜B＜C＜D＜Eなので成り立つ。

AとDとEの重さの和が114gの場合
　Aの重さは　114−(44+50)=20 (g)
　Bの重さは　37−20=17 (g)
となり，AがBより重くなるので不適。

よって，Aの重さは**14g**，Bの重さは**23g**になる。

(227) 本冊 p.96

ア **124**　　イ **1425**
ウ **1440**　エ **47**

【着眼】
エについては，Aコースの人は，Bコースに平均425円〜440円を追加したと考える。

【解き方】
ア　予定より多くあまった記念品代は6人分なので，1人分の記念品代は　(1400−500)÷6=150 (円)
　よって　(20000−1400)÷150=**124** (人)
イ　1200+300×0.75=**1425** (円)
ウ　1200+300×0.8=**1440** (円)
エ　Aコースの人は，Bコースに平均425円〜440円を追加したと考えると，追加分は　150100−1000×124=26100 (円)
　Aコースの人数は，最低で　26100÷440=59.31… (人)
　　　　　　　　　　最高で　26100÷425=61.41… (人)
となる。
したがって，Aコースをたのんだ人は60人か61人。
Aコースをたのんだ人が61人だとすると，
デザートの代金は　26100−(1200−1000)×61=13900 (円)
しかし，デザートをたのんだ人の人数は，13900÷300=46.33…
と整数にならないので不適。
Aコースをたのんだ人が60人だとすると，
デザートの代金は　26100−200×60=14100 (円)
よって，デザートをたのんだ人は　14100÷300=**47** (人)

228 本冊 p.96

問題C **7人**
問題D **9人**

着眼
失点の合計に着目する。

解き方
10人とも満点のときの合計点は $(1+1+3+5)×10=100$（点）
10人の合計点は $8.3×10=83$（点）だから，$100-83=17$（点）が失点の合計となる。
よって，A，B，C，Dをまちがった人数をそれぞれ a 人，b 人，c 人，d 人とすると $1×a+1×b+3×c+5×d=17$
全員が正解した問題はないので，a，b，c，d はそれぞれ1以上。
よって，残り $17-(1+1+3+5)=7$（点）をふり分ければよい。
正解した人数がもっとも少なかったのは問題Cなので，c がもっとも大きく，それは $1×1+3×2=7$ のとき。
よって $(a, b, c, d)=(2, 1, 3, 1)$ または $(1, 2, 3, 1)$
問題Cを正解した人は $10-3=$**7**（人）
問題Dを正解した人は $10-1=$**9**（人）

229 本冊 p.96

① **1** ② **27**

着眼
図をかいて人数を整理する。

解き方
① 国語のみに○をつけたのはEの部分。
$40-(35+4)=$**1**（人） ┌C，G
         └A，B，D，F
② ×の総数に注目すると
$20-2×(2+1)-1×4$
  └F └E   └C，G
$=10$ … A+B+G
Dを最大にすることは，A+Bを最小にすることと同じだから，
最小のA+Bは $10-4=6$（人） ←Gが4人，Cがなし
よって，最大のDは $35-(2+6)=$**27**（人）

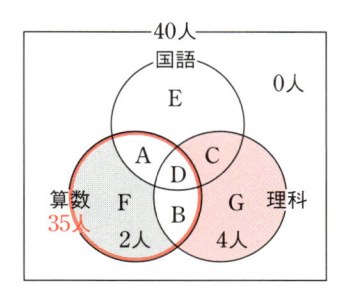

230 本冊 p.97

(1) **5番**
(2) **3番**

着眼
(2) おもりの個数に文字を使って式をつくり，不定方程式にもちこむ。

解き方
(1) $(5×15-65)÷(5-3)=5$（個） ←3gのおもりの個数
よって，**5**番の箱。
(2) 取り出したおもりは，3gのおもりが○個，5gのおもりが□個，8gのおもりが△個とすると
$○+□+△=15$ …①
$3×○+5×□+8×△=81$
$-\underline{)3×○+3×□+3×△=45}$ ←①×3
$2×□+5×△=36$ …②
②と $6≦□≦12$，$1≦△≦5$ より $□=8$，$△=4$
よって，3gのおもりは $○=15-(8+4)=3$（個）
よって，**3**番の箱。

231 本冊 p.97

(1) **736cm²**

(2) **1回，3回**

着眼
1回切ると，どれだけ表面積が増えるかを考える。

解き方

(1) もとの表面積は　$(4×4-2×2)×2+4×10×4=184$ (cm²)
切りはなされた立体の表面積の和は　$184×4=$ **736 (cm²)**

(2) 1回切ると，表面積は切った面の2倍だけ増える。
　ⓐと平行に辺 CD を切ると，$2×10×2=40$ (cm²) 増加する。
　ⓐと平行に辺 AB を切ると，$4×10×2=80$ (cm²) 増加する。
　ⓘと平行に切ると，$(4×4-2×2)×2=24$ (cm²) 増加する。
40cm²，80cm²，24cm² の 3 種類を計 16 回使って，
736－184＝552 (cm²) 増加させる。
40cm²，80cm² は一の位が 0 だが，552cm² は一の位が 2 なので，24cm² は 3 回，8 回，13 回のどれかとなる。

① **24cm² が 3 回のとき**
　40cm² ⎫ 16－3＝13 (回)
　80cm² ⎭ → 552－24×3＝480 (cm²) というつるかめ算。
　いちばん小さい場合でも 40×13＝520 (cm²) なので，不適。

② **24cm² が 8 回のとき**
　40cm² ⎫ 16－8＝8 (回)
　80cm² ⎭ → 552－24×8＝360 (cm²) というつるかめ算。
　これより　$(360-40×8)÷(80-40)=$ **1 (回)**

③ **24cm² が 13 回のとき**
　40cm² ⎫ 16－13＝3 (回)
　80cm² ⎭ → 552－24×13＝240 (cm²) というつるかめ算。
　これより　$(240-40×3)÷(80-40)=$ **3 (回)**

232 本冊 p.97

(1) 引き分け **9 回**
　　太郎君の勝ち **11 回**

(2) (ア) **6 回**
　　(イ) **72 通り**

着眼
2人の上がった段数の和と差に着目する。

解き方

勝負がつくと2人合わせて，$3-2=1$ (段上がる) → $+1$ とする。
引き分けると2人合わせて，$1+1=2$ (段下がる) → -2 とする。

(1) 2人合わせて，$8-7=1$ (段上がる) → $+1$
　$+1$ ⎫
　-2 ⎭ 28 回 → +1 というつるかめ算なので
　$(1×28-1)÷(1+2)=$ **9 (回)** … 引き分け
　$28-9=19$ (回) … 勝負のついた回数
　$(8+7)÷(3+2)=3$ (回) … 2人の勝ち数の差
よって，太郎君が勝った回数は　$(19+3)÷2=$ **11 (回)**

(2) (ア) 条件より，2人合わせて，
10－5＝5（段以上上がる）→ ＋5以上

$\left.\begin{array}{r}+1\\-2\end{array}\right\}$ 10回→＋5以上 というつるかめ算。これより

(勝負がつく，引き分け)＝(9回，1回)，(10回，0回)
ゲームが終わるのは2人の差が15段になった場合，つまり
15÷(3＋2)＝3（勝差）
がついたとき。よって，あてはまるのは(9回，1回)のみ。
(9＋3)÷2＝**6（回）**

(イ) 次郎君は6勝3敗1引き分け。10回でゲームが終わるので，10回目は次郎君が勝った。

まず，引き分け以外の6勝3敗の組み合わせを道順の考え方で整理する。

図で × をつけたところは，それまでの勝敗の差が3以上になり，その時点でゲームが終わってしまう場合。または，次郎君が太郎君より下の段になる場合。

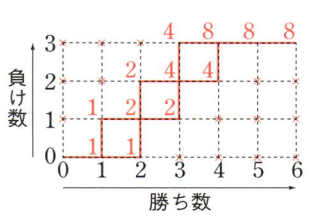

6勝3敗の組み合わせは，図より8通り。
引き分けは1～9回目のどれでもよいので
8×9＝**72（通り）**

3 割合の関係から解く問題

難関校レベル

本冊 p.98〜100

233 本冊 p.98

(1) **34 才**
(2) **2 才**
(3) **8 年後**

着眼
だれの年令を基準にするかがポイント。

解き方

(1) 父の年令＝母の年令＋8（才） …①
　　父の年令＝母の年令＋一郎君の年令＋4（才） …②
　①，②を比べると，一郎君の年令が4才とわかる。
　したがって，父の年令は　4×6＋2＋8＝**34（才）**

(2) 現在の子ども3人の年令の和を①才，父と母の年令の和を④才として，7年後を考える。
　（①＋7×3）×2＝④＋7×2 より　②＋42＝④＋14
　よって　①＝（42−14）÷2＝14（才）
　兄の年令は花子さんの年令の2倍なので，考えられる子ども3人の年令の組み合わせは次のようになる。

花子	1	2	3	4
兄	2	4	6	8
弟	11	8	5	2

　よって，弟の年令は **2 才**。

(3) 一郎君の家で子どもが生まれると，一郎君の家族は4人になる。また，花子さんの家族は5人なので，平均年令が同じになるのは，年令の和の比が4：5のとき。
　現在の家族の年令の和は，
　一郎君の家族が　34＋26＋4＝64（才）
　花子さんの家族が　14×（4＋1）＝70（才）
　△1年後に平均年令が等しくなるとすると
　　（64＋△3）：（70＋△5）＝4：5
　これより　280＋△20＝320＋△15
　よって　△1＝（320−280）÷（20−15）＝**8（年後）**

234 本冊 p.98

(1) **1 割**
(2) **36 個**

着眼
AとCの個数を決め，式に表していく。

解き方

(1) はじめにA君とC君の持っているビー玉の個数をそれぞれ⑤個，⑧個，A君とB君がわたした個数を①個とすると
　（⑤−①）：（⑧＋②）＝1：2
　⑧＋②＝⑩−②
　①＝（②＋②）÷（10−8）＝②
　よって，A君の持っていた個数は　②×5＝⑩（個）
　①÷⑩＝0.1（倍）なので，減ったビー玉の個数の割合は **1 割**。

(2) 個数の変化は次のようになる。

```
 A      B      C
[10]          [16]
↓-[1]  ↓-[1]  ↓+[2]
[9]           [18]
↓-[1]  ↓-[1]  ↓+[2]
[8]    [16]   [20]
    1 : 2
```

[20]＝40（個）だから　[1]＝40÷20＝2（個）

B 君がはじめに持っていた個数は　[16]+[2]=[18]（個）

よって　2×18＝**36（個）**

---

235 本冊 p.99

(1) **20 時間**

(2) **12 時間**

(3) **1 時間 40 分**

着眼
2 人ですると仕事の効率が変わることを忘れないように。

解き方

(1) 次郎君が 1 時間でする仕事の量は　$\left(1-\dfrac{11}{20}-\dfrac{2}{5}\right)\div 1=\dfrac{1}{20}$

よって　$1\div\dfrac{1}{20}=$ **20（時間）**

(2) 花子さんが 1 時間でする仕事の量は

$\left(\dfrac{2}{5}-\dfrac{1}{20}\times 1.4\times 2.5\right)\div 2.5\div 1.35=\dfrac{1}{15}$

└次郎君と花子さんが 2.5 時間したときの次郎君の仕事の量

太郎君が 1 時間でする仕事の量は

$\left(\dfrac{11}{20}-\dfrac{1}{15}\times 1.25\times 3\right)\div 3\div 1.2=\dfrac{1}{12}$

よって　$1\div\dfrac{1}{12}=$ **12（時間）**

(3) つるかめ算になる。1 時間あたりの仕事量は,

太郎君と花子さんが仕事をしているとき　$\dfrac{11}{20}\div 3=\dfrac{11}{60}$

次郎君と花子さんが仕事をしているとき　$\dfrac{2}{5}\div 2\dfrac{30}{60}=\dfrac{4}{25}$

$\left(\dfrac{11}{60}\times 5\dfrac{40}{60}-1\right)\div\left(\dfrac{11}{60}-\dfrac{4}{25}\right)=1\dfrac{2}{3}$（時間）　よって　**1 時間 40 分**

---

236 本冊 p.99

72 才

着眼
現在の弟の年令を決め, 式をつくっていく。

解き方

現在の弟の年令を [1] 才とする。

② より, 現在の父の年令は　[4] 才

これと ① より, 現在の母と姉の年令の和は　[5] 才

③ より, 現在の祖母の年令は　（[4]-8）×2+8=[8]-8（才）

④ より　（[5]+5×2）=（[1]+5）×4

これより, [5]+10=[4]+20 となるので　[1]=10（才）

よって, 現在の祖母の年令は　10×8-8=**72（才）**

237　本冊 p.99

(1) **80 本**
(2) **8：16：15**
(3) 晴れの日　**3日**
　　くもりの日　**2日**
　　雨の日　**2日**

着眼
(3) 代入法を使い，不定方程式にもちこむ。最後は一の位に着目。

解き方

(1) $24 \times \dfrac{5+3+2}{3} = $ **80（本）**

(2) $5+3+2=10$, $1+2+2=5$, $1+4+3=8$
10 と 5 と 8 の最小公倍数は 40 なので，1 日に売れた飲み物の本数を ㊵ 本とすると，売れたコーヒーの本数は

1 日目　$㊵ \times \dfrac{2}{5+3+2} = ⑧$（本）

2 日目　$㊵ \times \dfrac{2}{1+2+2} = ⑯$（本）

3 日目　$㊵ \times \dfrac{3}{1+4+3} = ⑮$（本）

となるので　**8：16：15**

(3) 1 日に売れた飲み物の本数を ㊵ 本とすると，それぞれの売れる本数は以下のようになる。

	ジュース	コーヒー	
晴れ	⑳	⑧	←晴れの日は，ジュースが ⑫ 多い
くもり	⑧	⑯	←くもりの日は，コーヒーが ⑧ 多い
雨	⑤	⑮	←雨の日は，コーヒーが ⑩ 多い

晴れの日が ○ 日，くもりの日が △ 日，雨の日が □ 日とすると
　　$12 \times ○ = 8 \times △ + 10 \times □$ …①
　　$○ + △ + □ = 7$ …②
① を 2 でわって　$6 \times ○ = 4 \times △ + 5 \times □$ …③
② を 6 倍して　$6 \times ○ + 6 \times △ + 6 \times □ = 42$ …④
③ と ④ より　$4 \times △ + 5 \times □ + 6 \times △ + 6 \times □ = 42$
　　　　　　　$10 \times △ + 11 \times □ = 42$
一の位に着目すると　□ = **2（日）**, △ = **2（日）**
よって　○ = **3（日）**

238　本冊 p.100

(1) **7.5 分**
(2) **4 分後**

着眼
30 と 12 の最小公倍数を使い，水そうの容積を決める。

解き方

(1) 30 と 12 の最小公倍数は 60 なので，水そうの容積を 60 とする。
　　$60 \div 30 = 2$ …1 分間に，ポンプ 7 台でくみ出す量－流れこむ量
　　$60 \div 12 = 5$ …1 分間に，ポンプ 10 台でくみ出す量－流れこむ量
1 分間にポンプ 1 台がくみ出す水の量は　$(5-2) \div (10-7) = 1$
1 分間に流れこむ水の量は $1 \times 7 - 2 = 5$ なので
　　$60 \div (13-5) = $ **7.5（分）**

(2) つるかめ算になる。
　　$\{60 - (7-5) \times 28\} \div (8-7) = $ **4（分後）**

239 本冊 p.100

(1) $1\dfrac{2}{3}$ 倍

(2) 17 分 30 秒

着眼

70 と 7 の最小公倍数を使って，浴そうの容積を決める。

解き方

(1) 70 と 7 の最小公倍数は 70 なので，浴そうの容積を 70 とする。

$70 \div 70 = 1$ …1 分間に，排水口 2 個から流れ出る量－流れこむ量
$70 \div 7 = 10$ …1 分間に，排水口 5 個から流れ出る量－流れこむ量

1 分間に排水口 1 個から流れ出るお湯の量は
$(10 - 1) \div (5 - 2) = 3$

1 分間に流れこむお湯の量は $3 \times 2 - 1 = 5$ なので
$5 \div 3 = 1\dfrac{2}{3}$（倍）

(2) $70 \div (3 \times 3 - 5) = 17.5$（分）→ **17 分 30 秒**

超 難関校レベル　　　本冊 p.101～102

240 本冊 p.101

7 枚，13 枚，14 枚，19 枚，20 枚，25 枚

着眼

表を利用して調べ上げる。

解き方

1 つの鶴を折るのにかかる時間を 1 分とすると，時間と人数によって折ることができる鶴の数は以下の表のようになる。

	5 人	6 人	共通部分	7 人
1 分	1～5 枚	1～6 枚	1～5 枚	1～7 枚
2 分	6～10 枚	7～12 枚	7～10 枚	8～14 枚
3 分	11～15 枚	13～18 枚	13～15 枚	15～21 枚
4 分	16～20 枚	19～24 枚	19～20 枚	22～28 枚
5 分	21～25 枚	25～30 枚	25 枚	29～35 枚
6 分	26～30 枚	31～36 枚	なし	36～42 枚

6 分以降は 5 人と 6 人の共通部分はないので，1 分から 5 分までの共通部分で，7 人と重ならない枚数を調べる。

表より，**7 枚，13 枚，14 枚，19 枚，20 枚，25 枚**。

241 本冊 p.101

(1) **25 分 18 秒より長く 30 分 28 秒より短い**

(2) **5 回目**

着眼
時間の計算はまちがいやすいので注意する。

解き方

(1) ACBC を 1 セットと考える。
1 セットは，5 分 10 秒＋2 分 56 秒＋10 秒×2＝8 分 26 秒なので
　　8 分 26 秒×3＝**25 分 18 秒（より長く）**
　　25 分 18 秒＋5 分 10 秒＝**30 分 28 秒（より短い）**

(2) 最初の A（標準モード）と最後の B（2 倍モード）を除いて，BA を 1 セットと考える。BA の 9 回分の標準モードでの録画時間は
　　60×60－（最初の A）－（最後の B）－（テープの残り）
　　＝3600－310－176÷2－43＝3159（秒）
1 セットの録画時間は
　　標準モードでは　176＋310＝486（秒）
　　2 倍モードでは　486÷2＝243（秒）
よって，標準モードで録画したのは
　　(3159－243×9)÷(486－243)
　　＝4（セット）
よって，**5 回目**の B からである。

　　A BA … BA BA … BA B
　　　└4セット┘└5回目┘

242 本冊 p.101

(1) **12.6km**

(2) **1 時間 7 分**

着眼
比を使ってもよいが，具体的に数値を決めてから，比例関係を使うと楽に解ける。

解き方

(1) ① ⑦，⑦，⑰ それぞれの速さで 1 時間ずつ走った場合は，
9×1＋12×1＋14×1＝35（km）進む。
また，
② ⑦で 2 時間，⑦で 2 時間，⑰で 1 時間走った場合は，
9×2＋12×2＋14×1＝56（km）進む。
ここで，湖の 1 周の道のりを 35 と 56 の最小公倍数を用いて
㉘⓪ km とすると，1 周にかかる時間は
①のとき　㉘⓪÷35×3＝㉔（時間）
②のとき　㉘⓪÷56×5＝㉕（時間）
かかる時間の差は，2 分 42 秒＝2.7 分だから
　　㉕－㉔＝①＝$\frac{2.7}{60}$（時間）

よって，1 周の道のりは　$280×\frac{2.7}{60}=$ **12.6 (km)**

(2) 12.6÷3＝4.2（km）ずつ進むので，
　　4.2÷9＋4.2÷12＋4.2÷14＝$1\frac{7}{60}$（時間）

よって，**1 時間 7 分**。

本冊 p.102 の答え —— 147

243 本冊 p.102
(1) **4本**
(2) **36本**
(3) **4本**

着眼
やりとりの経過は複雑そうに見えるが，計算してみると実に単純なものである。

解き方
(1) はじめに持っている鉛筆の数を，太郎さんが②本，花子さんが②本とすると，1回目のやり取りの後の本数は，
太郎さんが ①+①−2 本，花子さんが ①+①+2 本となる。
 2+2=**4（本）**
(2) 1回目のやり取りの後の太郎さんの持っている鉛筆の本数は
 20−4=16（本）
よって，2人合わせて 20+16=**36（本）**
(3) 2回目にやり取りする本数は
太郎さんが 16÷2=8（本）
花子さんが 20÷2−2=8（本）
なので，2回目以降，2人が持つ鉛筆の本数は変わらない。
よって，(1)と同じ **4本**となる。

244 本冊 p.102
(1) **24個**
(2) A **13個**　B **11個**
　　C **8個**
(3) **43日目**

着眼
(1) 範囲を求め，条件から確定させていく。

解き方
(1) AとBが1日につくる品物の個数は
 1000÷42=23.8… → 24個以上
 1000÷41=24.3… → 24個以下なので，**24個**。
(2) AとCが1日につくる品物の個数は
 1000÷48=20.8… → 21個以上
 1000÷47=21.2… → 21個以下なので，21個。
BとCが1日につくる品物の個数は
 1000÷53=18.8… → 19個以上
 1000÷52=19.2… → 19個以下なので，19個。
A … {A+B+A+C−(B+C)}÷2=(24+21−19)÷2=**13（個）**
B … 24−13=**11（個）**，C … 21−13=**8（個）**
(3) 2+1=3（日），3+1=4（日）
3と4の最小公倍数は12なので，12日をセットとして考える。
12日でできる品物は，
 13×(12÷3×2)+11×(12÷4×3)+8×(12÷4×3)=275（個）
 1000÷275=3（セット）あまり175（個）
あまりの175個は，以下のように考えると4セット目の7日目にできる。

日目	1	2	3	4	5	6	7	…
A	13	13	休	13	13	休	13	…
B	11	11	11	休	11	11	11	…
C	8	8	8	休	8	8	8	…
計	32	64	83	96	128	147	179	…

←4セット目の1日目からの合計。

よって，12×3+7=**43（日目）**に完りょうする。

4 速さの関係から解く問題

難関校レベル

本冊 p.103

245 本冊 p.103

(1) 毎分 70m

(2) 4060m

着眼
グラフの各直線部分は，花子さんだけが歩いているのか，2人とも歩いているのかを考える。

解き方

(1) 花子さんの速さは $500 \div 10 = 50$ (m/分)

学さんは花子さんより $(500-360) \div (17-10) = 20$ (m/分) 速いので，学さんの速さは

$50 + 20 =$ **70 (m/分)**

(2)

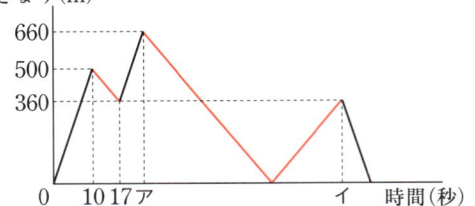

上の図のアからイまでの時間を考える。ここでは2人とも歩いていて，学さんは660mの差を追いつき，さらに360mの差をつけているので，かかる時間は

$(660 + 360) \div 20 = 51$ (分)

学さんが歩いたのは図の色の部分なので，歩いた時間は

$(17-10) + 51 = 58$ (分)

よって，A地点とB地点のきょりは

$70 \times 58 =$ **4060 (m)**

246 本冊 p.103

(1) 12時 $16\frac{4}{11}$ 分

(2) 22回

(3) 3時間 $16\frac{4}{11}$ 分

着眼
長針と短針の角速度の差は 5.5 度/分

解き方

(1) $90 \div (6-0.5) = 16\frac{4}{11}$ (分) より 12時 $16\frac{4}{11}$ 分

(2) 2回目に垂直になるのは，長針と短針のつくる角度が 270° のとき。これは，はじめて長針と短針が垂直になってから，さらに長針が短針より 180° 進んだときだから，

$180 \div (6-0.5) = \frac{360}{11}$ (分) かかる。

以後も，長針が短針より 180° 進んだときに垂直になる。
よって，はじめて垂直になってから 12 時になるまでに垂直になる回数は

$\left(12 \times 60 - 16\frac{4}{11}\right) \div \frac{360}{11} = 21.5$ より，21回。

12時 $16\frac{4}{11}$ 分の1回もふくめると $21+1=$ **22 (回)**

(3) $\frac{360}{11} \times (8-2) = 196\frac{4}{11}$ (分) より 3時間 $16\frac{4}{11}$ 分

超難関校レベル

247 本冊 p.104

(1) 上り坂, 10

(2) 9

着眼

行きと帰りのかかる時間の差に着目する。

解き方

(1) AB 間の平らな道，坂道をまとめた図をかくと，次のようになる。

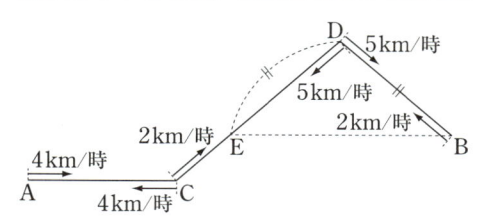

A から B に行くときの方が，B から A に行くときよりも時間がかかっているので，A から B へ行くときは上り坂の方が下り坂より長い。
また，A → B と B → A のかかる時間の差である 9−6=3（時間）は，図の CE 間でつく。CE 間の上りと下りの
　速さの比　2：5
　時間の比　5：2
これより，CE 間の上りにかかる時間を ⑤ 時間とおくと，下りにかかる時間は ② 時間となる。この差の ③ 時間が 3 時間にあたるので　①=3÷3=1（時間）
上りで ⑤=1×5=5（時間）かかるから　CE=2×5=**10**（km）

(2) A から B に行くときを考えると，A → C，E → D → B にかかる時間は 9−5=4（時間）で，きょりの合計　24−10=14（km）
平らな道がないとしたときにかかる時間と，実際の時間との差は
　(14÷2)÷2+(14÷2)÷5−4=3.5+1.4−4=0.9（時間）
坂道と平らな道を 1km かえるごとに，時間は
　(1÷2)÷2+(1÷2)÷5−1÷4
　=0.25+0.1−0.25=0.1（時間）
ずつ短くなるから，平らな道の道のりは
　0.9÷0.1=**9**（km）

A → C (km)	0	+1
E → D → B (km)	14	−1
実際にかかる時間の差 (時間)	0.9	−0.1

248 本冊 p.104

(1) $622\dfrac{2}{9}$ m

(2) $\dfrac{38}{53}$ 分後

(3) 毎分 200m

解き方

(1) 次郎君が 560m 進む時間に太郎君が進むきょりを求めればよいので
　$560 \times \dfrac{50}{45} = 622\dfrac{2}{9}$ (m)

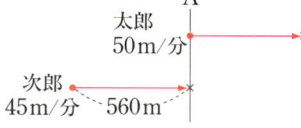

(2) 太郎君の速さと車の速さの和は　1600÷2=800（m/分）
これより，車の速さは　800−50=750（m/分）
よって　(1600+560)÷(750+45)−2=$\dfrac{38}{53}$（分後）

150 —— 本冊 p.104～105 の答え

:::着眼:::
(3) 次郎君が歩いた時間から，太郎君が走った時間を求める。

(3)

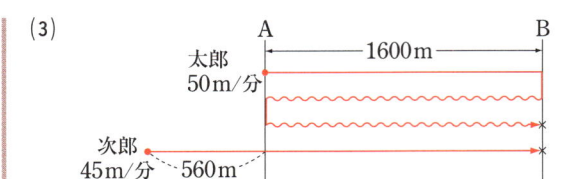

次郎君が歩いた時間は　(1600+560)÷45=48（分）
これより，太郎君が走った時間は　48－1600÷50=16（分）
よって　1600×2÷16=**200（m/分）**

249 本冊 p.104

(1) $6\dfrac{2}{3}$ 分後

(2) 7.5 分後と $7\dfrac{23}{31}$ 分後

:::着眼:::
(2) A さんが勝つ場合と負ける場合がある。

:::解き方:::
(1) A さんの歩く速さを毎分 ⑤m とすると，B さんの歩く速さは毎分 ④m となる。すると，池のまわりの長さは ⑤×12=㉖（m）となる。
よって　㉖÷(⑤+④)=$6\dfrac{2}{3}$ **（分後）**

(2) A さんが勝つときと，B さんが勝つときがある。
A さんが勝つときは　㉖÷$\left(⑤+④×\dfrac{3}{4}\right)$=**7.5（分後）**
B さんが勝つときは　㉖÷$\left(⑤×\dfrac{3}{4}+④\right)$=$7\dfrac{23}{31}$ **（分後）**

250 本冊 p.105

(1) 3.5 倍
(2) 0.8 倍
(3) 午前 10 時 50 分

:::着眼:::
ダイヤグラムに整理する。
(2) 1回目の出会いから2回目の出会いまでに2人が進んだ時間は同じ。

:::解き方:::
(1) 太郎君と花子さんが学校と P 地点の間を進むのにかかった時間の比は　8:28=2:7
速さの比は　7:2
よって　7÷2=**3.5（倍）**

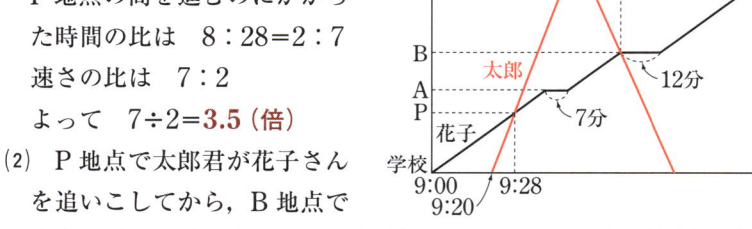

(2) P 地点で太郎君が花子さんを追いこしてから，B 地点で出会うまでに 2 人とも 7 分ずつ休んでいるので，進んだ時間は同じである。よって，太郎君と花子さんが進むきょりの比は 7:2 となる。PB 間のきょりを，②とすると，B と公園の間のきょりは
　(⑦－②)÷2=⑵.⑤
よって　2÷2.5=**0.8（倍）**

(3) 太郎君は ⑵.⑤ のきょりを 10 分で進むので，P から公園までを
$10×\dfrac{2.5+2}{2.5}=18$（分）で進む。
よって，花子さんは P から公園までを $18×\dfrac{7}{2}=63$（分）で進む。
したがって
　午前 9 時 28 分＋63 分＋7 分＋12 分＝**午前 10 時 50 分**

251 本冊 *p.105*

家と図書館 **1500m**
家と郵便局 **990m**

着眼
グラフを見て
速さの比 ←→ 時間の比
　　　　逆比
を使う。

解き方
さとし君が家から図書館まで行くのにかかる時間を ① 分とする。
さとし君が郵便局まで行って家まで引き返してくるまでにかかった時間は ②.1 − ① = ①.1 分

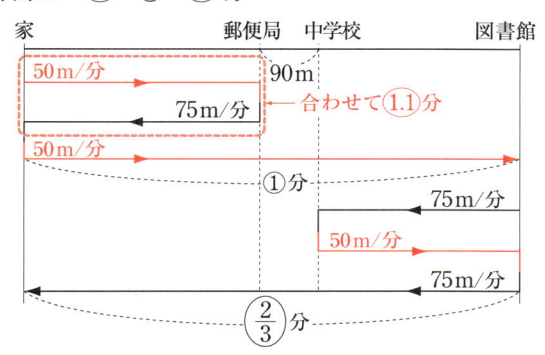

家から郵便局までと郵便局から家までの速さの比は 50：75 = 2：3 であり、かかる時間の比は 3：2 だから、

家から郵便局までにかかる時間は　①.1 × $\frac{3}{3+2}$ = ⓪.66（分）

帰り道に図書館から家までにかかる時間は　① × $\frac{50}{75}$ = ②/③（分）

図書館と中学校の往復でかかった時間はこの 1.7 − 1 = 0.7（倍）
また、中学校から図書館にもどるのにかかった時間はさらにその $\frac{3}{5}$ 倍、すなわち ②/③ × 0.7 × $\frac{3}{5}$ = ⓪.28（分）

上りで考えると、① = ⓪.66 + $\frac{90}{50}$ + ⓪.28 より　⓪.06 = 1.8

よって　① = 1.8 ÷ 0.06 = 30（分）
家と図書館の間の道のりは　50 × ① = 50 × 30 = **1500（m）**
家と郵便局の間の道のりは　50 × ⓪.66 = 50 × 0.66 × 30 = **990（m）**

---

252 本冊 *p.106*

(1) **6秒後から8秒後まで**
(2) **3秒**
(3) ① **6秒後**
　　② **12秒後**

着眼
(3) ① は A と C のまん中の点が B に追いつくと考える。

解き方
(1) ゴールに近い方から B、A、C の順に並ぶのは、B が C を追いこしたあと、A が C に追いついてから A が B に追いつくまでの間。

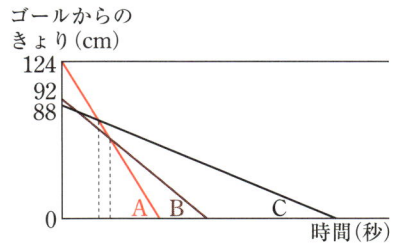

(92 − 88) ÷ (4 − 2) = 2（秒後）　…B が C に追いつく
(124 − 88) ÷ (8 − 2) = 6（秒後）　…A が C に追いつく
(124 − 92) ÷ (8 − 4) = 8（秒後）　…A が B に追いつく

よって、**6秒後から8秒後まで。**

(2) B が C に追いつくのは 2 秒後。
このとき，2 点 B，C はゴールから 88−2×2=84 (cm) はなれた所にある。この場所まで A がくるのにかかる時間は
$$(124−84)÷8=5 \text{ (秒)}$$
よって　5−2=**3 (秒)**

(3) ① (1) より，3 点が出発してから 2 秒後にゴールから 84cm の所で B が C に追いつく。C の速さは 2+4=6 (cm/秒) となるので，C′ とする。

A の位置は，ゴールから 124−8×2=108 (cm) の所。
A と C′ のまん中の点を P とすると，
P とゴールのきょりは　(108+84)÷2=96 (cm)
P の速さは　(8+6)÷2=7 (cm/秒)
この P が B に追いつくと考えればよい。
　　(96−84)÷(7−4)=4 (秒後)
よって　2+4=**6 (秒後)**

② **A が B に追いつく**
　　2+(108−84)÷(8−4)=8 (秒後)
B の速さは 4+8=12 (cm/秒) となるので，B′ とする。
追いついた場所は，ゴールから 124−8×8=60 (cm) の所。
C′ の位置は，ゴールから 84−6×(8−2)=48 (cm) の所。
B′ が C′ に追いつく
　　8+(60−48)÷(12−6)=10 (秒後)
C′ の速さは 6+12=18 (cm/秒) となるので，C″ とする。
追いついた場所は，ゴールから 48−6×(10−8)=36 (cm) の所。
この後，C″ は A にも B′ にも追いつかれることはない。
よって　10+36÷18=**12 (秒後)**

253　本冊 p.106

(1) **1 時 23 分 20 秒**
(2) **1 時 2 分 48 秒**
(3) **1 時 4 分 40 秒**

着眼
角速度を利用して考える。

解き方

(1) A の角速度　$360÷2\frac{30}{60}=144$ (°/分)

A と C の角速度の和　360÷2=180 (°/分)
　→ C の角速度　180−144=36 (°/分)

B と C の角速度の和　$360÷7=51\frac{3}{7}$ (°/分)
　→ B の角速度　$51\frac{3}{7}−36=15\frac{3}{7}$ (°/分)

よって　$360÷15\frac{3}{7}=23\frac{1}{3}$ (分) → 23 分 20 秒

ゆえに　**1 時 23 分 20 秒**

(2) $360÷\left(144-15\dfrac{3}{7}\right)=2.8$（分後）→ 2 分 48 秒後

よって **1 時 2 分 48 秒**

(3) 円の中心を O とする。はじめて角 COB が 120° になるのは

$$120÷\dfrac{360}{7}=\dfrac{7}{3}\text{（分後）}$$

そのとき，角 AOC を考えると $180×\dfrac{7}{3}=420$

420÷360＝1 あまり 60 より，60° となり不適。

2 回目に角 COB が 120° になるのは

$$120×2÷\dfrac{360}{7}=\dfrac{14}{3}\text{（分後）}$$

そのとき，角 AOC を考えると $180×\dfrac{14}{3}=840$

840÷360＝2 あまり 120 より 120°

$\dfrac{14}{3}$ 分後＝4 分 40 秒後なので，**1 時 4 分 40 秒**。

---

254 本冊 p.107

(1) B **15 秒**
    C **60 秒**
(2) **解き方参照**
(3) **7.5 秒後**
(4) **7 回**

着眼

グラフを利用する。
(3) グラフの交点に着目する。

解き方

(1) A の角速度は 360÷10＝36（°/秒）
 グラフより，A，B の角速度の差は 180÷15＝12（°/秒）
 グラフより，A，C の角速度の差は 180×5÷30＝30（°/秒）
 B の角速度は 36−12＝24（°/秒）なので 360÷24＝**15**（秒）
 C の角速度は 36−30＝6（°/秒）なので 360÷6＝**60**（秒）

(2) B，C の角速度の差は
  24−6＝18（°/秒） ←差が 180° になるのに 180÷18＝10（秒）
 よって，グラフは下の図の色の線になる。

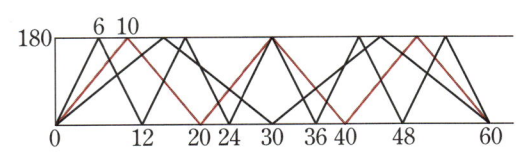

(3) 二等辺三角形になるのは，3 つのグラフのうち 2 つが交わり，さらにその時刻にもう 1 つのグラフの表す角度が 0 でないときとなる。
 1 回目は右のグラフの●のところ。 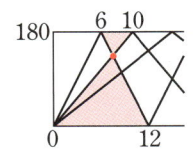
 色のついた三角形の相似比は （10−6）：12＝1：3
 よって $10×\dfrac{3}{1+3}=$**7.5**（秒後）

(4) 三角形ができないのは，3 つのグラフの表す角度のうち 1 つが 0 になっているところ。
 よって，50 秒後までに 12 秒後，20 秒後，24 秒後，30 秒後，36 秒後，40 秒後，48 秒後の **7 回**ある。

255 本冊 p.107

(1) **Aの信号で2秒待つ**
(2) **10秒間**

着眼
(2) ダイヤグラムを利用する。

解き方
(1) Cが青になったときを0秒後とすると，各信号が青になるのは
    C　0～30　60～90　120～150　…　秒後
    B　0～20　50～80　110～140　…　秒後
    A　30～60　90～120　150～180　…　秒後
自転車はC～B間を 40÷5=8（秒）で進む。Bについたとき，Bは青。Aに着くのは，(40+100)÷5=28（秒後）。次にAが青になるのは30秒後だから 30-28=2（秒）待つことになる。
よって，**Aの信号で2秒待つ**。

(2) 右の図を利用すると自転車が1度も止まらずに通過できるのは，Cを2秒後から 20-8=12（秒後）にスタートしたとき。
よって　12-2=**10（秒間）**

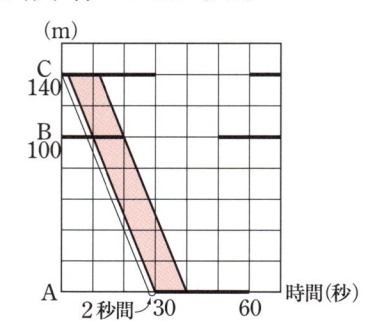

256 本冊 p.108

(1) ア **700**　イ **28**
　　ウ **37**　エ **74**
(2) **5880m**

着眼
(1) グラフの中で相似な三角形を見つける。

解き方
(1) アは，花子さんが出発して10分間に歩いた道のりだから
　　70×10=**700**（m）
太郎君は，エから6分後に330m歩いてBに着くから，そのときの速さは　330÷6=55（m/分）
太郎君が速さを変えたのは，ウのときで
　　52-225÷(70-55)=**37**（分）…ウ
　　52+330÷(70-55)=**74**（分）…エ
右の図の色のついた三角形の相似比を考えると　700:225=28:9
よって，イは　$37 \times \dfrac{28}{28+9} =$**28**（分）

(2) 花子さんに着目して　70×(10+74)=**5880（m）**

257 本冊 p.108

(1) **時速12.7km**
(2) **1時間24分**

着眼
流速が変わらなかった場合，下りの速さがどうなるかを考える。

解き方
(1) 上り　$21 \div 2\dfrac{6}{60} = 10$（km/時）…静水時の速さ－流速
　　下り　$21 \div 1\dfrac{15}{60} = 16.8$（km/時）…静水時の速さ＋流速＋1.4
よって，流速が速くなっていなければ，下りの速さは
　　16.8-1.4=15.4（km/時）
となるから，船の静水時の速さは
　　(10+15.4)÷2=**12.7（km/時）**

(2) 21÷(15.4-0.4)=1.4（時間）→**1時間24分**

258 本冊 p.109

(1) **168m**
(2) **5：3**
(3) **5：4**
(4) **毎分 45m**

着眼
動く歩道の問題は，流水算と同じように考えられる。

解き方
(1) お父さんが280歩で歩くきょりなので　60×280＝16800 (cm)
　　よって　**168m**
(2) お父さんは「動く歩道」の上を175歩，つまり，
　　60×175＝10500 (cm)＝105 (m) しか進んでいない。
　　残りの168－105＝63 (m) は，お父さんが歩いている間に「動く歩道」が動いた分。
　　時間が一定なので　速さの比＝きょりの比
　　よって　105：63＝**5：3**
(3) お父さんが3歩，つまり，60×3＝180 (cm) 歩く間に，
　　聖君は4歩，つまり36×4＝144 (cm) 歩く。
　　時間が一定なので　速さの比＝きょりの比
　　よって　180：144＝**5：4**
(4) (2)，(3)より，お父さん，聖君，「動く歩道」の速さの比は
　　　5：4：3
　　よって，「動く歩道」上での，お父さんの速さと聖君の速さの比は
　　　(5＋3)：(4＋3)＝8：7
　　きょりが一定なので，時間の比は速さの比の逆比で　7：8
　　よって，お父さんがA地点からB地点まで「動く歩道」上を歩くのにかかった時間は　$12×\dfrac{7}{8-7}＝84$ (秒)
　　「動く歩道」上でのお父さんの速さは　$168÷\dfrac{84}{60}＝120$ (m／分)
　　よって，「動く歩道」の動く速さは　$120×\dfrac{3}{5+3}＝$ **45 (m／分)**

259 本冊 p.109

(1) **15km**
(2) **時速 3.75km**
(3) **36分**

着眼
(1) グラフを見て
　　速さの比 ⟷(逆比) 時間の比
　　を使うところを考える。

解き方
(1) B町とP地点間にかかる時間の比は
　　　上り：下り＝24分：(40分－24分)＝3：2
　　だから，速さの比は　上り：下り＝2：3　←進むきょりの比も 2：3
　　よって　$9×\dfrac{2+3}{3}＝$ **15 (km)**
(2) 下りの速さは　$9÷\dfrac{24}{60}＝22.5$ (km／時)
　　上りの速さは　$22.5×\dfrac{2}{3}＝15$ (km／時)
　　よって，川の流れの速さは　(22.5－15)÷2＝**3.75 (km／時)**
(3) 貨物船は $40×\dfrac{3}{2}＝60$ (分後) にA町に着く。96分後にフェリーと同時にA町を出発すればよいから，止まる時間は
　　　96－60＝**36 (分)**

260 本冊 p.110

(1) **2分**
(2) **毎時 16km**
(3) **45分後**

着眼
(3) 故障していない場合の，往復にかかる時間を求め，そこから上りにかかる時間を求める。

解き方
(1) 10−8＝**2（分）**
(2) 流速で10分かかって下るきょりを，下りの船は2分で下る。
きょりが一定のとき，時間の比の逆比が速さの比になるので
流速と下りの船の速さの比は 2：10＝1：5
よって，下りの船の速さは 4×5＝20（km/時）
船の静水時の速さは 20−4＝**16（km/時）**
(3) 船が故障していなければ，80−8＝72（分）でA町～B町までを往復できる。
上りの速さは 16−4＝12（km/時）
速さの比が，上り：下り＝3：5なので，かかる時間の比は 5：3
よって 72×$\frac{5}{5+3}$＝**45（分後）**

261 本冊 p.111

(1) **250分後**
(2) **2倍**
(3) **毎分240m**

着眼
グラフの対称性を利用する。

解き方
(1) グラフを見ると，船Aと船BがQ地点ですれちがったところを境に左右対称になっているので 30＋95＋95＋30＝**250（分後）**
(2) 船Aの上りの速さ＝船Bの下りの速さ＝川の流れの速さ＝①
とおくと，船Aの上りの静水時の速さは ①＋①＝②
よって，**2倍**。
(3) 船Aの下りの速さ＝船Bの上りの速さ＝（②×$\frac{1}{2}$＋①）＝②
船Aの上りの速さ：船Bの上りの速さ＝1：2より，
船BがX地点からP地点にかかった時間は 30×$\frac{1}{2}$＝15（分）
船Bが動いていた時間は 250−（15＋10）＝225（分）
船Bが上りにかかった時間は 225×$\frac{1}{1+2}$＝75（分）
船Bの上りの速さ＝12000÷75＝160（m/分）
川の流れの速さ＝160÷2＝80（m/分）
船Bの上りの静水時の速さ＝160＋80＝**240（m/分）**

262 本冊 p.111

Aの速さ **毎秒20m**
橋の長さ **2500m**

着眼
橋の長さから2つの式をつくり，消去算を利用する。

解き方
列車A，Bの速さをそれぞれa m/秒，b m/秒として橋の長さを考えると （a＋b）×50＝a×128−60，（a＋b）×50＝b×86−80
よって b×50＝a×78−60 …①，a×50＝b×36−80 …②
①より b＝a×1.56−1.2
これと②より a×50＝（a×1.56−1.2）×36−80＝a×56.16−123.2
Aの速さは 123.2÷（56.16−50）＝**20（m/秒）**
橋の長さは 20×128−60＝**2500（m）**

本冊 *p.112* の答え ―― **157**

263 本冊 *p.112*

(1) 秒速 **16m**
(2) **700**

着眼
(1) 電車 A で進んだときのかかる時間で考える。

解き方
(1) トンネル P の長さを ①m とすると，トンネル Q の長さは ②m。

$$\times 2 \begin{pmatrix} 100\text{m} + ① \to 50 \text{ 秒} \\ 200\text{m} + ② \to 100 \text{ 秒} \end{pmatrix}$$

$$-) \ \ 80\text{m} + ② \to 74 \text{ 秒} \div 0.8 = 92.5 \text{ 秒}$$
$$\overline{ \ 120\text{m} \ \to \ 7.5 \text{秒}}$$

←電車 A の速さでかかる時間

よって $120 \div 7.5 = $ **16**（m/秒）

(2) $16 \times 50 - 100 = $ **700**（m）

264 本冊 *p.112*

(1) 特急 秒速 **24m**
　　急行 秒速 **16m**
(2) **80m**

着眼
(1) 急行が A を通過する前に，特急は A を通過する。

解き方
(1) 急行が 160m 進むとき，特急は
$$160 \times \frac{3}{2} = 240 \text{ (m)}$$ 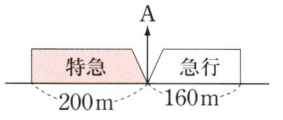
進む。急行が A 君のいる場所を通過するのにかかる時間が 10 秒になるので，それぞれの列車の速さは

急行 $160 \div 10 = $ **16**（m/秒）　　特急 $16 \times \frac{3}{2} = $ **24**（m/秒）

(2)

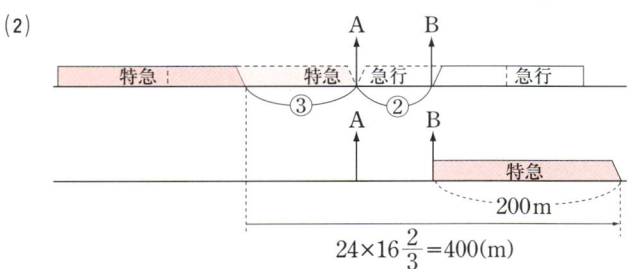

$24 \times 16\frac{2}{3} = 400$ (m)

上の図から，⑤＝400−200＝200（m）なので　②＝**80 (m)**

265 本冊 *p.112*

(1) **80m**
(2) 時速 **97.5km**

着眼
(2) 図をかいて表し，相似を利用する。

解き方
(1) $CD = 12000 \times \dfrac{6}{3600} = 20$ (m) ←時速 12km で 6 秒間走ったきょり

よって　DM＝100−20＝**80 (m)**

(2) 右の図で

$EG = 100 \times \dfrac{100 + 10}{100}$
$ = 110$ (m)

$EF = 100 \times \dfrac{80 + 10}{80}$
$ = 112.5$ (m)

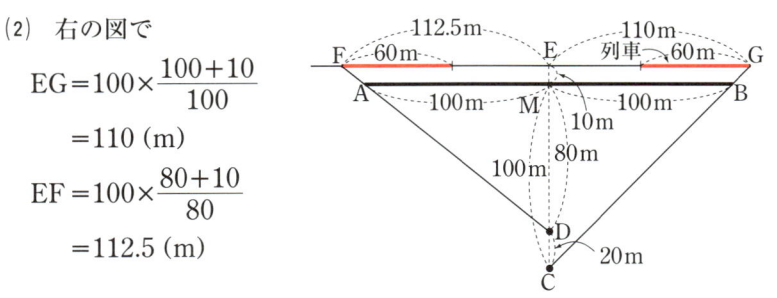

列車が 6 秒で進んだきょりは　112.5＋110−60＝162.5（m）

よって　$162.5 \div \dfrac{6}{3600} \div 1000 = $ **97.5**（km/時）

266 本冊 p.113

(1) $46\dfrac{2}{13}$ 分

(2) 40 分

着眼
2つの針の進んだ角度の和に着目する。

解き方

(1) 図より，長針と短針の進んだきょりの合計が 300° のとき。

$$300 \div (6+0.5) = 46\dfrac{2}{13} \text{（分）}$$

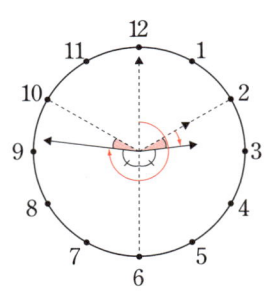

(2) 長針と短針の進む角度の比は 6：0.5＝12：1 なので，進む角度をそれぞれ ⑫，① とする。
短針と 12 時のめもりの方向のなす角度は，①＋60° なので，長針の動いた角度は

$$(①+60°)\times 3 = ③+180° = ⑫$$

ゆえに ①＝180°÷(12−3)＝20°
よって 20÷0.5＝**40（分）**

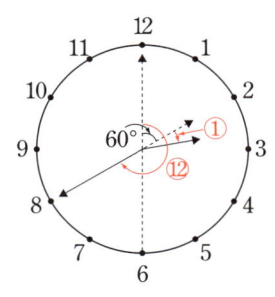

267 本冊 p.113

(1) 午前 6 時 28.5 分

(2) 午前 2 時 $20\dfrac{20}{77}$ 分

着眼
進む時間の比を考える。

解き方

(1) 進む時間の比を考える。
正しい時計：この時計＝60：63＝20：21
正しい時計で 6 時間 10 分＝370 分進むので，
この時計は $370 \times \dfrac{21}{20} = 388.5$（分）進む。
よって **午前 6 時 28.5 分**

(2) この時計の時刻で計算をしてから，正しい時刻に直す。
この時計で 5 回目に 90 度になるときは，午前 0 時から

$$(90+180\times 4)\div(6-0.5) = \dfrac{1620}{11} \text{（分後）}$$

この間に正しい時計が進む時間は

$$\dfrac{1620}{11} \times \dfrac{20}{21} = 140\dfrac{20}{77} \text{（分）}$$

よって **午前 2 時 $20\dfrac{20}{77}$ 分**

本冊 *p.114* の答え —— 159

5 規則性などを利用して解く問題

難関校レベル

本冊 *p.114〜116*

268 本冊 *p.114*

(1) **55 番目**
(2) **5 個**
(3) **27**

着眼

次のような順で考える。
● グループに分け，グループ番号をつける。
● 何グループの何番目かを考える。
● 和もグループごとに考える。

解き方

$$\frac{1}{1} \left| \frac{1}{2}, \frac{2}{2} \right| \frac{1}{3}, \frac{2}{3}, \frac{3}{3} \left| \frac{1}{4}, \frac{2}{4}, \frac{3}{4}, \frac{4}{4} \right| \cdots$$
① ② ③ ④

上のようにグループ分けをする。

(1) 10 個目の 1 は，⑩ グループの 10 番目の数だから
$1+2+3+\cdots+10=(1+10)\times 10\div 2=$ **55（番目）**

(2) $1+2+3+\cdots+9+5=50$
より，⑩ グループの 5 番目までに，$\frac{1}{2}$ が何個あるか調べればよい。
$$\frac{1}{2}, \frac{2}{4}, \frac{3}{6}, \frac{4}{8}, \frac{5}{10}$$
の **5 個**。

(3) $1+2+3+\cdots+9=45$ より，⑨ グループまでの和を求めればよい。
① グループ → 1
② グループ → $\frac{1}{2}+\frac{2}{2}=1\frac{1}{2}$
③ グループ → $\frac{1}{3}+\frac{2}{3}+\frac{3}{3}=2$
④ グループ → $\frac{1}{4}+\frac{2}{4}+\frac{3}{4}+\frac{4}{4}=2\frac{1}{2}$
　　　　⋮

のように，グループごとの和は 1 からはじまり $\frac{1}{2}$ ずつ増える**等差数列**となっている。これを 9 番目までたせばよい。
⑨ グループ → $1+\frac{1}{2}\times(9-1)=5$ なので　$(1+5)\times 9\div 2=$ **27**

269 本冊 *p.114*

(1) **714**
(2) ㊁ **番目**
(3) ㉑ **番目**

着眼

6 個（3 グループ）で 1 つのかたまりと見る。

解き方

(1) 2 | 4 　6 | 8 　10 　12 | 14 | 16 　18 | 20 　22 　24 | 　…
　　① 　② 　　　③ 　　　④ 　⑤ 　　　⑥

上のように，**6 個（3 グループ）で 1 かたまり**と考える。
1 つのかたまりの中に 3 つのグループがはいっているので，㉚ 番目のグループまでには $60\div 3=20$（個）のかたまりがある。
よって，㉚ 番目の最後の数は，$6\times 20=120$（番目）の数だから
　$2\times 120=240$
このグループには数が 3 個あるので　$236+238+240=$ **714**

(2) 2006÷2=1003 より，2006 は 1003 番目の数。
  1003÷6=167 あまり 1
より，167×3+1=⑤⓪②（番目）のグループにふくまれている。

(3) グループの中の数の個数は 1，2，3 個のいずれかで，かたまりの最後の数は 12 の倍数であることに着目して，次のように場合分けする。

1 つ (246) の場合
  |246|248 250|252 254 256|
のかたまりとなるが，256 は 12 の倍数ではないので，このようなグループはない。

2 つ (122 124) の場合
  |120|122 124|126 128 130|
のかたまりとなるが，130 は 12 の倍数ではないので，このようなグループはない。

3 つ (80 82 84) の場合
  |74|76 78|80 82 84|
のかたまりとなり，これは 84÷12=7（個）目のかたまりとなるから，7×3=21 より，㉑番目のグループである。

270 本冊 p.114

(1) 第 10 行の左から 6 番目
(2) 6 回
(3) 4，6，8，9，10，14，15

着眼
各行を 1 つのグループと見る。

解き方

(1) 60 を 2 つの整数の積で表すと
  1×60，2×30，3×20，4×15，5×12，6×10
の 6 通り。はじめて現れるのは，**第 10 行の左から 6 番目**。

(2) (1) より，
  第 10 行の左から 6 番目，第 12 行の左から 5 番目，
  第 15 行の左から 4 番目，第 20 行の左から 3 番目，
  第 30 行の左から 2 番目，第 60 行の左から 1 番目
の **6 回**。

(3) 20 以下の整数のうち，2 つの整数の積で表す方法がちょうど 2 通りあるものを探し出す。
  4=1×4，2×2
  6=1×6，2×3
  8=1×8，2×4
  9=1×9，3×3
  10=1×10，2×5
  14=1×14，2×7
  15=1×15，3×5
の 7 通り。**4，6，8，9，10，14，15**

271 本冊 p.115

(1) **2**

(2) **8**

着眼
一の位だけに着目し，書き出していって規則を見つける。

解き方
(1) 8 を続けてかけていくと，一の位は
　　8，4，2，6｜8，4，2，6｜…
と 4 個ずつのくり返しとなる。
11÷4＝2 あまり 3 より　**2**

(2) 2 を続けてかけていくと，一の位は
　　2，4，8，6｜2，4，8，6｜…
と 4 個ずつのくり返しとなる。
11÷4＝2 あまり 3 より，B の一の位は 8
すると，A，B，C，… の一の位は 2，8，2，8，…
のようになり，**{2，8} がくり返される**。
P の一の位の数は，16÷2＝8 より　**8**

272 本冊 p.115

(1) **11 枚**

(2) ① **62**
　　② **121**
　　③ **41 枚**
　　④ **9801**

着眼
(2) 3 つの数で 1 グループと見て規則を見つける。各グループの最後の数は 4 の倍数である。

解き方
(1) 1 から 21 までの奇数の個数と同じ。(1＋21)÷2＝**11（枚）**

(2) 1，2，4｜5，6，8｜9，10，12｜13，14，…
のような 3 個の数ごとのグループに分ける。1 つのグループに赤のカードは 1 枚，白のカードは 2 枚ずつはいっている。
① 31÷2＝15 あまり 1→16 グループの 1 枚目の白のカード
　よって　4×15＋2＝**62**
② 31 グループの赤のカード
　よって　4×30＋1＝**121**
③ (161－1)÷4＋1＝41 より，161 は 41 グループの 1 枚目。よって，赤色のカードは，**41 枚**。
④ 1 グループの和は 7，2 グループの和は 19，3 グループの和は 31，…のように，グループの和は，7 からはじまり 12 ずつ増える**等差数列**になっている。
40 グループの和は　7＋12×(40－1)＝475　←157＋158＋160
よって　(7＋475)×40÷2＋161＝**9801**

273 本冊 p.116

(1) **15 個**

(2) **43 個**

着眼
(2) 700 まで進んだときにすべてのコインが裏になっている。

解き方
(1) 7 でわって 1 あまる番号のコインを裏返す。
　　100÷7＝14 あまり 2→**15（個）**

(2) 700÷7＝100（個）であり，7 周目までの各周で最初に裏になるコインは 1，106，204，302，407，505，603 番目である。一の位は重複しないので，7 と 100 の最小公倍数，700 進んだときに，**すべてのコインが裏になっている**。
この後，1 個ずつ表になっていくので，
300÷7＝42 あまり 6 より　42＋1＝**43（個）**

274 本冊 p.116

(1) **A さん**
(2) **B さん**

着眼
表を利用して考える。

解き方
最後の A さんの話以外の条件をまとめると，下の表のようになる。

		あげる側				
		A	B	C	D	E
受け取る側	A	×				
	B	×	×	×		
	C		×	×		×
	D			×	×	
	E			×		×

最後の A さんの話と合わせて，空欄をうめていく。

		あげる側				
		A	B	C	D	E
受け取る側	A	×	×	○	×	×
	B	×	×	×	×	○
	C	×	×	×	○	×
	D	×	○	×	×	×
	E	○	×	×	×	×

(1) **A さん**
(2) **B さん**

超 難関校レベル　　　　　本冊 p.117〜123

275 本冊 p.117

(1) $\dfrac{401}{402}$

(2) **545 番目**

(3) **33 個**

着眼
2 つで 1 つのグループ
と見て考える。

解き方

$$\underbrace{\dfrac{1}{2}, \dfrac{4}{3}}_{①} \Big| \underbrace{\dfrac{5}{6}, \dfrac{8}{7}}_{②} \Big| \underbrace{\dfrac{9}{10}, \dfrac{12}{11}}_{③} \Big| \underbrace{\dfrac{13}{14}, \dfrac{16}{15}}_{④} \Big| \cdots$$

(1) 上のようにグループ分けをする。
　201 番目の数は，201÷2=100 あまり 1 より，101 グループの左側。
　各グループの右側の分数の分子は 4 の倍数になっているので，
　101 グループの右側の分数の分子は　4×101=404
　これより，101 グループの右側の分数は　$\dfrac{404}{403}$
　よって，101 グループの左側の分数は　$\dfrac{401}{402}$

(2) $\dfrac{1089}{1090}$ はグループの左側の数。このグループの右側の数は　$\dfrac{1092}{1091}$
　これより，この 2 つの分数は，1092÷4=273（グループ）目となる。
　よって，$\dfrac{1089}{1090}$ は　273×2−1=**545（番目）**

(3) グループの左側の数は，分子が奇数なので不適。
グループの右側の数について
　　分子－分母＝1 … ①
　　分子 は 4 の倍数 … ②
問題文より，分子は 6 の倍数 … ③
問題文より，分母は 5 の倍数 … ④
①，④より，分子は 5 でわって 1 あまる数 … ⑤
②，③より，分子は 4 と 6 の公倍数，すなわち 12 の倍数 … ⑥
⑤，⑥をみたす最小の数は　36
また，12 と 5 の最小公倍数が 60 であることから，求める数の分子は，**最小が 36 で，それ以降 60 ずつ大きくなる。**

$1000 \div 2 \times 4 = 2000$ より，1000 番目の分数は $\dfrac{2000}{1999}$

$(2000-36) \div 60 = 32$ あまり 44 より，**33 個**。

```
        1個目
   0    36    2個目  3個目           33個目 2000
   |―――|―――|―――|―…―|―――|―|
          60    60          60   44
```

276　本冊 p.117

(1) **29**
(2) **3 段目の 14 列目**
(3) **2 段目の 15 列目**

着眼
(1)，(2) 1 列目は三角数になっている。

解き方
(1) 7 段目の 1 列目は　$1+2+3+4+5+6+7=28$
よって，1 段目の 8 列目は　$28+1=$**29**

(2) 15 段目の 1 列目は
$1+2+\cdots+15=120$
図より，
3 段目の 14 列目。

(3) $(243+1) \div 2 = 122$
→　243 は 122 番目の奇数
図より，
2 段目の 15 列目。

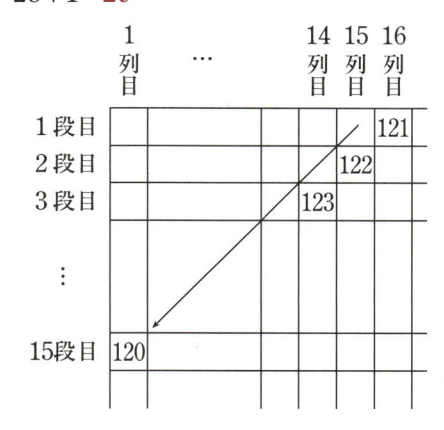

	1列目	…	14列目	15列目	16列目
1段目					121
2段目				122	
3段目			123		
⋮					
15段目	120				

277 本冊 *p.118*

(1)
1	11
10	9
8	7
6	5
4	3
2	12

(2) **11**

(3)
1	6
11	5
10	4
9	3
8	2
7	12

着眼
(2) 何回でもとにもどるかを考える。

解き方
(1) 同様の方法で4番を並べかえればよい。

1	11
10	9
8	7
6	5
4	3
2	12

(2) もとの位置　1　2　3　4　5　6　7　8　9　10　11　12
　　　　　　　↓　↓　↓　↓　↓　↓　↓　↓　↓　↓　↓　↓
　新しい位置　1　3　5　7　9　11　2　4　6　8　10　12

上のように移動することがわかる。
グループ分けすると

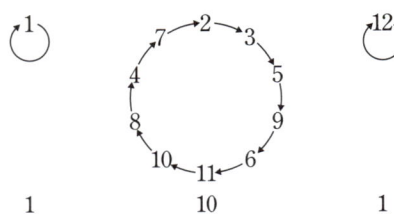

周期　　　1　　　　　　10　　　　　　　1

よって，1，10，1 の最小公倍数，10回でもとにもどる。
よって　10+1=**11**（番）

(3) 2006÷10=200 あまり6 より，6番と同じ。
よって，次のようになる。

1	6
11	5
10	4
9	3
8	2
7	12

278 本冊 *p.118*

(1) **256**
(2) **288**
(3) 上 **554**　下 **556**
　　左 **464**　右 **654**

着眼
右下には偶数の平方数，左上には奇数の平方数から1をひいた数が続いている。

解き方
(1) 下に8マス，右に8マス進むということは，右下に8マス進むということ。
0から右下には，2×2，4×4，…のように偶数の平方数が続いている。
8×2=16 の平方数になるので　16×16=**256**

(2) 0から左上は，3×3−1=8，5×5−1=24，…のように，
（奇数の平方数−1）となる数が続いている。
8×2+1=17 より　17×17−1=**288**

本冊 *p.119* の答え —— 165

(3) 555 にもっとも近い平方数は
　　24×24＝576
だから，555 は右の図のような
位置にあることがわかるので
　上は　555－1＝554
　下は　555＋1＝556
576－555＝21 より
　左は　22×22－20＝464
　右は　26×26－22＝654

以上より

	554	
464	555	654
	556	

図：529 ─── ／ 484, 20, 21, 22 / 555 / 576 / 676

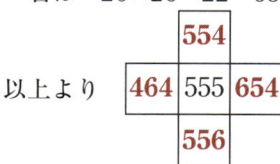

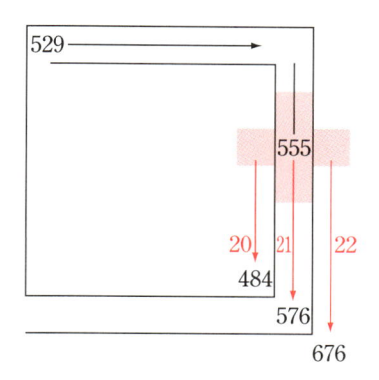

279 本冊 *p.119*

(1) **25 本**
(2) **6800 円**

【着眼】
もらったジュースを飲めば空きびんになることに注意。

解き方
(1) はじめに，1900÷100＝19（本）買える。
　　19÷4＝4 あまり 3　←空きびん 19 本で 4 本ジュースをもらい，3 本残る。
　　(4＋3)÷4＝1 あまり 3　←空きびん 7 本で 1 本ジュースをもらい，3 本残る。
　　(1＋3)÷4＝1　←空きびん 4 本で 1 本ジュースをもらう。
なので　19＋4＋1＋1＝**25**（本）

[別解]　まず，400 円で 4 本飲むと，空きびんが 4 本できるので，次からは 300 円で 4 本飲めることになる。これを，
(1900－400)÷300＝5 より，5 回くり返す。最後に空きびん 4 本で 1 本飲めるので　4＋4×5＋1＝**25**（本）

(2) 空きびんを ○，もらうジュースを ● で表すと，
○○○○｜●○○○｜●○○○｜●○○○｜●○○○｜
のように，4 個ずつのグループに分けられる。
　　90÷4＝22 あまり 2
つまり，90 本のうち，もらうジュース（●）は 22 本なので，
90－22＝68（本）買えばよい。
よって　100×68＝**6800**（円）

---

280 本冊 *p.119*

(1) **32 日目**
(2) **45 日目**

【着眼】
等差数列の和を考え，調べていく。

解き方
(1) 10＋20＋30＋40＋…
とたしていって，5000 をはじめてこえるときをさがせばよい。
　　10＋20＋30＋…＋300＝(10＋300)×30÷2＝4650
　　10＋20＋30＋…＋300＋310＝4650＋310＝4960
　　10＋20＋30＋…＋300＋310＋320＝4960＋320＝5280
よって，はじめて 5000 をこえるのは　320÷10＝**32**（日目）

(2) 50+100+150+ …
とたしていって，5280−1000=4280 をはじめてこえるときをさがせばよい。
  50+100+150+ … +600=(50+600)×12÷2=3900
  50+100+150+ … +600+650=3900+650=4550
よって，あと 650÷50=13（日）で貯金が 1000 円より少なくなるので 32+13=**45（日目）**

281 本冊 p.119

(1) **30**
(2) **3**
(3) **123**

着眼
図をかいて確認しながら計算する。

解き方
(1) 右の図のような道をたどる。
  2+4+6+8+10
  =**30**(m)
(2) 2+4+6+8+10+12+14+16
  =72(m)
より，⑨の線をふんで①へ帰ってくる 2m 前。
よって，③の線。
(3) 右の図のように，⑫の線をふんで帰るときに，5 回目に，⑩をふむことになるから
  (2+4+6+ … +20)+11+2
  =(2+20)×10÷2+11+2=**123**(m)

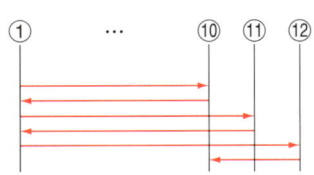

282 本冊 p.120

(1) ア **12** イ **5** ウ **7**
(2) **15 個**
(3) **3 個，4 個，6 個，12 個**

着眼
(1) 1 辺の石の個数は 総数÷5+1

解き方
(1) 55÷5+1=**12**（個）…ア
  55÷12=4 あまり 7 より **7** 個…ウ
  4+1=**5**（列目）…イ
(2) 1 辺の個数を □ とする。
  □×3+3=(□−1)×5
  □×3+3=□×5−5
  □=(5+3)÷2=4（個）
よって 4×3+3=**15**（個）
(3) 1 辺の個数を □，列の数を △ とする。□×△=(□−1)×12 より
  □×△=□×12−12   □×(12−△)=12
これから，□ と (12−△) をかけると 12 になることがわかる。
□ は 3 以上の整数，△ は整数であることに注意して表をつくると

□	3	4	6	12
12−△	4	3	2	1
△	8	9	10	11

よって □=**3 個，4 個，6 個，12 個**

本冊 p.121〜122 の答え —— **167**

283 本冊 p.121

(1) **6 個**
(2) **15 本**
(3) **8 本**

着眼

表をかいて規則を見つける。

解き方

(1) 3本の線すべてと交わるようにすればよいので，交点は3個増える。
 よって 3+3=**6（個）**

(2) 線の本数と交点の個数を調べると，下の表のような規則がわかる。

線の本数	1	2	3	4	…
交点の個数	0	1	3	6	…

　　　　　　+1　+2　+3　+4

 0+1+2+3+ … がはじめて 100 以上になるのは，14 までたしたとき。
 したがって 14+1=**15（本）**

(3) 線の本数と交点の個数を調べると，下の表のような規則がわかる。

折れ線の本数	1	2	3	4	5	6	7	8
交点の個数	0	4	12	24	40	60	84	112

　　　　　+4　+8　+12　+16　+20　+24　+28

 よって，**8 本**。

284 本冊 p.122

(1) A **25 枚**　B **16 枚**
(2) **9 周**
 あまったタイルは
 A **9 枚**　B **26 枚**
(3) **1104 枚**
(4) **270 枚**

着眼

A の枚数は 奇数の平方数
B の枚数は 偶数の平方数

解き方

(1) タイル A：奇数周のときに，タイルの枚数がその数の平方数に変わる。
 タイル B：偶数周のときに，タイルの枚数がその数の平方数に変わる。
 タイル A は 5×5=**25（枚）**
 タイル B は 4×4=**16（枚）**

(2) 90 以下のもっとも大きい平方数は 9×9=81
 これより，**9 周**まで並べることができるとわかる。
 タイル A は，90−9×9=**9（枚）**あまり，
 タイル B は，90−8×8=**26（枚）**あまる。

(3) 25 周目にタイル C ははいらないから，24 周目までのあいているところにタイル C を並べる。タイル A，B，C の総数は，1 辺が 24×2−1=47 の正方形を考えて
　 47×47=2209（枚）
 これから，タイル A，B の枚数をひくと
　 2209−(24×24+23×23)=2209−(576+529)=**1104（枚）**

(4) 使われているタイルの枚数の差は　45−14＝31（枚）

周	1	2	3	4	5	6	…	16
A	1	1	9	9	25	25	…	225
B	0	4	4	16	16	36	…	256
差	1	3	5	7	9	11	…	31

タイルの枚数の差が31枚となるのは　(31+1)÷2＝16(周)
このとき，使われているタイルAの枚数は　15×15＝225（枚）
はじめにあったタイルAは　225+45＝**270（枚）**

285　本冊 p.122

CDBAE

着眼

2つ目，4つ目の条件からそれぞれ AE，CD がこの順に並ぶことがわかる。

解き方

① A はいちばん前ではありません。
② E は A のすぐ後ろです。
③ C と A の間には2人います。
④ D は C のすぐ後ろです。

② より AE，④ より CD となることがわかる。これと ③ から，CDBAE か AEBCD のどちらかとわかる。① より　**CDBAE**

286　本冊 p.123

(1) 順に，**B，D**
(2) 順に，**0，3**
(3) 順に，**D，F，4，3**

着眼

得点と失点の関係から勝敗を見分ける。

解き方

(1) A は得点していないので，A 対 B は **B** の勝ち。
C 対 D の勝者が C とすると，D は1試合しかしないので，失点の6点が C の得点となる。しかし，C は1点しか得点していないので，おかしい。よって，C 対 D は **D** の勝ち。

(2) F は得点が5点，失点が4点なので，1試合で終わることはない。よって，E 対 F は F の勝ち。E の失点が1点なので，E が **0** 点で F が1点。

また，G は得点，失点ともに3点なので，1試合で終わることはない。よって，G 対 H は G の勝ち。H の得点は2点なので，失点は3点以上。G の得点の合計は3点なので，H の失点は **3** 点に決まる。

(3) 2回戦では，F 対 G になるが，G は残りの得点が0点で，失点が1点なので，F が1対0で勝つ。F は2回戦までに得点2点，失点が0点なので，決勝では **F** が **3** 対 **4** で負ける。決勝の相手は B か D だが，B が決勝の相手とすると，B は1回戦と決勝の得点の合計だけで6点となり，おかしい。よって，決勝の相手は **D**。

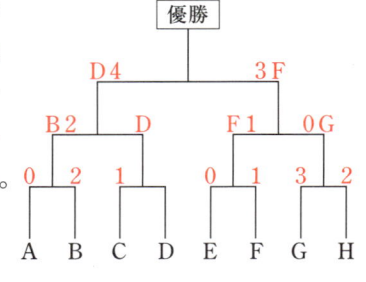

第1回 中学入試予想テスト

本冊 *p.124* ～ *125*

1 本冊 *p.124*

24 個

着眼

整数部分が小数部分の 26−1=25（倍）になっている。

解き方

求める小数を，整数部分（＝A）と小数部分（＝B）に分けて表すと A＋B となる。よって

A＋B＝B×26 より　A＝B×25

A÷25＝B だから，A に 1，2，…をあてはめると求められる。

ただし，A が 25 以上のとき B は 1 以上になるので，A は 24 以下。

1.04，2.08，3.12，…，24.96　の **24 個**。

2 本冊 *p.124*

39 通り

着眼

50 円切手も 80 円切手もつくる金額も 10 円の倍数なので，すべて 10 でわって簡単な数にしてから考える。

解き方

10 でわって，5 円切手と 8 円切手でつくると考える。

8 円切手 2 枚	1	6	11	⑯	21	26	31	36	41	46	51	(56)	61	66	71	
8 円切手 4 枚	2	7	12	17	22	27	㉜	37	42	47	52	57	62	67	(72)	
8 円切手 1 枚	3	⑧	13	18	23	28	33	38	43	㊽	53	58	63	68	73	
8 円切手 3 枚	4	9	14	19	㉔	29	34	39	44	49	54	59	(64)	69	74	
8 円切手 0 枚	⓪	5	10	15	20	25	30	35	㊵	45	50	55	60	65	70	75

○　8 円切手 □ 枚でつくれる金額（□は 0 ～ 4 までの整数）。

▭　8 円切手 □ 枚と 5 円切手 0 ～ 7 枚でつくれる金額（つまり 1 通り）。

●　8 円切手 □ 枚と 5 円切手 8 枚でつくれる金額。＿＿は，**8 円切手 5 枚で置きかえられる**ので，2 通り表せることになる。同じように考えて，この金額より右の金額は 2 通り以上で表せる。

▭ は全部で 40 通り。0 円は答えではないので除く。

よって　40−1=**39（通り）**

3 本冊 *p.124*

60 秒

着眼

進む段数の比から，速さの比を考える。

解き方

A 君が 50 段下り，75 段上るとき，A 君は

50+75=125（段）

進む。このとき，エスカレータが進んだ段数は，右の図から

75−50=25（段）

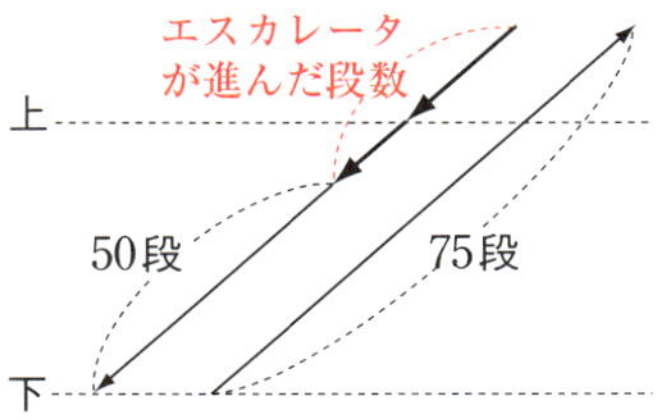

よって　（A 君の歩く速さ）：（エスカレータの速さ）=125：25=5：1

かかる時間は速さの逆比だから　$12 \div \frac{1}{5}$=**60（秒）**

4 本冊 p.124
16 種類

> [着眼]
> 正確に書き出して(場合分けして)それぞれの場合の数を求めて合計する。1つ1つていねいに考えていくこと。

[解き方]
選ばれた4点で分けられる弧の長さで場合分けをする。

（例）(1, 2, 4, 3)

弧の長さ	種類
1，1，1，7	… 1 種類
1，1，2，6	… 2　←(1, 1, 2, 6), (1, 2, 1, 6)
1，1，3，5	… 2
1，1，4，4	… 2
1，2，2，5	… 2
1，2，3，4	… 3　←(1, 2, 3, 4), (1, 2, 4, 3), (1, 3, 2, 4)
1，3，3，3	… 1
2，2，2，4	… 1
2，2，3，3	… 2
計	**16 種類**

5 本冊 p.124
72.22 cm²

> [着眼]
> 秒針は 30 回転（偶数回）だから，時針と分針の動きのみを考えればよい。

[解き方]
秒針は 30 回転なので，奇数回通過した部分はない。時針と分針のみ考えればよい。
求める面積は図の影の部分になる。

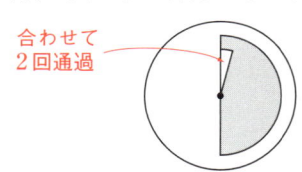

合わせて2回通過

$$7\times7\times3.14\times\frac{1}{2}-6\times6\times3.14\times\frac{1}{24}=23\times3.14=\mathbf{72.22\ (cm^2)}$$

6 本冊 p.125
1 : 2

> [着眼]
> 時間の差の比の逆比がきょりの比になる。

[解き方]
AB 間は 1km で
　$(1\div5-1\div6)\times60=2$（分）差がつく。
BC 間は 1km で
　$(1\div12-1\div15)\times60=1$（分）差がつく。
2 人が同時に C 地に着くから，この差が等しくなるような比になる。
よって　AB : BC = **1 : 2**

7 本冊 *p.125*

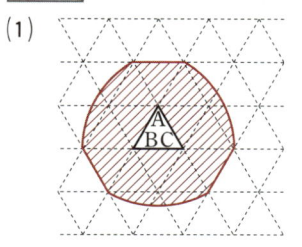

(1) まわりの長さ **55.68cm**

(2) **226.08cm²**

着眼
正三角形と正六角形のわくの辺が一致する図形と，正三角形の頂点が中心で正六角形のいちばん長い対角線を半径とするおうぎ形を合わせる。

解き方

(1) 正三角形 ABC と正六角形のわくの辺が一致する場所を考え，回転の中心と半径に注意して作図する。

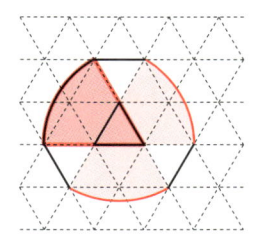

$6 \times 2 \times 2 \times 3.14 \times \dfrac{1}{6} \times 3 + 6 \times 3 = 12 \times 3.14 + 18 =$ **55.68 (cm)**

(2) 面積を求める部分のうち，上の図の白い三角形3つを移動すると，おうぎ形3つの分の面積と考えられる。

$12 \times 12 \times 3.14 \times \dfrac{1}{6} \times 3 = 72 \times 3.14 =$ **226.08 (cm²)**

---

8 本冊 *p.125*

(1) 辺 FG 上の G から $3\dfrac{1}{3}$cm の点

(2) 辺 DH 上の D (H) から 5cm の点

(3) $\left(1\dfrac{3}{7},\ 2\dfrac{6}{7}\right)$, **(2, 8)**

着眼
頂点で止まるための条件は，横・高さ・たて方向の動いたきょりの3つすべてが10の倍数。
辺上で止まるための条件は，横・高さ・たて方向の動いたきょりのうち2つが10の倍数。

解き方

(1) 頂点で止まる
→横・高さ・たて方向の動いたきょりが**3つとも10の倍数**

辺上で止まる
→横・高さ・たて方向の動いたきょりのうち**2つが10の倍数**

(10・3・3) のうち2つ以上を10の倍数にするとき，あてはまる
 └ A から面 CGHD までのきょりが 10cm なので，10 を補う。

のは $\dfrac{10}{3}$ 倍した $\left(\dfrac{100}{3}\cdot 10\cdot 10\right)$

このとき

横方向の動きは $\dfrac{100}{3} \div 10 = \dfrac{10}{3}$ （回） →右から $\dfrac{10}{3}$ cm のところ

高さ方向の動きは $10 \div 10 = 1$ （回） →下の面

たて方向の動きは $10 \div 10 = 1$ （回） →前の面

よって，辺 FG 上の G から $3\dfrac{1}{3}$cm の点で止まる。

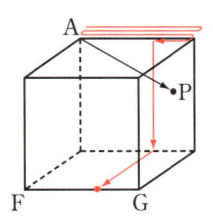

(2) $(10 \cdot 3 \cdot 4) \to (50 \cdot 15 \cdot 20)$

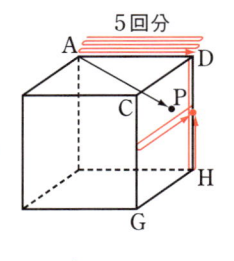

横方向の動きは　$50 \div 10 = 5$（回）　→右の面

高さ方向の動きは　$15 \div 10 = 1.5$（回）

→下(上)から5cmのところ

たて方向の動きは　$20 \div 10 = 2$（回）　後ろの面

よって，**辺 DH 上の D (H) から 5cm の点。**

(3) 右の図のように，立方体をいくつもつなぎ合わせて考える。

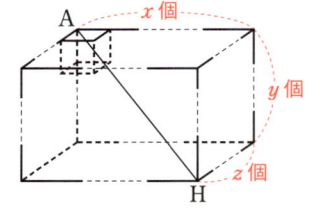

7回の反射で止まったので，光は面が重なっているところを7回通る。

7回反射したあとに立方体のHで止まるためには，それまで立方体の辺や頂点を通ってはいけないので，x, y, z は互いに素。

1以外に公約数をもたない。

$(x-1)+(y-1)+(z-1)=7$

つきぬける面の数

よって　$x+y+z=10$

・まず，面 CGHD で反射するので x が最大。

・また，$a<b$ より　$y<z$

・点 H で止まるので，x, y は奇数，z は偶数。

以上の条件をみたす x, y, z は

$(x, y, z) = (7, 1, 2), (5, 1, 4)$

$(7, 1, 2)$ のとき

$a = 10 \times \dfrac{1}{7} = 1\dfrac{3}{7}$ (cm)　　$b = 10 \times \dfrac{2}{7} = 2\dfrac{6}{7}$ (cm)

よって　$\left(1\dfrac{3}{7},\ 2\dfrac{6}{7}\right)$

$(5, 1, 4)$ のとき

$a = 10 \times \dfrac{1}{5} = 2$ (cm)　　$b = 10 \times \dfrac{4}{5} = 8$ (cm)

よって　**(2, 8)**

第 2 回 中学入試予想テスト

本冊 p.126 ～ 127

1 本冊 p.126
12 時 45 分

着眼
線分図をかいて 2 つの場合を比較し，1 時間あたりにつくられる製品の量を求める。

解き方
1 人が 1 時間に箱づめできる製品の量を ① で表す。
15 人で 7.5−1.5＝6（時間）箱づめした場合の仕事量は ⑮×6＝⑨⓪
16 人で 7−1.5＝5.5（時間）箱づめした場合の仕事量は ⑯×5.5＝⑧⑧

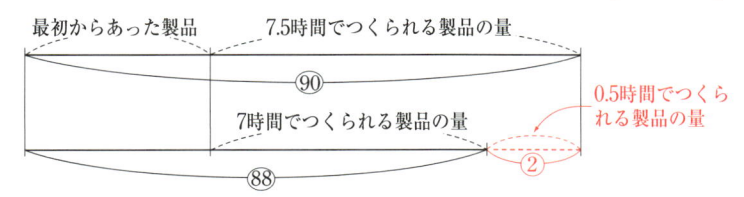

（線分図：最初からあった製品／7.5時間でつくられる製品の量 ⑨⓪／7時間でつくられる製品の量 ⑧⑧／0.5時間でつくられる製品の量 ②）

よって，1 時間でつくられる製品の量は （⑨⓪−⑧⑧）÷0.5＝④
最初からあった製品の量は ⑨⓪−④×7.5＝⑥⓪
よって 60÷(20−4)＝$3\frac{3}{4}$（時間）
 └ 1 時間に箱づめできる量からつくられる製品の量を除いたもの

9 時の $3\frac{3}{4}$ 時間後は，**12 時 45 分**。

2 本冊 p.126
12

着眼
それぞれの数が百の位，十の位，一の位にくるパターンで分類する。
計算による基本の解法を理解しよう。

解き方
A が百の位にくる場合 （A □ □ 型の数）…3×2＝6（個）
A が十の位にくる場合 （□ A □ 型の数）…2×2＝4（個）
A が一の位にくる場合 （□ □ A 型の数）…2×2＝4（個）
B，C についても同様だから，できる 3 けたの整数を見ると，百の位，十の位，一の位には A，B，C がそれぞれ 6 回ずつ，4 回ずつ，4 回ずつ現れる。よって，すべての和を考えると
  (A+B+C)×6×100+(A+B+C)×4×10
   +(A+B+C)×4×1＝7728
  644×(A+B+C)＝7728
よって A+B+C＝7728÷644＝**12**

3 本冊 p.126
3571

着眼
条件を式で表し，各数の関係をできるだけ簡単に表す。A，B，C，D は整数であることに注意し，表をつくる。

解き方
$1000×B+100×A+10×D+1×C$
　$-(1000×A+100×B+10×C+1×D)$
$=900×(B-A)+9×(D-C)=1746$
よって　$100×(B-A)+(D-C)=194$
これより　$100×(B-A)-(C-D)=200-6$
よって　$B-A=2$，$C-D=6$

B	3	4	5	6	7	8	9
A	1	2	3	4	5	6	7

C	6	7	8	9
D	0	1	2	3

ABCD で小さい方から 10 番目を考える。
　1 3 □□ が 4 個，2 4 □□ が 4 個あるから，
9 番目は　3560　10 番目は　**3571**

4 本冊 p.126
11 通り

着眼
各皿にのせられた果物の個数の組み合わせを考え，その中のりんごの個数を考えていく。

解き方
皿にのせられた果物の個数の組み合わせは (1, 1, 4)，(1, 2, 3)，(2, 2, 2) の 3 通りある。
(1, 1, 4) のとき
　りんご (0, 0, 3), (0, 1, 2), (1, 1, 1)
　か　き (1, 1, 1)　(1, 0, 2)　(0, 0, 3)
(1, 2, 3) のとき
　りんご (0, 0, 3), (0, 1, 2), (0, 2, 1),
　　　　(1, 0, 2), (1, 1, 1), (1, 2, 0)
(2, 2, 2) のとき
　りんご (0, 1, 2), (1, 1, 1)
よって，**11 通り**。

5 本冊 p.126
$514\dfrac{2}{7}$ g

着眼
重さ÷体積＝比重である。これより，（重さ÷比重）の比は，体積の比になる。

解き方
　　　　　A　　B
重さ　　 2　:　1　　←条件より
比重　　 3　:　2　　←600g：400g

これより，体積の比は　$\dfrac{2}{3}:\dfrac{1}{2}=4:3$

よって　$600×\dfrac{4}{7}+400×\dfrac{3}{7}=\dfrac{3600}{7}=\mathbf{514\dfrac{2}{7}}$ **(g)**

[別解]　A 2g と B 1g で，容器の $\dfrac{1}{600}×2+\dfrac{1}{400}×1=\dfrac{7}{1200}$
　　　だけはいるから，全体の重さは
　　　　$(2+1)÷\dfrac{7}{1200}=\dfrac{3600}{7}=\mathbf{514\dfrac{2}{7}}$ **(g)**

6 本冊 p.127

60 通り

着眼

1秒後，2秒後，…と順番に行き方の和を考えていく。

解き方

各頂点にくる場合の数を，1秒ごとに書き出す。

1秒後　2秒後　3秒後　4秒後　5秒後

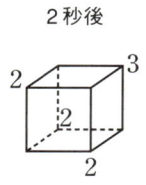

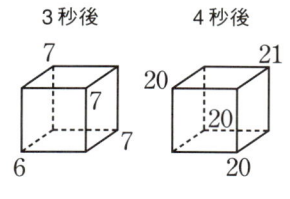

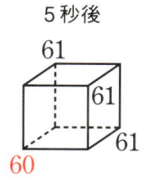

（立方体の図：1秒後 1,1,1／2秒後 2,3,2,2／3秒後 7,7,6,7／4秒後 21,20,20,20／5秒後 61,61,61,60）

よって，**60 通り**。

7 本冊 p.127

(1) A まで **3分**
　　B まで **10分**

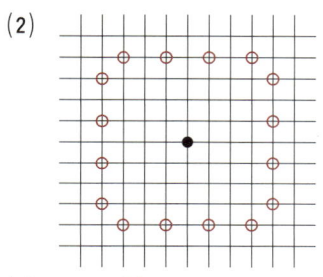

(2) （方眼の図）

(3) **800 通り**

着眼

図に具体的にかきこんで，そこから規則性を見つける。

解き方

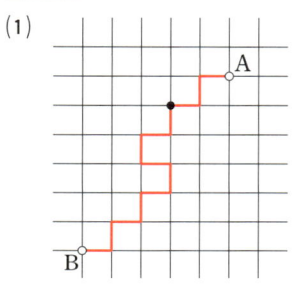

(1) （方眼に経路を書いた図）

図より，A … **3分**
　　　　 B … **10分**
（図の経路は1例）

(2) はじめに北か南（たて方向）に歩き出すとき，1分後には東か西（横方向）に方向を変える。以下たて，横，たて，横，…と交互に7分（回）進む。

たて4回，横3回の場合
① たては4回ともすべて北かすべて南。
② 横は東西混ざってもよい。
（東東東：東に3マス，
東東西（順不同）：東に2マス，西に1マス，
東西西（順不同）：東に1マス，西に2マス，
西西西：西に3マス）

横4回，たて3回の場合
たて4回，横3回の場合と，たて，横が逆になる。

以上より，解答の図のようになる。

(3) 12÷2=6 より，たて方向に6回，横方向に6回動く。

北北北南南南の並びかえが $\dfrac{6\times5\times4}{3\times2\times1}=20$（通り）

東東東西西西の並びかえも，同じく20通り。
また，最初がたて方向か横方向かで2通り。
したがって　20×20×2=**800（通り）**

8 本冊 p.127

(1) 頂点 **24** 個
　　面 **14** 面
　　辺 **36** 本

(2) $\dfrac{1}{12}$ 倍

(3) $\dfrac{8}{9}$ 倍

着眼
立体 B は正八面体から正四角すい 6 個を切り取ったものになる。

解き方

(1) 面の数… 8+6=**14**（面）

辺の数…(6×8+4×6)÷2=**36**（本）

1 つの頂点には 3 つの面が集まっているので

頂点の数…(6×8+4×6)÷3=**24**（個）

［別解］

オイラーの法則より，**頂点の数－辺の数＋面の数＝2** だから
　　□－36+14=2

よって　頂点の数…□=**24**（個）

(2) 立体 B は正八面体から，正四角すい 6 個を切り取ったもの。
正六角形 1 枚の面積を 6 とする。
A の表面積は $6 \times \dfrac{9}{6} \times 8 = 72$ なので

$$6 \div 72 = \dfrac{1}{12}（倍）$$

(3) 切り取った正四角すい 1 個の体積は立体 A の

$$\dfrac{1}{2} \times \dfrac{1}{3} \times \dfrac{1}{3} \times \dfrac{1}{3} = \dfrac{1}{54}（倍）$$

よって　$1 - \dfrac{1}{54} \times 6 = \dfrac{\mathbf{8}}{\mathbf{9}}$（倍）

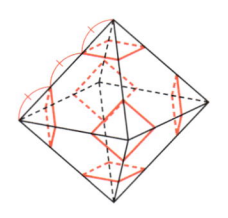

B